SHENGWU YIYAO CHANYE
ZHUANLI DAOHANG BAOGAO

生物医药产业
专利导航报告

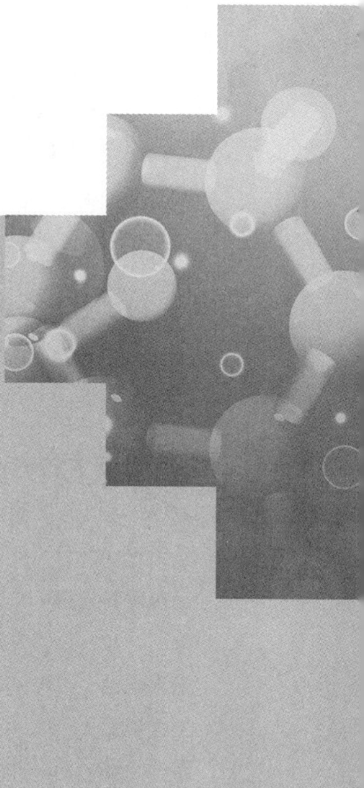

临沂市知识产权保护中心◎组织编写

知识产权出版社
全国百佳图书出版单位
—北京—

图书在版编目（CIP）数据

生物医药产业专利导航报告/临沂市知识产权保护中心组织编写. —北京：知识产权出版社，2022.6

ISBN 978-7-5130-8153-5

Ⅰ.①生… Ⅱ.①临… Ⅲ.①生物医学工程—专利—研究报告—临沂 Ⅳ.①G306.72②R318

中国版本图书馆 CIP 数据核字（2022）第 073174 号

责任编辑：张利萍　　**责任校对**：王　岩
封面设计：杨杨工作室·张冀　　**责任印制**：刘译文

生物医药产业专利导航报告

临沂市知识产权保护中心　组织编写

出版发行：知识产权出版社有限责任公司　　**网　址**：http://www.ipph.cn
社　址：北京市海淀区气象路 50 号院　　**邮　编**：100081
责编电话：010-82000860 转 8387　　**责编邮箱**：65109211@qq.com
发行电话：010-82000860 转 8101/8102　　**发行传真**：010-82000893/82005070/82000270
印　刷：三河市国英印务有限公司　　**经　销**：新华书店、各大网上书店及相关专业书店
开　本：787mm×1092mm　1/16　　**印　张**：18.25
版　次：2022 年 6 月第 1 版　　**印　次**：2022 年 6 月第 1 次印刷
字　数：408 千字　　**定　价**：89.00 元

ISBN 978-7-5130-8153-5

本书编委会

主　　编： 徐　涛　于立彪

副 主 编： 李　峰　张春腾　邓　波　杨　鑫　朱洪波　李晓红　郑洪岩　杨　倩

编　　委： 陈国峰　高　森　杨西东　刘　纬　王　静　齐会娇　裴松伟　周　适　杨晓杰

编写组组长： 郑洪岩

编写组成员： 陈国峰　马庆文　高　森　杨西东　刘　纬　李言军　洪　亮　王　静　齐会娇　裴松伟　周　适　杨晓杰

前　言

随着世界经济的发展、生活环境的变化、人们健康观念的变化以及人口老龄化进程的加快等，与人类生活质量密切相关的生物医药产业近年来一直保持增长的趋势。生物医药作为新兴产业，有着良好的发展前景和蓬勃的生命力，从国家层面到各地方都高度重视，从政策和资金等各方面扶持生物医药产业发展。随着药企对创新药研发越来越重视，研发投入比重越来越大，中国创新药物已走到面临突破的重要关口。

近年来，我国相继出台了《国务院办公厅关于促进医药产业健康发展的指导意见》《中华人民共和国国民经济和社会发展第十三个五年规划纲要》《医药工业发展规划指南》等，指出我国要把握产业技术进步方向，瞄准市场重大需求，大力发展生物药、化学药新品种、优质中药、高性能医疗器械、新型辅料包材和制药设备，加快各领域新技术的开发和应用，促进产品、技术、质量升级。

山东省将生物医药作为重点发展产业之一，大力发展生物医药、生物医学工程、生物农业、生物制造等产业，以鲁南制药集团、齐鲁制药、新华制药、罗欣药业、瑞阳制药、鲁抗医药等企业为骨干，发展与主导原料药相匹配的精细化工产品、医药中间体，促进产业链向上下游延伸。

临沂市生物医药产业集群不断壮大，结构、布局日趋完善，综合实力已位居山东省前列，整体进入高质量发展阶段，新旧动能转换势头良好。根据《关于实施“春笋行动”大力培育具有自主知识产权企业的通知》（鲁政办字〔2019〕115 号）和《临沂市人民政府关于促进生物医药产业转型升级的意见》（临政发〔2017〕28 号）要求，临沂市知识产权保护中心开展生物医药产业专利导航项目，华智众创（北京）投资管理有限责任公司作为承担单位，进行产业专利布局与分析研究，为临沂市生物医药产业发展决策提供依据。

临沂市生物医药产业专利导航项目以引导临沂市生物医药产业创新主体合理专利布局、提升产业整体创新能力、助力临沂高质量发展为主要目标，针对临沂市生物医药产业开展产业专利导航工作，从产业现状分析入手，梳理产业创新发展面临的问题；以专利导航分析为基础，指引生物医药产业创新资源优化配置的具体路径，结合产业创新的政策资源，切实发挥专利导航的决策支撑作用。临沂市生物医药产业专利导航项目为临沂市科学制定生物医药领域发展规划，指引产业转型升级和提质增效提供有力支撑。

本书包括生物医药产业发展现状、研究方法、整体产业专利态势分析、生物药重点技术产业分析导航、化学药重点技术产业分析导航、中药重点技术产业分析导航、医疗器械重点技术产业分析导航、重点专利分析、重点产品分析、重点创新主体创新情况分析、临沂市生物医药产业创新发展路径十一个部分。生物医药产业发展现状部分，对生物药、化学药、中药、医疗器械领域的全球、国内、山东省及临沂市发展现状，从产业基础、产业发展趋势、政策环境等方面进行了梳理。整体产业专利态势分析部分，对生物药、化学药、中药、医疗器械领域的全球、国内、临沂市专利发展态势，从申请趋势、地域分布、主要申请人、专利布局等方面进行了总体分析。生物药、化学药、中药、医疗器械重点技术产业分析导航部分，在开展生物医药产业整体分析的基础上，针对生物药、化学药、中药、医疗器械重点技术领域进行重点技术产业创新方向分析以及区域重点技术产业定位分析，运用定量分析、定性分析、对比分析等各种研究手段和可视化图谱化表现形式，明确临沂生物医药产业发展在全国产业中所处位置，在对比中发现产业结构、企业规模、技术发展、人才数量等各方面的优劣势。重点专利分析部分，采用了华智众创（北京）投资管理有限责任公司研发的 IP7 + 专利分级管理系统，对中国生物医药产业各领域的专利进行大数据分级分类，从而进行重点专利的筛选，并从重点申请人和国内申请人来源地区等维度对重点专利展开分析，明确发达国家和热点地区的主要专利持有者的技术发展方向、产品市场和专利情况。重点产品分析部分，对修美乐、K 药、O 药、瑞舒伐他汀等全球销量高的药品进行专利布局分析，从专利申请趋势、地域分布、技术分布、重点申请人及其专利布局等方面进行梳理。重点创新主体创新情况分析部分，列举了全国、山东重点创新主体的专利布局情况，从专利申请趋势、技术分布、重点专利分析等角度，为临沂市生物医药企业提供了布局参考。导航结论部分，通过专利信息对比分析，明确临沂市产业发展在全国产业中所处位置，在对比中发现产业结构、企业规模、技术发展、人才数量等各方面的优劣势，并立足临沂市生物医药产业实际情况，结合全国、全省产业专利分析成果，从产业布局结构优化、企业整合及技术引进、协同创新、人才培育、专利协同运用与市场运营等方面，提出专利导航本地区产业、企业发展的方法和路径。

本书由临沂市知识产权保护中心组织编写，徐涛、于立彪、郑洪岩承担了全书的框架设计、篇章布局、统稿和审稿工作，全书共十一章，各章节作者团队分工协作如下：第一章：陈国峰、马庆文、高森、洪亮；第二章：杨倩、王静、齐会娇；第三章：王静；第四章：周适；第五章：杨晓杰；第六章：杨倩、王静；第七章：裴松伟、杨西东、刘纬；第八章：齐会娇、李言军；第九章：齐会娇；第十章：裴松伟；第十一章：杨倩。

目 录

CONTENTS

第一章　生物医药产业发展现状

第一节　生物药领域发展现状

生物医药是我国国民经济的重要组成部分。按照《国民经济行业分类》国家标准GB/T 4754—2017，医药制造行业包括化学药品原料药制造、化学药品制剂制造、中药饮片加工、中成药生产、兽用药品制造、生物药品制品制造、卫生材料及医药用品制造、药用辅料及包装材料制造8个子行业。据此，本书研究的生物医药产业主要包括4大技术分支：生物药、化学药、中药以及医疗器械。

一、全球产业发展现状

（一）产业基础

伴随着生物工程学、免疫学、细胞学等领域的快速发展，生物产业进入了发展的黄金期，生物药作为生物产业的重要组成部分，也迎来了良好的发展机遇。生物药主要通过基因工程、细胞工程、蛋白质工程等获得微生物、细胞及各种动物和人源的组织或液体制备而成。与常规医用药品作用机理不同，生物药主要通过刺激人体的免疫系统，产生免疫物质来提升人体免疫能力，有效地抵抗各类疾病。

1. 需求拉动市场，生物药品多年蝉联全球“药王”

近年来，全球医药产业的发展重心逐步转向生物药，生物药在全球医药市场的比重不断扩大。生物药领域从20世纪70年代开始，被各国高度重视并给予大力支持，并成为全球最畅销的药物产品之一。如图1－1所示，根据弗若斯特沙利文数据，2020年，全球销售收入总额前10种药物中，生物药占据6种，分别是修美乐、帕博利珠单抗、阿柏西普、纳武利尤单抗、依那西普、贝伐珠单抗。

2. 市场规模稳步增长，生物类似药增长迅猛

从细分市场来看，各国对于原研生物药的专利保护较为严格，如美国FDA生物创新药市场独占期长达12年、欧洲也达10年，因此，全球生物药市场仍以原研药为主。如图1－2所示，2017年，全球原研生物药市场规模达2346亿美元，所占比重高达

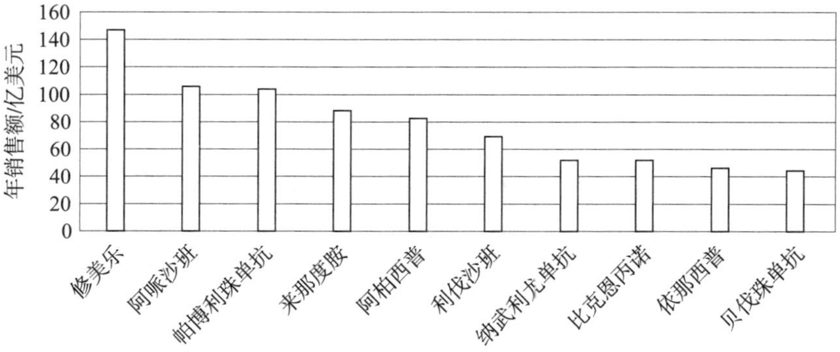

图 1-1　2020 年全球销售收入总额前 10 药物

97.67%。随着原研生物药核心专利逐渐到期，越来越多单抗类似药在美国和欧洲获批上市，生物类似药市场正处于快速增长阶段。2017 年，全球生物类似药市场规模为 56 亿美元，2013 年至 2017 年的复合年增长率高达 46.9%。

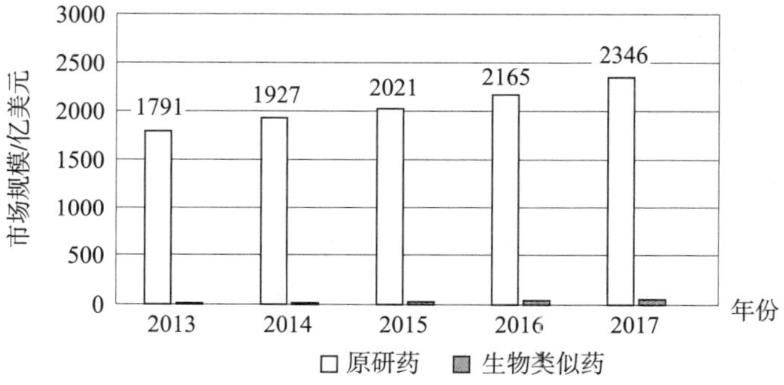

图 1-2　2013—2017 年全球生物药细分市场规模

如图 1-3 所示，从产品类别来看，单克隆抗体市场占据着全球生物药市场的最大比重，2017 年销售收入占比达到 43.20%；其次是重组治疗性蛋白，占比为 37.60%；疫苗比重也达到两位数以上，占比为 17.10%。

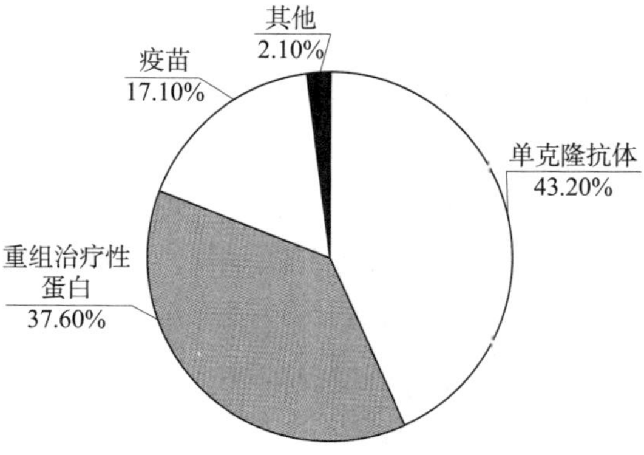

图 1-3　2017 年全球生物药市场产品类别分布

（二）产业发展趋势

随着生物药研发和生产技术的进步，生物药种类逐渐丰富，质量也有显著提升。在市场需求扩大和技术进步的双重驱动下，全球生物药领域正呈现快速发展态势，新药数量和市场规模呈现双增长趋势，增速渐超化学药物产业，成为当今世界医药产业发展的重点。生物药研发资源及资金的投入、技术的不断进步以及对疾病的认识不断提高，促使制药公司不断研发出具有卓越疗效及安全性的创新生物药。整体来说，生物药新药数量重回历史高峰，单抗类成为研发和销售热点；生物药市场规模增速显著高于化学药，销售额占比也超过化学药；治疗用生物药占据主导，但预防用生物药增长率较快，其中，抗体药物一枝独秀，肿瘤免疫领域持续成为生物药领域的创新焦点，制药公司利用创新性靶标对一些重要的抗癌免疫治疗组合药物和针对一线肺癌治疗开展的研究受到了广泛关注。

未来，全球生物药行业将向五大方向发展。第一，更趋向于提高效率、改善质量和降低成本。第二，为了保持更强的竞争力，下游纯化不可避免。例如，下游产业中，色谱分离仍被认为是最需要改进的技术领域。提高下游产量可以增强公司抵御外界威胁及变化的能力。第三，生物类似药将进入快速发展阶段。第四，生物药行业中一次性装置使用率逐渐趋于稳定，但需求仍在增长。第五，中国、印度、韩国和新加坡生产制造能力增长最快，发展重心也会逐渐向这些国家转移。

二、中国产业发展现状

（一）产业基础

1. 产销规模快速增长

与发达国家相比，我国生物药研究和产业化相对较晚，但具有强劲的增长潜力。一方面，慢性疾病患病率上升，居民支付能力及保健意识增强，对生物药的需求与日俱增；另一方面，医药行业政策正倾向生物药，药企也不断加大对生物药的研发投入，助推我国生物药市场驶入快车道。目前，中国生物药市场仍处于发展初期，市场规模较为有限，但增速显著高于全球水平。如图 1－4 所示，国内生物药市场具有强劲的增长潜力，2019 年市场规模达 3713.86 亿元，年均复合增长率达 4.02%，居医药行业第一，远超化学药、中药等老牌行业。随着未来支付能力提高、医保覆盖范围增大、研发投入增加，生物药市场规模将进一步扩大。[1]

[1] 【生物药榜】《2020 中国生物药研发实力排行榜 TOP50》隆重揭晓！［EB/OL］.（2020－09－10）［2021－03－22］. https：//xueqiu. com/5964803315/158957231.

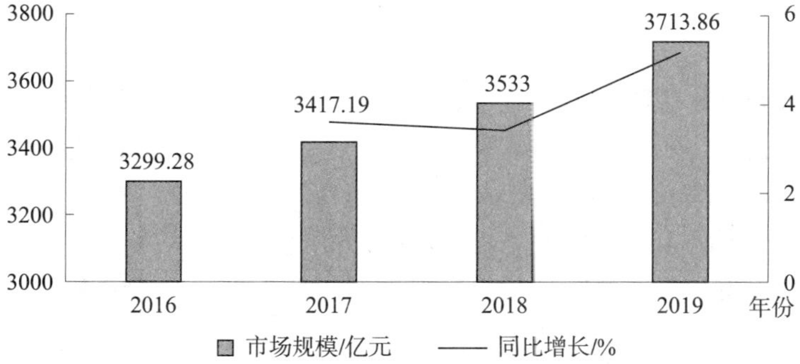

图 1-4　2016—2019 年中国生物药市场规模情况

2. 产业布局重点突出

我国生物药领域在布局上以产业关联为基础、地理靠近为特征，形成了环渤海、长三角、珠三角为第一梯队的产业分布，治疗用生物药企业占主导。我国目前共有 752 家生物药企业，从注册地分布看，主要集中在沿海地区，西北地区分布较少，这与我国经济水平和人口分布密切相关。北上广生物药企业多达 236 家，约占全国生物药企业总数的 1/3。从单个省份数量分布看，上海数量最多，为 86 家。从各大生物药企业的主要产品来看，治疗用生物药企业数为 527 家，占企业总数的 70%，单抗类和血液类成为两大主要治疗用生物药。

北京作为环渤海区域生物药的研发中心，初步形成了以生命所、芯片中心和蛋白质组中心为主体的研发创新体系。长三角区域形成以上海为核心，江苏、浙江为两翼的生物医药产业园区，在研发与产业化、外包服务、国际交流等方面具有较大优势。上海拥有完善的生物药创新体系和产业集群，已形成了以中科院药物所、国家人类基因组南方研究中心为主的“一所六中心”体系，是我国研发和成果转化中心，是国内生物药领域研发机构最集中、创新实力最强、新药创制成果最突出的基地。珠三角区域以广州和深圳为龙头，依托发达的医药流通体系，毗邻港澳，对外辐射能力强、资本集中度高。其中，广州聚集了 150 多家生物企业和一批国家级生物科研机构，形成从生物技术研究、中试到产业化的完整产业链条。

3. 行业新兴力量兴起

生物药市场中，生物原研药凭借先发及专利上的优势，其收入占比历年来均呈现绝对领先水平，“单抗产品”更是近年来所有细分类别中的佼佼者。随着多个重磅单抗药物专利的相继到期，生物类似药逐渐进入发展快车道，全球增速超过 40%，且市场规模上升同样极为明显。目前，江苏恒瑞医药、上海君实医药、百济神州、苏州信达、成都康弘药业、荣昌制药、中山康方、康希诺、国药、北京科兴等相关企业均针对不同产品战略，分别上市了 PD-1 单抗、融合蛋白、ADC、人重组干扰素类蛋白、肠道病毒 EV71 疫苗、埃博拉疫苗、新冠肺炎疫苗等生物创新药，并不同程度地进入欧美等发达国家或地区，中国的生物创新药已成为全球生物药的有力竞争者。目前，复宏汉霖、齐鲁、百奥泰、海正、三生国健等相关企业也均不同程度地布局了生物类似药物研发。中国生物类似药产业正加快实现内外双循环，海外竞争力得到有效提升。同时，由于国内生物药市场仍处于结构不稳、需求增加与技术替代频繁期，细分市场迅速增长与滞后的发展同样给市场带来了更广阔的增长空间。

（二）产业发展趋势

我国生物药发展的重点包括单抗克隆药物、蛋白药物、基因与核酸药物等，其中，单克隆抗体药物作为一种具有独特优势的生物靶向药物，具有特异性高、靶向性强和毒副作用低的特点，在治疗方面效果显著，成为制药业发展最快的领域之一。早在新冠肺炎疫情暴发初期，我国就布局了 5 条技术路线开展新冠肺炎疫苗研究。2020 年 12 月 31 日，国药集团中国生物新冠灭活疫苗获得国家药监局批准附条件上市，Ⅲ期临床试验中期分析显示，该疫苗保护率达 79.34%，实现安全性、有效性、可及性、可负担性的统一，达到世界卫生组织及国家药监局相关标准要求。截至 2020 年年底，国内有 14 款新冠肺炎疫苗进入临床试验，其中 4 款在Ⅲ期临床试验阶段。[1]

（三）产业政策

2020 年，我国出台了一系列生物药领域的政策，进一步规范和促进生物药的发展。为配合《药品注册管理办法》实施，国家药监局于 2020 年 6 月 29 日发布了《生物制品注册分类及申报资料要求》。2020 年 10 月 17 日，十三届全国人大常委会第二十二次会议表决通过了《中华人民共和国生物安全法》，自 2021 年 4 月 15 日起施行。2020 年 12 月 21 日，国家市场监督管理总局发布新修订《生物制品批签发管理办法》，自 2021 年 3 月 1 日起施行，加强生物药监督管理，规范生物药批签发行为，保证生物药安全、有效。国家药监局药审中心发布《生物类似药相似性评价和适应症外推技术指导原则（征求意见稿）》《临床试验期间生物制品药学研究和变更技术指导原则（征求意见稿）》，规范生物药临床研究和申报。

从细分领域来看，疫苗、抗体、细胞和基因治疗是国家重点关注领域。疫苗领域，国家卫生健康委、科技部、工业和信息化部、国家市场监管总局、国家药监局五部门于 2020 年 6 月 18 日联合发布了《疫苗生产车间生物安全通用要求》，作为新冠肺炎疫情防控期间推动新冠疫苗生产的临时性应急要求。国家药监局药审中心发布了《疫苗临床试验抗体分析方法研究技术指导原则（征求意见稿）》，进一步规范和指导疫苗临床试验抗体分析的研究。抗体药物领域，国家药监局药审中心发布了涉及利妥昔单抗、阿达木单抗、贝伐珠单抗、曲妥珠单抗、地舒单抗、托珠单抗、帕妥珠单抗、奥马珠单抗等抗体药物的临床试验指导原则，为国内相关单抗生物类似药的临床研发提供参考。重组蛋白领域，为切实鼓励创新，进一步指导治疗性蛋白药物的临床研发，国家药监局药审

---

[1] 2020 年生物药领域发展回顾［EB/OL］.（2021－01－13）［2021－03－17］. https：//www. cn－health-care. com/articlewm/20210113/content－1180182. html.

中心组织起草了《治疗性蛋白药物临床药代动力学研究技术指导原则（征求意见稿）》，以期为治疗性蛋白药物的临床药代动力学研究提供可参考的技术规范。血液制品领域，为指导和规范静注人免疫球蛋白用于治疗原发免疫性血小板减少症的临床试验，国家药监局药审中心组织起草了《静注人免疫球蛋白治疗原发免疫性血小板减少症临床试验技术指导原则（征求意见稿）》。细胞和基因治疗领域，国家药监局药审中心制定了免疫细胞治疗产品、人源性干细胞及其衍生细胞治疗产品的临床试验技术指导原则，以及免疫细胞治疗产品、基因转导与修饰系统药学的药学研究与评价技术指导原则。[1]

三、山东产业发展现状

（一）产业基础

山东资源禀赋突出，东临大海、沿黄而居，纬度适宜、海拔适中，光照资源充足，自然环境优良，医疗基础扎实，产业优势明显。山东是医药产业大省，形成了化学药、生物药、中药、医疗器械、药用辅料、药包材和制药机械等完整的产业体系，产业规模占全国近 1/6，是全国重要的医药生产供应基地。山东省统计局数据显示，近年来，医药制造业工业增加值占规模以上工业比重不断增长，从 2015 年的 3.2% 上升至 2019 年的 4.3%，2017 年规模以上医药工业企业主营业务收入 4598.97 亿元，同比增长 12.81%。据工业和信息化部发布数据，2018 年度中国医药工业百强榜中山东有 12 家，其中，有 2 家临沂市企业上榜，分别是鲁南制药和罗欣药业。2017 年山东省获得药品批准文号 80 个，获批数量居全国首位。

如表 1－1 所示，据 2011—2015 年的统计数据来看，山东省医药制造业总体呈现持续快速发展趋势，除医药企业数存在轻微上下波动外，主营业务收入、利润和利税基本呈正增长态势，尤其是 2011—2013 年主营业务收入和利润增长率均达 15% 以上，增长迅猛，显示出山东省对医药产业的扶持及其显著效果。

表 1－1　2011—2015 年山东省医药产业指标

年份	企业数/个	主营业务收入/亿元	主营业务收入同比增长率/%	利润/亿元	利润同比增长率/%	利税/亿元
2011	603	1957	25.1	228.2	23.89	316.5
2012	683	2608.2	33.28	298.4	30.76	432
2013	858	3496.3	34.05	359.8	20.58	545.9
2014	782	3715.8	6.28	377.3	4.86	576.3
2015	832	4218.1	11.3	422.8	12.7	639.7

数据来源：国家统计局。

2016 年，山东、江苏和河南三省的生物医药销售收入排名全国前 3 位，其中山东

[1] 2020 年生物药领域发展回顾［EB/OL］.（2021－01－13）［2021－03－17］. https://www.cn－healthcare.com/articlewm/20210113/content－1180182.html.

实现销售收入 1021.61 亿元，占全行业销售收入的比重为 30.96%；江苏省位居第 2，2016 年实现销售收入 432.72 亿元，占比 13.12%。我国销售收入居前的 10 个省份销售收入占比达 80.68%，行业区域分布较为集中。

（二）产业发展趋势

生物医药产业是山东省重点发展的产业之一，近年来保持快速发展态势。“十三五”期间，山东省生物产业瞄准生物技术、基因工程等前沿技术方向，大力发展生物医药、生物医学工程、生物农业、生物制造等产业。山东省的原料药发展具有一定优势，以齐鲁制药、新华制药、瑞阳制药、鲁抗医药等企业为骨干，发展与主导原料药相匹配的精细化工产品、医药中间体，促进产业链向上下游延伸。同时，重点支持发展特色原料药、制剂产品，以及支持开发缓控释、靶向给药、透皮吸收、黏膜给药、载体给药、儿童特殊给药的新剂型和新产品。[1]

（三）政策环境

1. 山东政策情况

山东省在战略性新兴产业政策上对医药产业发展提出一定要求，相继发布了《关于促进新医药产业加快发展的若干政策》《山东省战略性新兴产业发展“十二五”规划》《山东省“十三五”战略性新兴产业发展规划》等文件，把重点放在发展新医药、生物医药、生物技术、生物制造等领域，推进具有自主知识产权的新药研发，构建创新平台与创新体系等。此外，生物育种技术也是山东省发展的重点，以加快实现循环经济和产业的绿色发展。

《山东省产业集群发展规划（2016—2020 年）》提出，山东省将重点发展包括生物医药产业集群在内的 20 个产业集群。政府将引导企业通过加强基础和应用研究，攻克并掌握一批关键核心技术，加快创新药物产业化、加快新版 GMP 改造，提升全省医药产业国际化水平。同时，政府将优化医药产业结构、壮大产业规模、加快发展海洋药物、生物技术药物、中药现代化、新型医疗器械等产业领域，重点培育济南高新区、城阳、淄川、沂源、莱山、莱阳、烟台开发区、诸城、滨州高新区、菏泽高新区生物医药产业集群，黄岛、威海经开区海洋生物医药产业集群，禹城功能糖产业集群，定陶生物蛋白肽产业集群等 14 个生物医药产业集群。

2. 临沂政策情况

《临沂市国民经济和社会发展第十三个五年规划纲要》提出，“生物医药产业中，加强生物技术药物研究，重点发展新型抗生素，推进疫苗研发和制造，鼓励多糖类、蛋白类产品扩大生产”。

《临沂市人民政府关于促进生物医药产业转型升级的意见》提出，“重点发展现代

---

[1] 山东省：医药工业长期处于全国先列［EB/OL］.（2018－03－08）［2021－03－17］. https：//med.sina.com/article_detail_103_2_42356.html.

中药、化学原料药及制剂、生物技术药物及制品、保健制品、新型医疗器械、医药商贸流通、新型药用辅料及药包材、精准医学产品等产业”。

《临沂市医养健康产业发展规划（2018—2022年）》提到了关于大力推进医药制造业转型升级的相关内容，“重点发展生物技术药物、小分子药物等创新药物，加快新型制剂、医疗器械的关键技术突破，提高创新能力和产业水平”。

第二节　化学药领域发展现状

一、全球产业发展现状

（一）产业基础

从化学药行业格局来看，可分为化学原料药和化学制剂，化学制剂又由仿制药和创新药构成。从技术难度来看，原料药、仿制药、创新药逐渐提高。

如图1-5所示，全球化学原料药行业市场规模总体上呈现逐年增长趋势。2017年，全球市场规模达到1550亿美元，较2016年增长6.16%。2018年，全球原料药行业市场规模达到1628亿美元。预计到2024年，全球原料药市场规模将上升到2367亿美元，年复合增长率将超过6.5%。❶

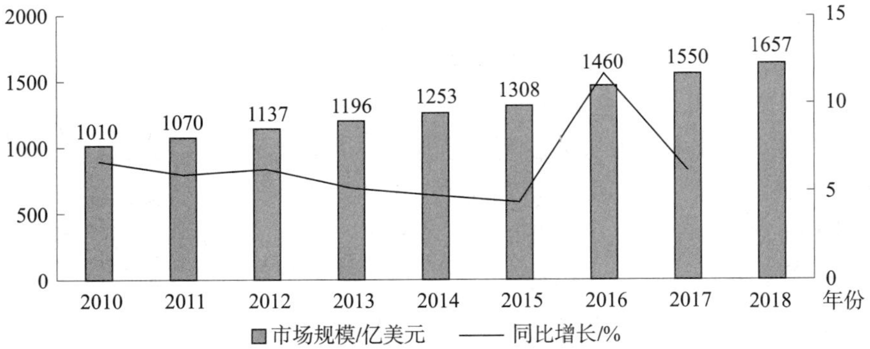

图1-5　2010—2018年全球化学原料药行业销售规模及其增长情况

如图1-6所示，从疾病应用领域看，由于心血管、糖尿病、中枢神经等部位慢性疾病和肿瘤发病率升高和患病群体不断增大，同时心脑血管、抗感染、抗肿瘤等领域的新药不断推出，使得对化学原料药的需求不断增长。2018年，全球化学原料药主要应用领域为心血管疾病，占比为23.30%；其次为内分泌科，占比为15.30%；排位第三

❶ 一文带你解读2018年全球化学原料药市场［EB/OL］.（2019-11-24）［2021-08-07］. https://www.qianzhan.com/analyst/detail/220/191122-bd71f57b.html.

的是中枢神经疾病，占比为14.40%。

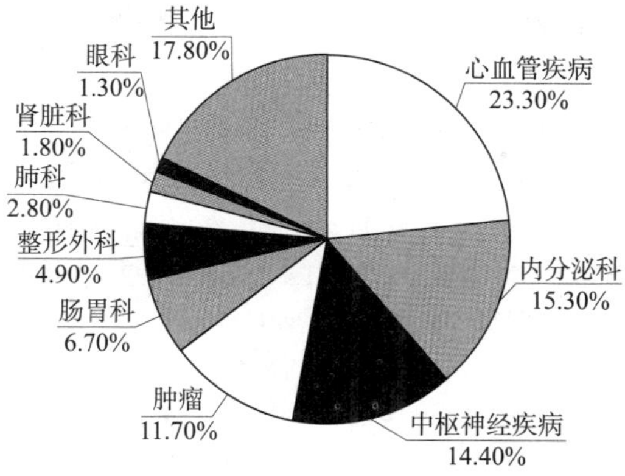

图1－6　2018年全球化学原料药应用领域

如图1－7所示，全球化学制剂市场规模从2014年的848.1亿美元增长至2019年的1041.8亿美元。❶

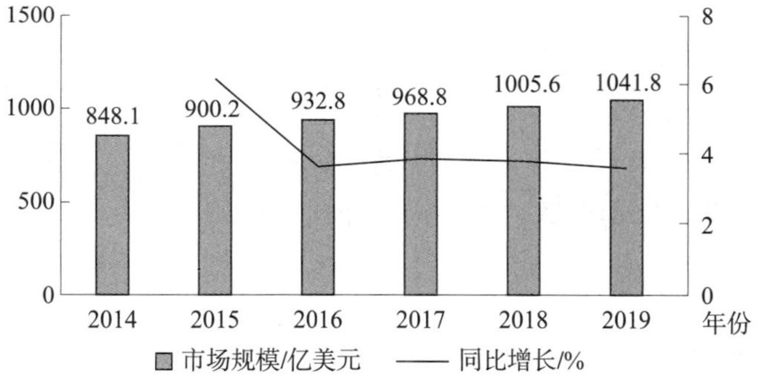

图1－7　2014—2020年全球化学制剂行业销售规模及其增长情况

（二）产业发展趋势

随着制药工业的不断发展成熟，容易开发的基础类药物已经基本开发完全，化学药物的开发空间已经越来越小，一款新药从研发到最终上市所需要付出的人力及资金投入逐步加大，风险也明显上升。随着全球医药市场竞争愈加激烈，企业对新药研发投入不断增加，促进新的药物靶点及治疗方式不断被发现和应用，创新药研发将出现新的市场机会，各界对新药研发愈发关注，全球药品研发规模持续增加。2021年全球在研药物数量达到18582种，与2020年相比，增长率达4.76%。

（三）优势国家/地区政策

目前，全球主要的化学原料药生产区域包括制药工业历史最为悠久的北美、西欧，

❶ 2020年全球及美国、中国制药行业市场规模情况［EB/OL］.（2020－11－09）［2021－08－07］. http://data.chinabaogao.com/yiyao/2020/119520JH020.html.

以及亚洲的中国、印度和日本，具体情况如表1－2所示。[1]

表1－2 主要化学原料药生产地区情况

地区	生产情况
印度	印度是全球原料药生产的最大地区，其接触国际市场更早、更频繁，因此，在体量规模上均高于中国。印度仿制药行业具有较大优势，因此，原料药多为仿制药配套产品，且大量供应国际市场
欧洲	西欧是西方传统原料药生产基地，产品以高附加值的专利期内原料药为主，供应关系相对稳定。其中，意大利是主要出口国家，原先是欧洲重工业包括污染较重的原料药行业集聚地。自20世纪以来，欧洲对于本土重污染企业进行治理，因此，产能逐渐缩减。2010年前后出口占比仍很高，至现在生产企业数量不增反减
美国	美国仍以进口为主，是中国化学原料药的主要采购方，2018年，美国占我国出口化学原料药总额的比例约11%，虽然略有下降但仍是不小的占比。随着国内企业技术实力提升、国际供货经验日益丰富、订单获得能力加强，对美国的原料药出口规模有望继续增长
日本	日本的原料药市场规模在全球亦排名前列，由于日本企业的发展模式对仿制药和创新药较中国和印度更为重视，因此，制剂和原料药同期发展，在很长的一段时间内，本土原料药的产量和消耗量基本持平，进口量和出口量也相差不大。近几年，伴随全球医药市场的变化，日本药企同样面临回报率下降和成本上升的压力，日本制药企业逐渐开始放开原料药的进口，尤其是低端原料药产品，进口规模呈上升趋势

二、中国产业发展现状

（一）产业基础

总体来看，国内化学药原料药相对成熟，在全球产业链上地位较高；化学制剂与国际领先国家差距明显，其中，仿制药大而不强，创新药刚刚起步。从国际竞争力角度来看，国内各板块的表现为原料药强于仿制药，仿制药强于创新药。

原料药：国内原料药发展相对成熟，技术门槛逐级提高。其中，大宗原料药行业格局相对成熟，已经趋于成本和效率的竞争，在细分领域形成了头部企业明显领先的现象，特别是抗生素和维生素领域已形成寡头局面，不但占据国内主要市场，同时大量出口国外。特色原料药供给仿制药企业，相比大宗原料药相对细分，也存在大量出口欧美的国内企业，与印度共同构成了欧美特色原料药的主要来源。专利原料药门槛比较高，需要有技术和质量保障，更需要有国际化团队，因为专利原料药在企业研发的过程中就要参与其中，而创新药的主战场还是在欧美。

仿制药：国内传统的制剂公司都是从仿制药起家，到目前也是仿制药占主体，多数企业还是以仿制药的利润来支撑创新药的投入。受制度影响，国内仿制药企业享受了高

[1] 2019年全球化学原料药行业市场现状及发展趋势 未来仿制原料药市场需求快速增长［EB/OL］.（2019－12－10）［2021－03－17］. https://www.sohu.com/a/359447758_114835.

于国外同行的毛利率，同时也导致国内仿制药发展缓慢，创新动力不足，国外原研药长期享受超国民待遇，缺乏优质的替代品。

创新药：国内创新药品种主要为化学药，与国际巨头化学药、生物药并举的情况存在差距。根据 IMS（艾美仕大数据）统计，2015 年全球创新药市场规模近 6000 亿美元，但我国占据的市场份额不足 100 亿美元。上市的创新药也多为 Me－too 药物（派生药），缺乏首创药。国内众多企业从不同的路线走上了创新药的道路，代表性的有三类：一类是传统的仿制药企业经过资金和技术积累逐渐转向创新药，这类企业研发管线相对丰富，各方面积累较多，代表性企业有恒瑞医药、中国生物等；第二类是通过并购新兴新药研发机构切入创新药领域，代表企业有复星医药、亿帆医药，这类企业原有业务盈利性好，转型意愿强；第三类是通过资本筹集创新药研发资金，集合创始团队研发优势快速进入创新药领域，这类企业研发管线比较集中，有利于发挥技术优势，降低风险。

2020 年是“十三五”收官之年，新冠肺炎疫情对我国乃至全球经济造成重大影响。如图 1－8 所示，化学药领域是生物医药产业的重要组成部分，在经历了上半年的生产萎缩后，2020 年下半年化学制药企业生产和经营逐渐恢复正轨。2020 年受疫情影响，市场规模略有下降，为 7085 亿元。[1]

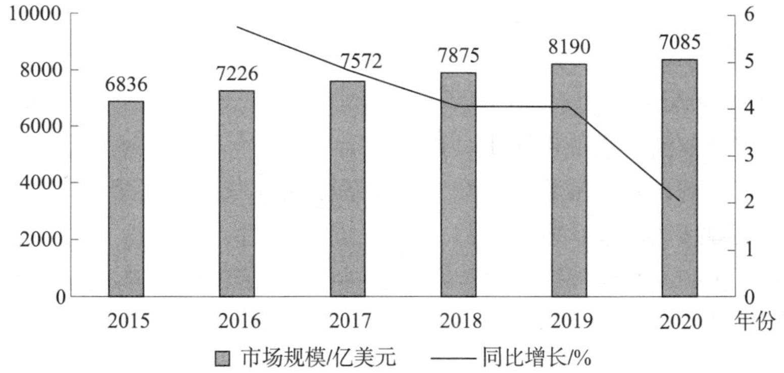

图 1－8　2015—2020 年中国化学药品市场规模及其增长情况

（二）产业发展趋势

近年来，我国化学制药行业正处于从仿制为主向自主创新为主、创仿结合的战略性转轨阶段。国家持续加大对化学制药工业技术进步和技术创新的投入，重点加强新药研究开发体系建设和创新药物的研制。新药研究开发技术平台已覆盖了新药发现、临床前研究、临床研究、产业化整个过程，基本形成了相互联系、相互配套、优化集成的整体性布局，部分平台标准规范已能与国际接轨，新药自主创新和研究开发能力显著增强。

未来，在原料药创新方面，我国将重点攻关手性拆分酶法、生物转化、膜技术、结

[1] 2021 年化学药领域发展回顾［EB/OL］.（2022－01－12）［2022－05－05］. http：//med. china. com. cn/content/pid/314712/tid/1026.

晶技术、手性技术等绿色环保、节能降耗的关键性、共性产业化技术和装备。在药物制剂方面，新型药物释放系统成为未来药学领域的开发方向，重点领域包括缓释、长效制剂、靶向给药制剂、皮肤给药制剂、黏膜给药制剂等。❶

我国《药品管理法》指出，未曾在中国境内上市销售的药品即为新药，也就是说对于已上市药品改变剂型、改变给药途径、增加新适应症或是在国外上市而未在国内上市的药品，都属于新药范畴。2016—2020 年是创新药物全面发展的时期。这个阶段更多的创新药物无论是跟随创新还是其他方式的创新都迅速出现，我国创新药市场环境不断改善，市场前景广阔。创新药上市回报丰厚，研发能力要求高，而随着药品政策环境不断改善，释放鼓励创新信号，产业迎来发展机遇。国内具有研发能力的创新药企不断涌现，老牌药企也纷纷布局。此外，对不同类型的药物采取不同的审批制度应是以后的指导思想。

国家对医药行业的高度重视，促使创新药物进入前所未有的高速发展期。随着国民生活水平的不断提高，大健康意识和精准医疗需求日新月异，加之人口老龄化，诸多因素导致药品市场的消费需求与日俱增。中国已成为仅次于美国的第二大医药市场，强劲的市场潜力，使创新药物的研发和对专利到期药物的抢仿备受瞩目。

（三）产业政策

《医药工业发展规划指南》（2016 年 11 月，工业和信息化部等六部委联合）指出，把握产业技术进步方向，瞄准市场重大需求，大力发展生物药、化学药新品种、优质中药、高性能医疗器械、新型辅料包材和制药设备，促进产品、技术、质量升级。在化学药方面，要紧跟国际医药技术发展趋势，开展重大疾病新药的研发，重点发展针对恶性肿瘤、心脑血管疾病、糖尿病、精神性疾病、神经退行性疾病、自身免疫性疾病、耐药菌感染、病毒感染等疾病的创新药物，特别是采用新靶点、新作用机制的新药。根据疾病细分和精准医疗的趋势，发展针对我国特定疾病亚群的新药、新复方制剂、诊断伴随产品。化学仿制药方面，加快临床急需、新专利到期药物的仿制药开发，提高患者用药可及性。提高仿制药质量水平，重点结合仿制药质量和疗效一致性评价提高口服固体制剂生产技术和质量控制水平。高端制剂方面，重点发展脂质体、脂微球、纳米制剂等新型注射给药系统，口服速释、缓控释、多颗粒系统等口服调释给药系统，经皮和黏膜给药系统，儿童等特殊人群适用剂型等，推动高端制剂达到国际先进质量标准。临床短缺药物方面，加强罕见病药、儿童用药等临床短缺药物开发，加快临床必需但副作用较大药物的换代产品开发。产业化技术方面，重点开发应用原料药晶型控制、酶法合成、手性合成、微反应连续合成、碳纤维吸附、分子蒸馏等新技术，发酵菌渣等固体废物的无害化处理和资源化利用技术，提高原料药清洁生产水平；发展高端制剂产业化技术，提高口服固体制剂工艺技术和质量控制水平。

---

❶ 2019—2025 年中国化学制药行业市场深度调研及前景趋势预测报告［EB/OL］.（2019-04-18）［2021-03-17］. https：//doc. mbalib. com/view/8c3fcf98c7777f1b202b10cf735e179d. html.

《关于解决药品注册申请积压实行优先审评审批的意见》（原国家食品药品监管总局，2016 年 2 月）优先审评审批范围：“（二）防治下列疾病且具有明显临床优势的药品注册申请：1. 艾滋病；2. 结核病；3. 病毒性肝炎；4. 罕见病；5. 恶性肿瘤；6. 儿童用药品；7. 老年人特有和多发的疾病。”

2017 年 10 月 8 日，中共中央办公厅、国务院办公厅印发的《关于深化审评审批制度改革鼓励药品医疗器械创新的意见》之促进药品创新和仿制药发展的举措中，包含了：“（十五）建立上市药品目录集；（十六）探索建立药品专利链接制度；（十七）开展药品专利期限补偿制度试点；（十八）完善和落实药品试验数据保护制度；（十九）促进药品仿制生产，加快推进仿制药质量和疗效一致性评价；（二十）发挥企业的创新主体作用；（二十一）支持新药临床应用。”

2020 年 7 月，新修订的《药品注册管理办法》和《药品生产监督管理办法》颁布实施，全面落实药品上市许可持有人制度，优化审评审批工作流程，落实全生命周期管理要求，强化主体责任与责任追究。

2021 年 6 月 1 日，新修订的《专利法》正式施行，其中与医药行业密切相关的第四十二条和第七十六条，即“药品专利权期限补偿制度”和“药品专利链接制度（即药品专利纠纷早期解决机制）”备受业界瞩目。2021 年 7 月 4 日，国家药监局、国家知识产权局制定的《药品专利纠纷早期解决机制实施办法（试行）》正式施行，旨在鼓励新药研究和促进高水平仿制药发展，为当事人在相关药品上市审评审批环节提供相关专利纠纷解决的机制，保护药品专利权人合法权益，降低仿制药上市后专利侵权风险。

三、山东产业发展现状

（一）产业基础

山东省是医药大省，医药产业发展迅速、销售收入名列前茅，近年来，山东省积极争取国家科技经费，重点关注原料药、化学创新药、现代中药、海洋药物和新型医疗器械等领域，研发创新投入力度大。此外，山东省人民政府规划建设的鲁中（济南、淄博、潍坊）、鲁南（济宁、枣庄、临沂、菏泽）、半岛（青岛、烟台、威海）三大新医药产业聚集区也成为加强山东省医药产业集聚、促进经济增长的重大战略规划。一直以来，山东省都是化学原料药和普药制剂生产大省，2014 年、2015 年山东省化学原料药工业销售产值占到全国化学原料药总产值的 20% 左右。因此，绿色发展、生态发展是山东省的改革重点，企业需要改善传统生产工艺，以市场需求为核心，创新技术和产品，推进智能制造的应用。在全球化背景下，山东省医药产业同样需要与时俱进，提升产业国际化能力。

1. 自主创新能力有待进一步加强

目前，山东省化学药品企业生产具有自主知识产权的原创药少之又少，基本以大众仿制药和长线产品生产为主，发展模式仍习惯于依赖老产品规模扩张，创新模式习惯于单打独斗、互相防范，难以形成合力。山东省只有部分骨干企业研发投入达到销售收入的5%～8%，大多数企业低于3%，很多小微企业甚至还没有自己的研发机构。企业缺乏高层次研发人才，特别是科研领军人才，与上海、江苏等省市的差距关键在于人才的缺乏，企业自主创新能力不强是制约山东由制药大省向制药强省跨越的最大因素。

2. 产品结构有待进一步优化

山东省是化学原料药和普药制剂的传统生产大省，特别是大吨位、低附加值的化学原料药和中间体及低价基药制剂生产比重高。2017年山东化学原料药利润率只有8.65%，2018年前3季度为8.26%。2017年山东化学制剂收入占全省医药收入的19.97%，2018年前3季度为21.81%，占比有所提高，产品结构调整初见成效，但与江苏的化学制剂占全省医药收入的40.44%（2015年数据）相比，仍有较大差距，产品结构仍需进一步优化。

3. 部分原料药供应有待稳定

近两年来，原料药受原材料、环保、成本等影响，生产厂家减少，原料药价格有所上涨。部分原料药批文较少、生产厂家较少的产品，代理商趁机组建原料药价格联盟，实施垄断，造成部分原料药价格暴涨，有的原料药价格呈几倍、几十倍的不合理涨价。给制剂生产企业造成了沉重的成本负担，形成价格倒挂，部分产品被迫停产，造成部分老百姓急需的药品供应中断，影响了人民群众的正常用药。❶

（二）产业发展趋势

《山东省“十三五”战略性新兴产业发展规划》提出，“十三五”期间，山东省生物产业瞄准生物技术、基因工程等前沿技术方向，大力发展生物医药、生物医学工程、生物农业、生物制造等产业。此外，山东省《促进医药产业健康发展的实施意见》指出，力争到“十三五”末，山东省医药产业主营业务收入突破7000亿元，年均增速达到10%以上；创新能力不断增强，国家级企业技术中心达到20家；龙头企业带动力进一步增强，产值过百亿元企业达到10家；产品结构持续优化，终端化学制剂产品占比由2015年的18%提高到22%以上。2016年，山东省化学原料药产量达45.6万吨，占全国总产量近40%。如何实现医药产业由大到强的转变，是山东省亟待解决的难题。❷

（三）政策环境

1. 山东政策情况

2016年启动仿制药一致性评价时，山东药企面临较大困难。全省仅3家医院有资格开展药物临床试验，承接项目能力以个数计。为了帮助企业打通药物临床试验环节，山东省原食药监局多次联合省卫计委，推动相关医疗机构不断强化试验机构建设，建立

❶ 刘际宁，等．当前山东省医药产业发展面临的问题与对策［J］．企业界，2019（10）：356.

❷ 山东省医药行业发展现状及政策改革［EB/OL］．（2018－06－21）［2021－03－17］．https：//www.xianji-china.com/news/details_75724.html.

完善Ⅰ期药物临床试验质量控制体系，加强对试验人员进行技术、法规培训，以确保临床试验质量。目前，山东省药物临床试验机构数量已增加至51家（截至2018年年底），生物等效性试验项目承接能力提升到近百个，药物创新和仿制药一致性评价关键环节保障能力得到极大加强。与此同时，山东省原食药监局联合省财政厅等有关部门指导各地市出台有关仿制药一致性评价专项奖补政策。其中，济南、淄博对通过一致性评价的品种最高奖励400万元。此外，山东省原食药监局还搭建信息共享平台，开设“山东省仿制药一致性评价供需信息”专栏，发布相关企业放弃的一致性评价品种名单，鼓励有意向、有实力的单位参与一致性评价工作；开辟“全省药品生产企业承接委托生产信息”专栏，促进企业间信息交流。

2. 临沂政策情况

在《临沂市国民经济和社会发展第十三个五年规划纲要》中提到，“以中药为重点，以生物药为快速增长极，以化学药为提升方向，培育高端医疗器械及卫生材料领域。提升化学药产品档次，开展心血管疾病、恶性肿瘤、神经和精神性疾病等重大疾病医药品种开发，推进新型制剂研发和产业化，加快形成粉针剂和冻干粉针剂产业链”。

《临沂市人民政府关于促进生物医药产业转型升级的意见》指出，“重点发展现代中药、化学原料药及制剂、生物技术药物及制品、保健制品、新型医疗器械、医药商贸流通、新型药用辅料及药包材、精准医学产品等产业”。其中，对化学药的重点政策措施有：（1）牢牢把握2020年前“专利悬崖”期给仿制药发展带来的黄金机遇，鼓励市内企业加大仿制药研发投入力度，提高仿制药研发水平。对于化学药品3~4类，经企业研发、申报、获得相应药品（生产）批准文号并在我市生产的，经专家评审，符合项目补助标准的，予以资金支持。（2）支持新药开发，在化学药品1~2类注册分类范围内，按照临床研发进度，分阶段对市内企业独自或合作开发的创新药物进行资助。对企业完成临床前研究并取得临床批件，企业完成Ⅰ期、Ⅱ期、Ⅲ期临床试验，药品上市许可持有人将持有的药品在我市委托生产销售的或市内企业获得新药证书及相关药品（生产）批准文号并在我市生产销售的，经专家评审，符合项目补助标准的，予以资金支持。

第三节　中药产业发展现状

一、全球产业发展现状

（一）产业基础

人类应用植物药有着悠久的历史。早在19世纪初，人们即从鸦片中分离出用于镇痛的吗啡碱，从麻黄中提出了麻黄碱，从金鸡纳树皮中提取出有效生物碱——奎宁，并合成了新药朴疟母星、阿的平、氯喹、伯喹，但疟疾复发率较高。之后，我国科学家成功提取青蒿素，在此基础上又研制成功双氢青蒿素，其疗效是青蒿素的10倍。当今，在“回归大自然”思潮影响下，植物药在全球又重新受到重视和青睐，销售量逐年上升。据世界卫生组织统计，目前，全世界约有40亿人使用植物药治疗，有130个国家应用中医药，124个国家建立了中医药机构，尤其以日本、美国、德国的中医药研究人员最多，人们已越来越认识到植物药是新药研究的源泉。

目前，全球已开发利用的植物药超过4000种，特别是自20世纪80年代以来，植物中的天然药物（或半合成药）已成为西方医药市场上的新宠儿，如银杏制剂年销售额超过20亿美元，阿片类镇痛药（来自罂粟花）15亿美元，紫杉醇已超过10亿美元，金丝桃素已超过5亿美元，刺五加、绞股蓝均达到3.5亿美元，地高辛及其衍生物（来自毛地黄）2亿美元，麦角碱类1.5亿美元，长春花提取物制剂1.2亿美元，麻黄碱1.1亿美元。用有效天然药物替代一些化学药品已成为国际医药发展的新趋势，给中药走向世界带来了契机。[1]

（二）产业发展趋势

中药领域已成为国际医药界剧烈争夺的热点。在天然植物药特别是中药领域，欧美权威机构投放了巨额研究经费，并取得许多研究成果，同时政府支持力度也不断加大。

天然药物研究开发项目涉及更多的疾病防治领域。尽管世界各国天然药物应用的人群日渐扩大，但仍以治疗一般疾病为主，占产品销售总额的70%。在所有欧盟国家，用于治疗消化系统疾病药物的销售额，约占天然药物总销售额的1/5，特别是轻泻剂，其他大的疾病类别还有呼吸系统疾病和焦虑失眠。但目前国外已完成和正在研究开发的植物药项目中，研究治疗疾病的种类不断增多，范围日趋扩大，已涉及恶性肿瘤、糖尿病、高血压、心绞痛、牛皮癣、前列腺增生、骨质疏松、妇女更年期综合征等治疗药物的开发，预示国际药品市场结构将出现新的格局。[2]

（三）优势国家/地区产业政策

欧美国家近年来对中草药产品的态度明显转变。近年来，由于现代生活方式对疾病治疗与保健的市场需求激增，加之缓解公共卫生福利开支压力的迫切需要，欧美发达国家对天然植物药和传统中草药的态度开始发生明显转变。2000年版《美国药典》收载了45种植物药，其中包括提取物、植物油、芳香油等20种，增加了人参、银杏、大蒜、生姜、锯叶草、缬草、雏菊、金丝桃、越橘汁和儿茶素等天然植物药品种。FDA也正在修订条例，以规定如何让成分复杂的草药在市场上以药物的形式销售，其所属药物评估与研究中心（CDER）于2000年8月发布《植物药产品行业指南（草稿）》征集意见。1997年版《欧洲药典》收载植物药材约60种，收载植物提取物、植物油、芳香油

---

❶ 周志宽. 国际植物药市场的现状及中药开拓国际市场的前景［J］. 中药与信息，2003：201－203.

❷ 国内外中药（天然植物药）产业发展与趋势［EB/OL］.（2010－03－26）［2021－03－17］. https：//www.docin.com/p－47255679.html.

等约23种；2000年增补版中收载了芦荟、番泻叶、颠茄叶3种标准化提取物，并对提取物进一步分类和规范。德国《药品法》允许应用多种植物药，并成立了草药专家委员会对草药进行评审，在立法程序上允许植物提取物作为处方药进行登记。

二、中国产业发展现状

（一）产业基础

近年来，随着国家“振兴中医药事业”战略的逐步实施，中药产业发生了巨大变化。随着我国国民收入的提高和消费结构升级，人们在医疗健康方面的消费支出越来越高。如图1－9所示，2017年，我国中医药大健康产业市场规模已达到17500亿元，同比增长21.10%，我国中药产业进入新的发展时期。2020年，我国中医药大健康产业市场规模突破2万亿元。[1]

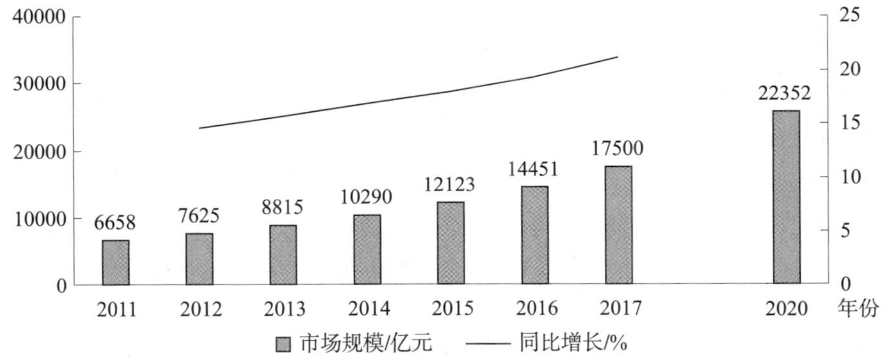

图1－9　中国中医药大健康产业市场规模

中医类医疗机构诊疗人次逐年增加，截至2017年10月，诊疗人次已经突破10亿人次。同时，中医类医疗机构诊疗人次占医疗机构总诊疗人次的比重也在持续增加，这表明中医类医疗机构的服务能力不断提高，在整个医疗体系中所起的作用越来越大。从中医类医疗机构诊疗人次占比看，中医院承担了绝大部分就诊患者，而中医门诊部、中医诊所的诊疗人次占比偏低，主要是因为中医院在场地规模、医疗设备和医生资源方面优势明显。同时也表明我国中医门诊部和诊所发展不足，未来具有广阔的发展空间。从收入增速看，我国中医类医疗机构收入增速保持在10%以上，且在2015年以后，收入进入了稳定增长期。从收入占比看，中医类医疗机构收入占医疗机构总收入的比重在持续增加，但是占比仍然在10%以下，中医类医疗机构创收能力还落后于综合性医院。近年来，我国医药行业发展迅猛，而且这个发展势头还将持续。随着产业政策环境的不

---

[1] 2018年一季度中国中医药行业发展现状及中药行业市场运行现状分析［EB/OL］.（2018－07－06）［2021－03－17］. https：//www.chyxx.com/industry/201807/656436.html？from＝groupmessage&isappinstalled＝0.

断改善和市场需求空间的不断扩大，中药行业未来发展空间将非常广阔。[1]

（二）产业发展趋势

中药行业标准化。进入21世纪，伴随着生物科技的进步与发展，中药与西药开始呈现出彼此渗透、互为补充的新特征，中药产业也早已告别作坊式的粗放生产模式，转而被更加精细可控的“中药西制”理念所取代，整体呈现出行业标准化的发展趋势。中药行业标准化进程中有三大难题亟待破解，分别是国家标准缺位、地方标准混乱、国内外标准相异。

资源开发可持续化。中药材资源是我国中药产业赖以生存与发展的物质基础，在庞大的市场需求面前，人工种养的药材规模和产量均严重不足，野生药用资源因过度消耗导致产量锐减。身为朝阳产业的中药行业显然面临着无药可用的资源危机，转变中药资源的开发利用方式已刻不容缓。

消费需求多元化。以“简便验廉”为特色的中医药服务一直备受患者青睐，中药产品研发也长期局限于医疗卫生服务领域，但随着全国居民消费水平和层次的不断提高，中药产品的消费需求也呈现出多元化的发展趋势。以互联网为代表的精准营销模式不断涌现，老年群体的中药产品需求量持续增加，农村中医药市场异军突起，消费群体大众化、中药产品多样化的市场倾向明显。

中药产业链现代化。中药产业在现代认可的科学标准和规范方面还显得十分不足，要根本解决这一问题，构建现代中药产业链尤为重要。中药产业链主要包括中药材种植、中药材饮片加工、中药材市场流通、中药新药与保健品开发、中药制剂与保健品生产、中药产品的物流等环节。

中医药战“疫”。2003年10月，世界卫生组织与国家中医药管理局共同召开“中医、中西医结合治疗SARS国际研讨会”，充分肯定中西医结合治疗SARS安全有效。在2019年年末暴发的新冠肺炎疫情中，中医药在治疗方面发挥了至关重要的作用，国务院新闻办发布的《抗击新冠肺炎疫情的中国行动》白皮书指出，中国全力救治患者、拯救生命，充分发挥中医药特色优势，中医药参与救治确诊病例的占比达到92%。当疫情在全球蔓延时，中医药战“疫”经验走出国门，助力全球抗疫，中药国际化进程因此迈出重要一步。

（三）产业政策

如表1-3所示，支撑中医药产业发展的政策相继出台。近年来，习近平总书记对中医药工作的一系列论述重点聚焦于促进中医药传承创新发展的课题上。如今，在抗击新冠肺炎疫情的背景下，我国中医药产业迎来了高速发展时期。

---

[1] 中医药产业2017现状数据报告：产业规模近2万亿，中医馆年均增速近80%［EB/OL］.（2018-02-07）［2021-03-17］. https://36kr.com/p/1722258931713.

表 1－3　国家层面出台的相关政策

时间	发文机关	名称	要点
2009. 4	国务院	《关于扶持和促进中医药事业发展的若干意见》	• 强调中医药和西医药互相补充、协调发展 • 强调坚持中西医并重的方针 • 强调要按照中医药的特点和规律管理和发展中医药
2012. 6	国家中医药管理局	《中医药事业发展“十二五”规划》	• 推进中医药科技继承与创新 • 加快民族医药事业和中西医结合发展 • 积极开展中医药对外交流与合作
2015. 4	国务院	《中医药健康服务发展规划（2015—2020 年）》	• 是我国第一个关于中医药健康服务发展的国家级规划 • 要求充分发挥中医优势，开展中医特色健康管理，推动中医药健康服务走出去
2015. 4	国家中医药管理局	《中药材保护和发展规划（2015—2020 年）》	• 强化中药材基础研究，继承创新传统中药材生产技术 • 发展中药材现代化生产技术，加强中药材综合开发利用
2016. 2	国务院	《中医药发展战略规划纲要（2016—2030 年）》	• 扎实推进中医药继承，加强中医药传统知识保护和技术挖掘，中医师承教育 • 着力推进中医药创新，加强中医药理论创新，重大疑难疾病攻关和重大新药创制 • 加强中药资源保护利用 • 大力弘扬中医药文化 • 积极推动中医药海外发展，加强中医药对外交流合作
2016. 12	全国人大常委会	《中华人民共和国中医药法》	• 第一次从法律层面明确了中医药的重要地位、发展方针和扶持措施，为中医药事业发展提供了法律保障
2016. 12	国家中医药管理局	《中医药文化建设“十三五”规划》	• 挖掘中医药文化内涵，构建中医药文化传承体系 • 打造中医药文化传播平台 • 推动中医药健康养生文化转化创新
2018. 4	国家中医药管理局	《关于深化中医药师承教育的指导意见》	• 构建师承教育与院校教育、毕业后教育和继续教育有机结合 • 构建贯穿中医药人才发展全过程中医药师承教育体系 • 基本建立内涵清晰、模式丰富、机制健全的中医药师承教育制度
2018. 4	国家中医药管理局	《古代经典名方目录（第一批）》	• 推动来源于古代经典名方的中药复方制剂稳步发展，为人民群众健康提供更好保障

续表

时间	发文机关	名称	要点
2018.8	国家中医药管理局等	《关于加强新时代少数民族医药工作的若干意见》	• 切实提高少数民族医药医疗服务能力 • 大力发展少数民族医药养生保健服务 • 切实加强少数民族医药人才队伍建设 • 扎实推进少数民族医药传承与创新 • 推动少数民族医药产业发展 • 大力弘扬少数民族医药文化 • 积极推动少数民族医药海外发展
2019.10	中共中央、国务院	《关于促进中医药传承创新发展的意见》	• 开展中西医协同攻关，建立综合医院、专科医院中西医会诊制度 • 强化中医思维培养，改革中医药院校教育 • 建立多学科融合的科研平台，完善中医药产学研一体化创新模式
2020.12	国家药监局	《关于促进中药传承创新发展的实施意见》	• 要健全符合中药特点的审评审批体系 • 要强化中药质量安全监管 • 推进中药监管体系和监管能力现代化

三、山东产业发展现状

（一）产业基础

1. 山东产业基础

山东省地处我国东部沿海，黄河下游，境内以平原和山地丘陵为主，工业齐全，生物资源种类丰富，特别是中药材种植。山东省中药材资源约 1500 种，占全国中药资源种类 10% 以上，种植中药材已达 70 余种。中药材种植面积已由 20 世纪初的 30 万亩左右发展到如今的 180 万亩左右，约占全国药材总面积的 10%。其中，金银花、山楂、丹参、桔梗、黄芩等主要道地药材的产量和质量位于全国前列。山东省各级政府大力支持发展现代中药，将中药材种植发展为多个地区的优势特色产业，成为农民增收的重要途径。

2. 临沂产业基础

临沂市地处鲁中南低山丘陵区东南部和鲁东丘陵南部，地貌类型多样，北部是绵延起伏的群山，中部是逶迤的丘陵，南部是冲积平原。临沂市地处中纬度区，属温带季风区大陆性气候，具有气候适宜、四季分明、雨量充沛、光照充足、无霜期长等特点。特有的地理环境非常适宜中药材的生长，中药材资源开发历史悠久。近年来，在国家和山东省中药现代化发展战略指导下，临沂市紧紧依托沂蒙山区中药材生产传统优势，大力推进中药材产业现代化，临沂市中药材生产得到迅速发展。

3. 临沂产业发展存在的问题

尽管临沂市中药产业、中药材生产优势非常明显，但也存在着许多不容忽视的问题。主要表现在以下几个方面。

标准化生产和基地建设水平低、面积小。目前，临沂市中药材种植缺乏统一规划和技术指导，导致基地建设进展缓慢，规范化基地较少，如传统道地药材金银花、银杏等品种杂乱、管理粗放、采收不细致、干燥不科学，致使质量不高，药物残留较多；桔梗、丹参、黄芪、黄芩、徐长卿、板蓝根等种植面积低而不稳，起伏较大，有逐步萎缩的趋势，传统优势地位面临严峻挑战。

加工企业少，龙头带动作用和机制还没有形成。中药饮片加工企业规模小，缺乏现代的生产设备和质量控制手段，加工技术落后，市场竞争力差，与迅速发展的中药材种植业不相适应。市场竞争意识不强，还没树立好自己的品牌。

市场体系不完善，中药材销路不畅。在市场价格出现波动时，人为造成市场的无序竞争现象时有发生，合同执行力不够，公司难以收购到原料，农户难保证以合同价格销售原料。销售渠道不畅与日益扩大的生产规模不相适应，挫伤了农民积极性，影响中药材基地的发展。

过度的人工采挖使一些珍贵的野生中药材资源濒于灭绝。由于无节制采挖，有些中药材资源已遭到严重破坏，这给宝贵的沂蒙山中药材种植资源库构成了严重的威胁。稀有道地药材资源保存和驯化研究滞后，阻碍了中药材产业的发展壮大。❶

（二）产业发展趋势

据2008年国家统计局对全国主要地区中药产业经济指标分析数据显示，山东的累计工业总产值、产品销售收入和利润总额都居全国第2位，仅次于吉林省。但据前瞻数据库显示，山东省2007年至2014年中成药产量复合增长率为16%，仅居第13位，说明山东中药产业在全国的竞争地位不断受到挑战。面对日新月异、不断变化的商业环境，山东乃至全国传统中药工业企业赖以生存与发展的资源或自然成长优势已经不足以支撑企业目前乃至未来的发展。

在移动互联网、大数据等信息技术快速发展的大背景下，中药产业由于产业链长、结构复杂、痛点多等特点首先受到冲击，产业边界不断模糊。一方面，传统药企巨头纷纷投身更为广阔的大健康产业，如天士力、石药、盘龙云海、太极、云南白药、广药、修正药业等均不同程度地涉足功能饮料、食品、药妆等领域，横向扩展经营范围，纵向延伸产业链。另一方面，由于中药产业自身的成长性与收益性高于其他行业，大健康产业有足够的成长空间，国内互联网企业、地产或商业巨头纷纷跨界进入。中药产业巨头已经不仅仅局限在传统的产业领域，延伸至更为广阔的大健康产业，而进入中药大健康产业的入口也增加很多，跨界与互联网思维更容易打破原有的产业生态，克服产业固有

❶ 张谦，等. 临沂市中药材产业化现状及可持续发展对策［J］. 农业科技通讯，2015（12）：17－18.

顽疾，重新设计商业模式。

（三）政策环境

1. 山东政策情况

为深入实施国家中医药发展战略，山东省先后发布了《关于贯彻国办发〔2016〕11 号文件促进医药产业健康发展的实施意见》《关于山东省中药材产业提质增效转型升级实施方案（2016—2020 年）》《关于贯彻落实国家中医药发展战略规划纲要（2016—2030 年）的实施方案》等支持性文件，明确各阶段目标，争取到 2030 年实现由中医药大省到强省的战略性转变。山东省“十三五”规划也将中药产业列为战略性新兴产业之一，推动中药现代化以及与其他相关产业的融合发展。

2. 临沂政策情况

《临沂市国民经济和社会发展第十三个五年规划纲要》指出，“以中药为重点，以生物药为快速增长极，以化学药为提升方向，培育高端医疗器械及卫生材料领域。力争到‘十三五’末，中药及生物医药产业产值突破 1200 亿元。突出中医药特色，依托银杏、金银花、徐长卿、丹参等中药材资源，提升中药材深加工能力，鼓励发展本地中药材提取物，推进中成药二次开发，努力突破中药针剂领域，支持中药注射液研发。发挥和挖掘银杏、金银花等道地中药材特色，大力发展天然、绿色、环保、安全有效的保健食品和特殊膳食食品”。

《临沂市人民政府关于促进生物医药产业转型升级的意见》中指出，“重点发展现代中药、化学原料药及制剂、生物技术药物及制品、保健制品、新型医疗器械、医药商贸流通、新型药用辅料及药包材、精准医学产品等产业”。其中，对中药的重点政策措施有：“（1）鼓励仿制药研发，对于中药和天然药物 5 ~ 6 类，经企业研发、申报、获得相应药品（生产）批准文号并在我市生产的，经专家评审，符合项目补助标准的，予以资金支持。（2）支持新药开发，在中药和天然药物 1 ~ 4 类的注册分类范围内，按照临床研发进度，分阶段对市内企业独自或合作开发的创新药物进行资助。对企业完成临床前研究并取得临床批件，企业完成Ⅰ期、Ⅱ期、Ⅲ期临床试验，药品上市许可持有人将持有的药品在我市委托生产销售的或市内企业获得新药证书及相关药品（生产）批准文号并在我市生产销售的，经专家评审，符合项目补助标准的，予以资金支持。”

《临沂市“十优”产业规划（2019—2025 年）》指出，“加快功能性保健品开发，鼓励金银花、银杏、大蒜、牛蒡等延伸功能食品研发生产，培育龙头企业，创建知名品牌。支持企业研发适合中老年人的抗衰老、增强免疫力的食品，重点开发心脑血管及糖尿病、减肥增肌、儿童益智等辅助功能性食品。鼓励企业进行新型体育器材装备、可穿戴式运动设备、虚拟现实运动装备等产品研发，提升高端器材装备的智能化水平”。

《临沂市医养健康产业发展规划（2018—2022 年）》指出，“发展特色健康农产品生产和健康食品制造业，充分利用临沂特色中医药和优势农产品资源，加快功能性保健品开发，鼓励金银花、银杏、大蒜、牛蒡等延伸功能食品研发生产；大力推进中医药产业创新发展。开展中药饮片炮制技术、中药保健品新工艺、中成药新品种的研发攻关，拓展延长产业链、提高产品附加值，从单一的切片、提取、中成药生产向中药保健品、化妆品和生物医药等多元化方向发展；加快开发中药保健品、功能食品、药酒、药妆等中医药保健产品。鼓励利用生物、仿生、智能等现代科学技术，研发和生产一批中医药保健用品”。

第四节　医疗器械产业发展现状

一、全球产业发展现状

（一）产业基础

医疗器械是指直接或者间接用于人体的仪器、设备、器具、体外诊断试剂及校准物、材料以及其他类似或者相关的物品，包括所需要的计算机软件。医疗器械作为现代医疗的重要工具，在疾病的预防、诊断与治疗中发挥着极其重要的作用，是医疗卫生体系建设中的基础装备，其战略地位受到世界各国的高度重视。

近年来，随着全球居民生活水平提高和医疗保健意识增强，医疗器械产品需求持续增长。如图 1－10 所示，2020 年全球医疗器械行业市场规模为 4774 亿美元，同比增长 5.63%，预计 2024 年全球医疗器械行业规模将达到近 6000 亿美元。[1]

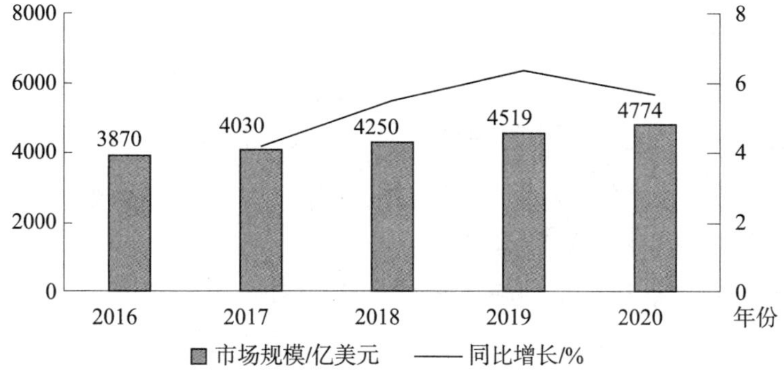

图 1－10　2016—2024 年全球医疗器械市场规模

欧、美、日等发达国家/地区的医疗器械产业发展时间早，对医疗器械产品的技术水平和质量要求较高，市场需求以产品升级换代为主，市场规模庞大，增长稳定。以中国为代表的新兴市场是全球最具潜力的医疗器械市场，产品普及需求与升级换代需求并

---

[1] 我国医疗器械产业发展现状及思考［EB/OL］.（2019－04－23）［2021－03－17］. https：//www.chyxx.com/industry/201904/732503.html.

存，近年来，增长速度较快。美国是医疗器械最主要的市场和制造国，占全球医疗器械市场约 40% 市场份额。美国医疗器械行业拥有强大的研发实力，很多医疗器械，如植入性电子医疗器械（心脏起搏器、心房除颤器、人工耳蜗等）、植入性血管支架、大型电子成像诊断设备（CT、PET、MRI 等）、远程诊断设备和手术机器人等的技术水平世界领先。欧洲是全球医疗器械第二大市场和制造地区，占全球医疗器械市场约 30% 市场份额。德国和法国是欧洲医疗器械的主要制造国。中国已成为全球医疗器械的重要生产基地，占全球医疗器械市场约 14% 市场份额，在中低端医疗器械产品领域，产量居世界第一。我国高端医疗器械市场大部分份额由外资企业占领。日本是全球重要的医疗器械制造国，基于其工业发展基础，日本在医疗器械行业的优势主要体现在医学影像领域。❶

（二）产业发展趋势

1. 行业领先企业现阶段四大研发方向

占据高端市场的领先企业现阶段有四大研发方向：对同类产品的更新换代，比如，美敦力最新研发出了适应核磁共振扫描的心脏起搏器，通用电气（GE）医疗的核磁共振仪器每半年到一年会更新系统或推出新产品。企业扩充产品线，尤其是高附加值产品，还可以通过并购完成。高科技创新产品开发，利用纳米技术、生物质能和机器人技术等高科技因素研发全新高科技产品；低端市场的本地化研发，针对发展中国家中、低端市场的本地化研发趋势，如 GE 医疗针对我国农村市场开发出的“便携式超声仪”等。

2. 重塑业务和运营模式

医疗器械企业需要结合有助于降低医疗费用和改善效果的“智能”服务和解决方案，从治疗和治愈向预防转移。随着技术的进步，如 3D 打印和增强现实/虚拟现实等“智能”设备的推出，治疗方法将得到显著发展。人工智能等领域的发展将改善诊断和治疗选择，从而降低医疗成本。

3. 医疗器械领域未来发展热点

早期筛查诊断器械。当前早期筛查诊断市场已启航，相关产品对于疾病的早期发现诊断、全病程精准管理的应用价值不断放大。心血管介入植入器械，其中心血管支架和人工心脏是两个重要发展方向，围绕心血管疾病从“周边”到“核心”提供解决方案。人工临床辅助诊断器械，一是基于放射影像的辅助诊断（CAD）系统，帮助医生提高诊疗效率；二是病理影像诊断，确保诊断结果客观稳定；三是放疗辅助勾勒。个体化定制器械，第一类是体外医疗器械，如医疗模型、假肢、齿科手术模板等；第二类是个性化植入物，如颅骨修复、颈椎人工椎体及人工关节等；第三类是常规植入物，如关节柄的

---

❶ 全球及中国医疗器械行业对比、市场特点及发展趋势预测［EB/OL］.（2019-04-23）［2021-03-17］. https://www.chyxx.com/industry/201904/732503.html.

表面修饰、种植牙、补片等。在数字健康技术自动化的全球趋势下，医疗机器人，如手术机器人、诊疗机器人、康复机器人等发展迅速。❶

（三）优势国家/地区产业政策

1. 美国

近年来，随着欧洲、亚太地区医疗器械产业的迅速发展，美国医疗器械产业在世界医疗器械产业中占据份额下降到40%。美国食品药品管理局（FDA）清醒地认识到了这一形势，迅速采取措施。以输液泵为例，其一直是美国的优势，产量很大。输液泵的核心技术是软件。为了巩固美国输液泵的领先地位、节省企业开发成本、缩短新型输液泵产品的上市时间，FDA 出面协调，将美国宾夕法尼亚州立大学软件中心开发的一种输液泵专用软件定为全美输液泵类产品的统一软件平台，凡是美国境内的医疗器械生产商，均可自由使用该软件平台进行输液泵软件开发。此外，FDA 还利用其储存的大量产品信息为医疗器械开发商提供咨询服务。❷

2. 德国

德国是全球医疗器械市场上的“领头羊”，从注射器材、整形耗材到尖端的电子测量仪器均取得了很高的销售额。除了企业较高的研发效率外，也离不开政府的支持，德国联邦经济部和卫生部推出了“健康经济出口计划”，帮助德国企业发展潜在客户。德国政府建立基金会，企业专利可获 50 万欧元的健康研发自检。德国医疗器械产业以中小企业为主，为此，德国政府制定了一套适合国情的中小医疗器械企业创新扶持政策，使众多企业不会沦落为外国大企业的“代工者”。德国联邦教育与研究部为推动本土医疗器械企业创新，制定了倾斜性优惠政策，新型康复保健医疗器械、新型分子诊断成像设备、新型老年病医疗器械这 3 类创新产品的开发者，均可以从政府部门获得额外的扶持资金，最高资助比例达到项目研发经费的 50% 左右❸。

二、中国产业发展现状

（一）产业基础

我国医疗器械产业虽然起步较晚，但国内医疗器械市场将保持20%的增速发展，未来市场空间巨大。我国医疗器械和药品人均消费额的比例仅为 0.35∶1，远低于 0.7∶1 的全球平均水平，更低于欧美发达国家 0.98∶1 的水平。因为消费群体庞大、健康需求不断

❶ 医疗器械行业 2030 年前景展望［EB/OL］.（2018－05－04）［2021－03－17］. https：//www.doc88.com/p－3488472266859.html.

❷ 全球 15 国医疗器械产业发展综述［EB/OL］.（2016－03－08）［2021－03－17］. https：//www.docin.com/p－1479826960.html.

❸ 美国和德国政府如何推动医疗器械创新发展［EB/OL］.（2014－06－05）［2020－05－30］. http：//www.fredamd.com/bjfda/1775.html.

增加以及政府的积极支持，我国医疗器械市场发展空间极为广阔。

中国医疗器械市场近年表现突出。如图 1－11 所示，截至 2020 年，中国医疗器械市场规模约为 7341 亿元，同比增长 18.3%，接近全球医疗器械增速的 4 倍，维持在较高的增长水平，中国已经成为仅次于美国的全球第二大医疗器械市场。预计 2023 年将突破万亿元。

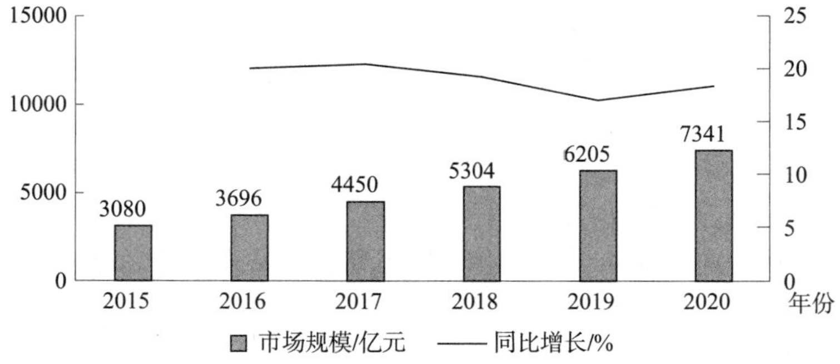

图 1－11　2015—2023 年中国医疗器械行业市场规模

随着中国医疗器械产业的发展，全国已形成了粤港澳大湾区、长三角地区及京津环渤海湾三大医疗器械产业集聚区。据不完全统计，三大区域医疗器械的总产值和总销售额占全国总量的 80% 以上。粤港澳大湾区凸显高科技特色：以深圳为中心，深圳医疗器械产业的优势在于其电子、计算机、通信及机电一体化等领域多年积累的工业基础，在综合性高科技医疗器械的研发、生产上具有明显优势，主要产品涵盖监护仪、超声诊断仪、磁共振仪等医学影像设备，以及伽马刀、X 刀等大型立体定向放疗设备、肿瘤热疗设备等。环渤海区域（京津冀）诊断治疗产业群引人注目：该地区以北京为中心，包括河北省、天津市等。进入 21 世纪后，随着国内其他地区基础加工业快速发展，加之环渤海湾地区医疗器械产业发展势头较好，一个涵盖数字 X 射线设备（DR）、磁共振成像系统（MRI）、数字超声仪、医用加速器、导航定位设备、呼吸麻醉机、骨科器材、心血管器材等产品的企业群正在形成。长三角区域中小型企业表现突出：该地区医疗器械产业聚集区发展迅速，中小企业活跃，一次性医疗器械和医用耗材在国内市场的占有率超过一半，代表性的产业有苏州的眼科设备、无锡的医用超声、南京的微波设备和射频肿瘤热疗设备、宁波的 MRI 产业等。

（二）产业发展趋势

我国医疗器械行业经历了从无到有的发展历程，生产的产品从国内销售逐步向出口发展，从向发展中国家出口逐步发展到向美国、欧洲等发达国家/地区出口。经过多年的发展，部分国产医疗器械已达到国际一流水平。随着科学技术的不断进步，现代医学对医疗器械领域的创新发展也提出了新的要求。

1. 医院高端医疗器械的配备以及便捷的家用医疗器械需求增长

近年来，我国加强对创新产品的政策支持，高度重视医疗器械技术支撑能力建设，对列入国家重大科技专项或国家重点研发计划以及临床急需的产品提供支持。随着中国社会加速老龄化以及社会生活水平和消费水平不断提高，“银发经济”越发耀眼，与老年慢性病、常见病相关的家用医疗保健器械行业正面临井喷式发展。

2. 将重点发展数字化诊疗设备、健康监测装备等领域

医疗器械产业是我国国民经济转型和结构调整的战略指导点，国家对医疗器械和医疗装备产业支持力度很大。高端医疗影像产业化方面，主流的、高质量、高分辨率及多功能的影像设备仍是“十三五”时期重点关注的部分。诊疗一体化特别是高端影像相结合、可再生组织修复的材料和可吸收植介入材料都是重要领域。智能医疗有助于解决医疗资源分布不均的难题，医疗器械高端设备及前沿技术如云诊断等多由发达国家所掌握，健康信息智能检测微型化需要整个行业来发力。同时以人机工程学为背景进行医疗机械改进，改善医疗器械的弊端，保证相关机械性能更好，人机工程具有广阔的发展空间。

3. 疫情之下的医疗器械产业

医疗器械在应急卫生体系中地位凸显。本次新冠肺炎疫情暴露出的最大问题不是药品，而是医疗器械。一是应急器械物资尤其是高端产品（如呼吸机等）供应能力较弱；二是部分供应链环节受到掣肘，关键技术有待突破。未来政府将加强疫情防控体系建设，重点推动医疗器械尤其是防疫必需品长期战略储备，同时加强医疗器械产业转型升级和技术突破，重点进行强链补链，实现关键原材料和核心部件良好内循环。[1]

（三）产业政策

1. 我国医改政策推动行业扩容

医疗行业的发展除了企业不断改进技术，向国外先进理念学习外，合理的鼓励政策也必不可少。2009 年，国务院印发的《医药卫生体制改革近期重点实施方案》对医疗健康行业产生深远影响，并惠及医疗器械行业。原有医疗机构纷纷对设备进行升级改造，带来大量的医疗基础设施投入，医疗器械作为基础设施的一部分，受益于整个行业扩容。2015 年 9 月，国务院办公厅印发《关于推进分级诊疗制度建设的指导意见》，部署加快推进分级诊疗制度建设，形成科学有序就医格局。随着基层医疗机构的发展及现有医疗卫生机构装备的更新换代，中国将成为巨大的医疗器械消费市场。在市场需求的刺激和中国经济持续稳定增长的背景下，我国的医疗器械产业发展迅速，在整个医疗行业中的重要地位越发凸显。

2. 政策支持发展国产医疗器械

自 2014 年以来，国家针对医疗器械行业推出一系列利好政策，在企业创新和高端

---

[1] 2020 年医疗器械领域发展回顾［EB/OL］.（2021－01－14）［2021－03－17］. https：//med. sina. com/article_detail_103_2_94887. html.

产品国产化两方面对国产医疗器械企业提供了支持。产业政策方面，将高端医疗设备列为重点发展目标。《中国制造 2025》中提出，重点发展影像设备、医用机器人等高性能诊疗设备、全降解血管支架等高值医用耗材，可穿戴、远程诊疗等移动医疗产品；“十三五”规划纲要明确指出未来 5 年重点研制核医学影像设备、超导磁共振成像系统、无创呼吸机等诊疗设备及全自动生化分析仪、高通量基因测序仪等体外诊断设备，开发应用医用加速器等治疗设备及心脏瓣膜和起搏器、介入支架、人工关节等植入产品，开发应用具有中医药特色优势的医疗器械。

此外，政府在推动医疗设备国产化方面，推出了一系列切实有效的政策和措施。2014 年 3 月，新版《医疗器械监督管理条例》修改了对医疗器械的监管模式，将原有的“先生产许可、后产品注册”改为“先产品注册、后生产许可”，这种监管模式的改变，既进一步鼓励企业创新，又有益于减少企业在产品获得注册前人财物的投入；2014 年 8 月 16 日，国产医疗设备发展应用会议召开，推动三级甲等医院应用国产医疗设备；2017 年 2 月，第三批优秀国产医疗设备产品遴选完成。医疗器械审批制度改革中对国产创新型医疗器械开辟了快速通道，部分省市也在招标制度上对国产医疗器械表现出明显倾斜，下游医院对国产设备也越来越有信心，逐步接受国产设备。高端医疗器械国产化驱动国产医疗器械迎来高速发展的黄金时代。

2017 年 10 月 8 日，中共中央办公厅、国务院办公厅印发的《关于深化审评审批制度改革鼓励药品医疗器械创新的意见》指出：总体上看，我国药品医疗器械科技创新支撑不够，上市产品质量与国际先进水平存在差距。为鼓励医疗器械研发创新，促进医疗器械新技术的推广应用，推动医疗器械产业高质量发展，国家药品监督管理局组织修订了《创新医疗器械特别审批程序》，自 2018 年 12 月 1 日起施行。

在《创新医疗器械特别审批程序》中，对医疗器械设置了适用条件：“第二条　食品药品监督管理部门对同时符合下列情形的医疗器械按本程序实施审评审批：（一）申请人通过其主导的技术创新活动，在中国依法拥有产品核心技术发明专利权，或者依法通过受让取得在中国发明专利权或其使用权。（二）产品主要工作原理或者作用机理为国内首创，产品性能或者安全性与同类产品比较有根本性改进，技术上处于国际领先水平，并且具有显著的临床应用价值。（三）申请人已完成产品的前期研究并具有基本定型产品，研究过程真实和受控，研究数据完整和可溯源。”

截至 2021 年 6 月底，国家药品监督管理局医疗器械技术审评中心（CMDE）收到创新医疗器械特别审查申请 1558 项，纳入创新程序产品 317 项，审结通过产品 111 个。从地域来看，这 111 个产品中，国产产品 107 个，涉及 14 个省、自治区和直辖市的 92 家医疗器械企业，占全部产品的 96.4%，体现了本土医疗器械领域的创新发展趋势。2021 年 2 月 9 日，国务院正式公布《医疗器械监督管理条例（2021 修订版）》，于 2021 年 6 月 1 日起正式施行，标志着我国医疗器械审评审批改革进入新阶段。

3. 地方支持医疗行业发展

各地方省市相继推出了鼓励医疗器械发展、扶持国产的相关政策，如浙江省要求除 183 项器械允许采购进口外（14 种尚无国产品牌的设备，169 种可以采购进口设备），其他都必须使用国产设备，并提出到“十三五”时期末，全省医疗机构采购国产医疗设备比例翻一番。

2017 年 12 月，上海正式实施“医疗器械注册人制度”，将率先在上海自贸区内试点，加速高端医疗器械本土生产。

4. 优化竞争环境，国产设备“进口替代”持续推进

从原来的鼓励国产到优先国产，再到现在的采购国产，政策为国产设备厂商提供了一个更加有利的竞争环境。2020 年 5 月 21 日，中国医学装备协会公布第六批优秀国产医疗设备产品品录，包括化学发光免疫分析仪、全自动荧光定量基因扩增仪、口腔 CT、康复设备、心电图机。同时，浙江省、广东省、太原市等省市陆续出台鼓励公立医院采购国产医疗设备的政策文件，有助于持续推进国产医疗设备发展应用，降低医疗成本。

5. 接轨国际标准，全链条监管体系持续强化

2020 年 4 月，国家药监局发布《医疗器械注册人开展不良事件监测工作指南》，加强对医疗器械注册人、备案人的指导、监管力度，及时、有效地控制医疗器械上市后的风险。同时，医疗器械唯一标识 UDI 于 2020 年 10 月 1 日起正式实施，标志着我国医疗器械监管将进入可追溯的信息化管理新时代。

6. 细化权责设计，医疗器械注册人制度扎实推进

2020 年，医疗器械注册人制度试点在北京、上海、广东等 22 个省（区、市）扎实推进。截至 2020 年 9 月 11 日，552 个产品按照医疗器械注册人制度试点获批上市，较 2019 年年底增长 493%。

三、山东产业发展现状

（一）产业基础

山东省十分重视医疗器械产业的发展，在多次五年规划中都明确提出了目标、制定了措施，为保障全省医疗器械产业又好又快发展提出了重要的指导性意见。近年来，山东省医疗器械行业综合实力不断增强，企业整体水平普遍提高，产品的品种、数量得到很大提升，产品技术含量和经济效益跃上了新台阶。但与发达地区相比，山东省医疗器械行业仍处于发展阶段，总体实力还比较弱，产品质量不够稳定，产业结构有待进一步调整。山东省常规医疗器械及一次性使用无菌医疗器具具有一定市场规模。“十三五”期间，山东省以威海威高、育达医疗、百多安等企业为骨干，积极发展高端医疗器械。目前，已形成各具特色的几大医疗器械产业集群，分别是以淄博为中心的灭菌器产业集群，以济宁为中心的无影灯手术台架产业集群，以菏泽为中心的无菌敷料集群、采血管集群。

（二）面临问题

山东省医疗器械产业发展存在的主要问题有以下三点：第一，产业规划不完善。行业的整体发展需要将市场机制和政府推进进行有机结合。山东省医疗器械行业是以威高集团、新华医疗两家企业为龙头，但山东大部分企业规模较小，而中小企业在各方面都相对比较欠缺，非常需要政府的积极引导。第二，创新体系有待进一步加强。医疗器械创新是一个完整的体系，不仅包括企业的行为，还包括政府的配套政策。目前，大部分中小企业没有能力完成创新工作，只能进行低水平的重复建设，加剧低端产品的竞争程度。第三，产业群与产业链处于自发形成阶段。省内几个产业群的形成模式，基本上都是一家企业形成规模后，逐渐因为技术的扩散而在周边形成多家同类型产品企业及配套企业。

（三）政策环境

1. 山东政策情况

2015 年，国家药品医疗器械审评审批制度改革启动以来，山东省努力抓住改革机遇，相继出台一系列鼓励药品研发创新的政策，促进全省医药产业转型升级、新旧动能转换。为培育一批医药领域品牌产品和知名企业，实现医药产业品牌高端化，山东省制定出台《关于深化审评审批制度改革鼓励药品医疗器械创新的实施意见》等文件，鼓励药品医疗器械生产企业兼并重组、联合发展，逐步培育一批具备国际竞争力的大型企业集团。促进新产品、新技术与已有产能对接，积极承接先进医药制造企业、创新产品、整体搬迁项目等落户山东。建立实施“创新通道”“快捷通道”“常规通道”三通道审批，对进入“创新通道”的审批事项单独排队，第一时间进入办理流程。实行“容缺受理”“并联审批”“分类审签”工作制度，进一步提升审批效能。山东省坚持不懈鼓励产品创新，支持龙头骨干企业创建重点实验室、工程技术中心等国家级平台，加快推进治疗重大疾病的药品、高端和创新医疗器械的研制。

2. 临沂政策情况

《临沂市国民经济和社会发展第十三个五年规划纲要》中指出，“以中药为重点，以生物药为快速增长极，以化学药为提升方向，培育高端医疗器械及卫生材料领域。加快培育高端医疗器械和卫生材料领域，引进制氧机、血糖仪、口腔设备等先进生产技术，积极发展新型医药包装材料”。

《临沂市人民政府关于促进生物医药产业转型升级的意见》中指出，“重点发展现代中药、化学原料药及制剂、生物技术药物及制品、保健制品、新型医疗器械、医药商贸流通、新型药用辅料及药包材、精准医学产品等产业”。

《临沂市医养健康产业发展规划（2018—2022 年）》中指出，“大力推进医药制造业转型升级，重点发展生物技术药物、小分子药物等创新药物，加快新型制剂、医疗器械的关键技术突破，提高创新能力和产业水平。研发智能化体外诊断、康复、SPD 传送带等医疗器械特色产品，支持新型生物医用材料及高端耗材、新型血管支架、组织工程瓣膜、组织功能修复材料、神经修复材料、骨科材料、血液净化材料及设备等重大新产品研发及产业化。围绕家庭和个人医疗、保健、养老需求，发展数字化诊疗设备、健康监测装备、可穿戴医疗装备、医用机器人等新型医疗器械设备。积极开发基于虚拟现实（VR）、增强现实（AR）技术的临床辅助、康复训练设备”。

第二章　研究方法

第一节　研究目标与方法

一、研究目标

为深入实施创新驱动战略，更好发挥知识产权在推动新旧动能转换和经济社会发展中的保障促进作用，着力推动临沂市生物医药产业转型升级，根据《关于实施“春笋行动”大力培育具有自主知识产权企业的通知》（鲁政办字〔2019〕115号）和《临沂市人民政府关于促进生物医药产业转型升级的意见》（临政发〔2017〕28号），特开展生物医药产业专利导航项目，对产业发展方向进行分析研究，为临沂市生物医药产业发展决策提供依据。

二、研究方法

临沂市生物医药产业专利导航研究是以检索并筛选得到的现有国内外相关专利申请文件为研究基础，通过对专利申请文件的技术信息、法律信息以及市场信息进行分类统计，继而开展综合比较的专利信息分析。具体研究方案和流程如下所述。

（一）技术调研

以生物医药产业的生物药、化学药、中药以及医疗器械4个细分领域为研究范围，项目组成员通过对背景技术充分调研，对4个细分领域的研究范围进行了明确，并通过对生物医药产业情报信息的收集，结合实地调研情况，同时着重考虑临沂市（或山东省）生物医药产业发展现状、特点及优劣势、发展趋势及政策引导性，抓取并确定专利导航所涉及的各技术领域的关键技术分支，形成合理的技术分解，并完善各技术方向的技术主题以及所涵盖的技术范围。

（二）专利数据检索

根据技术调研所确定的技术方向及范围，制定四个阶段的检索策略，包括检索准备、初步检索、全面检索和补充检索，以保障检索结果的全面性和准确性。按照上述检索策略检索得到原始专利文献数据，并按照技术分解及产业链的构成进行专利文献的筛选和标引分类，将检索结果导出并进行整理，作为后续专利分析的基础数据。其中：

检索准备阶段：利用专利和非专利数据库、网络搜索引擎等进行生物医药产业的泛化检索，了解技术特点、研究发展情况、重要市场主体等信息。

初步检索阶段：初步选择关键词和分类号对技术主题进行专利数据检索，对检索到的专利文献关键词和分类号进行统计分析，并抽样对相关专利文献进行人工阅读，提炼关键词，初步检索阶段还要进行检索策略的调整、反馈，总结各检索要素在检索策略中所处的位置，在上述工作基础上制定全面检索策略。

全面检索阶段：选定精确关键词、扩展关键词、精确分类号和扩展分类号作为主要检索要素，充分利用截词符和算符，合理采用检索策略及其搭配，在中、外文专利数据库中进行兼顾全面性和准确性的检索。

补充检索阶段：全面检索的基础上，统计本领域重要申请人，结合前期了解到的重要市场主体，以申请人为入口进行补充追踪检索，保证重要申请人检索数据的全面和完整。

（三）专利分析

以上面的基础数据为总样本进行专利文献统计分析。具体包括：

通过全景模式揭示临沂生物医药产业发展方向。在开展生物医药产业整体分析的基础上，分析生物医药产业各重点技术领域的专利态势，分析维度包括但不限于：申请/授权态势分析、申请来源/目标国/地区分析（地域分布、国内外市场分析）、重点申请人/发明人分析、专利技术分布分析、技术发展路线分析、发明团队分析、技术功效分析、专利法律状态分析、竞争对手分析、重点专利分析等。分析手段包括但不限于定量分析、定性分析、对比分析、案例分析等。分析结果表现形式包括但不限于采用技术路线图、专利地图、功效矩阵图、比较分析类图表、关联分析类图表、指标分析类图表等，开展重点领域专利导航分析研究。

近景聚焦临沂市生物医药产业发展定位。首先研究出中国生物医药产业发展情况与全球主要国家/地区进行纵向比较分析的结果，再将临沂市产业发展情况与国内主要省市进行横向比较分析，将临沂生物医药产业的技术、人才、企业等资源要素在全国产业中进行定位，得出临沂市生物医药关键技术分支的产业链、技术链、企业链等定位信息。明确临沂生物医药产业发展在全国产业中所处位置，在对比中发现产业结构、企业规模、技术发展、人才数量等各方面的优劣势。

立足临沂市生物医药产业实际情况，综合各重点技术领域分析内容。对全球、中国以及临沂市生物医药细分产业发展方向及产业发展定位得出较为详尽的数据信息积累，结合全国、山东省产业专利分析成果，从技术现状、专利竞争力、人才储备等方面对临沂市在生物医药产业的资源和发展潜力做 SWOT 分析，从产业布局结构优化、企业整合及技术引进、协同创新、人才培育、专利协同运用与市场运营等方面，提出临沂生物医药产业、企业发展的方法和路径，并形成生物医药产业、企业发展技术路线图。

第二节　检索范围与结果

本书的研究对象是生物医药产业，结合临沂市特点，确定生物医药产业的检索范围为生物药、化学药、中药、医疗器械 4 个技术分支相关专利文献。

一、技术分解表

通过资料收集、专利以及非专利文献的解读，结合技术信息，将生物药、化学药、中药、医疗器械的专利技术进行了分解，分别形成如表 2－1 所示的技术分支。

表 2－1　技术分解表

一级分支	二级分支	三级分支
生物药	人用治疗性药	多肽蛋白药
		核酸药
		疫苗
	其他生物药	农用药
		保健食品或用品
		化妆品
化学药	人用医疗制品类	药物类
		医用材料类
	其他化学制品类	农用药物
		保健食品或用品
		化妆品
中药	治疗性中药	植物源中药
		动物源中药
	非治疗性中药	化妆品
		保健食品或用品
		农用中药
医疗器械	医疗仪器/设备/器具	诊断、治疗类仪器/设备/器具（以下简称“诊断治疗类”）
		基础类仪器/设备/器具（非诊疗用）（以下简称“基础类”）
		医用软件类
	体外诊断试剂类	—

本书中对技术分支的说明如下所述。

一级分支：本书中一级分支是指生物药、化学药、中药及医疗器械。

二级分支：本书中将一级分支进一步分解，将生物药划分为人用治疗性药和其他生物药，将化学药划分为人用医疗制品类和其他化学制品类，将中药划分为治疗性中药和非治疗性中药，将医疗器械划分为医疗仪器/设备/器具和体外诊断试剂类医疗器械。

三级分支：本书中三级分支是指将二级分支进一步分解（具体三级分支参见表2-1）。

二、关于标引分类的基本原则

（一）优先原则

但凡专利文献的技术主题涉及多种技术分支，本书会优先依据摘要所明示的内容将其放置在相应分支，而不再将其放置在其他分支中。例如中药领域，优先以摘要中明示的涉及植物源中药为标引分支，而说明书涉及动物源中药则不再分入其他分支。

（二）重点原则

当一篇文献中同时涉及了2个技术分支，此时我们基于其重点解决的技术问题，根据技术问题寻找改进点，得到主要改进的对象，从而将其放置在主要改进点所针对的对象之中。

三、文献检索

（一）专利数据来源

本书的研究对象是生物医药产业的专利技术，结合临沂市实际需求，确定检索的目标文献是生物药、化学药、中药、医疗器械的专利文献，采用的数据库是国家知识产权运营公共服务平台专利数据库、中国专利文摘数据库、德温特世界专利索引数据库、incoPat专利数据库，还综合利用了部分其他专利数据库，通过初步检索、扩展检索和补充检索等，以保证数据检索的全面性，同时为保证检索结果的准确性，进行了人工清理去噪。

（二）检索策略

本书的检索由初步检索、全面检索和补充检索三个阶段构成，针对中文数据库和外文数据库分别单独进行检索，从而避免由于数据库自身特点造成的检索数据遗漏。

1. 初步检索阶段

初步选择关键词和分类号进行检索，对检索到的专利文献关键词和分类号进行统计分析，并抽样对相关专利文献进行人工阅读，提炼关键词，初步检索阶段还要进行检索策略的调整、反馈，总结各检索要素在检索策略中所处的位置，在上述工作基础上制定全面检索策略。

2. 全面检索阶段

选定精确关键词、扩展关键词、精确分类号和扩展分类号作为主要检索要素，充分利用截词符和算符，同时利用不同数据库的优势进行适时转库检索，先后在中文和外文数据库进行全面而准确的检索。

3. 补充检索阶段

在前述全面检索的基础上，统计本领域重要国家、重要申请人，并进行补充追踪检索，保证重要申请人及重要国家检索数据的全面和完整。

4. 专利检索评估

专利分析检索结果评估使用的指标：查全率和查准率。查全率用来评估检索结果的全面性，评价检索结果对检索主题涵盖的所有专利文献的程度。查准率用来衡量检索结果的准确性，评价检索结果与检索主题的相关性。对查全率和查准率定义如下所述。

设 S 为待验证的待评估查全专利文献集合，P 为查全样本专利文献集合（P 集合中的每一篇文献与要分析的主题相关），则查全率 r 定义为：

$$r = \text{num}(P \cap S)/\text{num}(P) \quad (1)$$

其中，$P \cap S$ 表示 P 与 S 的交集；num( ) 表示集合中元素的数量。

通常意义上的查准率被定义为：$p = a/(a+b)$ =（被检出相关文献量/被检出文献总量）。但是为了更易于操作，设 S 为待评估专利文献集合中的抽样样本，S' 为 S 中与分析主题相关的专利文献，则待验证的专利文献集合的查准率 p 可定义为

$$p = \text{num}(S')/\text{num}(S) \quad (2)$$

本项目采用以下方法验证查全率，从检索的专利集中筛选出具有代表性且业务较单一的专利权人名称，记下专利集中属于该专利权人的专利数，然后对该专利权人名称在DII 中进行检索，筛选检索结果中与本研究课题相关的专利数 S，通过 $r = S'/S$ 近似估计本专利集的查全率。

对于查准率，本项目采用随机抽样的方法来进行验证，从检索的专利集中随机抽取 Q 专利，通过人工筛选与本项目检索课题相关的专利数 Q'，通过 $p = Q'/Q$ 得出专利集的查准率。如表 2－2 所示，通过以上方法分别对本研究课题的检索表达式进行查全率、查准率验证。

表 2－2 生物医药技术检索查全率、查准率验证

一级分支	二级分支	三级分支	查全率/%	查准率/%
生物药	人用治疗性药	多肽蛋白药	90.1	90.5
		核酸药	88.7	90.1
		疫苗	90.7	91.8
	其他生物药	农用药	83.5	88.7
		保健食品或用品	90.3	90.8
		化妆品	89.7	90.7

续表

一级分支	二级分支	三级分支	查全率/%	查准率/%
化学药	人用医疗制品类	药物类	90.1	90.5
		医用材料类	88.7	90.1
	其他化学制品类	农用药物	82.9	87.8
		保健食品或用品	83.7	89.4
		化妆品	90.3	90.8
中药	治疗性中药	植物源中药	89.7	90.7
		动物源中药	90.1	90.5
	非治疗性中药	化妆品	88.7	90.1
		保健食品或用品	90.7	91.8
		农用中药	84.5	86.3
医疗器械	医疗仪器/设备/器具	诊断治疗类	90.3	90.8
		基础类	89.7	90.7
		医用软件类	90.7	91.8
	体外诊断试剂类	—	90.3	92.2

（三）检索要素

检索要素分析是为构建检索式、执行检索策略所进行的准备工作。本书根据检索策略制定并扩展检索要素表。

经过检索和清理，各主要技术分支的中外专利文献数量详见表2－3～表2－6。其中，检索截止日期为2020年5月22日。

表2－3　生物药检索要素及检索结果

检索要素	关键词	检索结果/件
多肽蛋白药	A61K，A61P，A61L，抗体，单抗，多抗，免疫球蛋白，双抗，ANTIBOD*，IGG*，IGM*，FAB，抗原，ANTIGEN $，IMMUNOGLOBULIN $，抗体（1N）药，蛋白（1N）药，肽（1N）药，免疫治疗，免疫疗法	167015
核酸药	A61K，A61P，A61L，核酸，核苷，DNA，RNA，SNP，OLIGONUCLEOTIDE $，POLYNUCLEOTIDE $，NUCLEIC&ACID $，基因治疗，核酸治疗，基因诊断，核酸药，GENE&THERAPY	542305
疫苗	疫苗，菌苗，卡介苗，抗毒素，A61K39，A61P，C07K，A61K49，A61K47，A61K9，C12N，C12P，VACCINE $，ANTI $ TOXIN*，C07K16，C12P21/08，A61K49/16，A61K47/68，A61K51/10，混合菌，生防菌，生物防治，复合菌，复配（9N）菌，微生物制剂，菌株，菌种，微生物菌剂，BIOLOGICAL&CONTROL，BIO $ CONTROL	173956

续表

检索要素	关键词	检索结果/件
农用药	农药，杀虫剂，除虫剂，杀菌剂，除菌剂，杀草剂，除草剂，生长调节剂，引诱剂，诱导剂，驱避剂，杀生剂，驱虫剂，A01P，A62D101/04，C09D5/14，A01N63，A01N65，A01N2，混合菌，生防菌，生物防治，复合菌，复配（9N）菌，微生物制剂，菌株，菌种，微生物菌剂，BIOLOGICAL&CONTROL，BIO $ CONTROL	143820
保健食品或用品	保健，药食同源，膳食，饮料，食品，食药同源，饮食，食物，饮品，乳品，乳制品，牛奶，奶制品，液态奶，牛乳，C12N，C07K	184331
化妆品	A61K8，A61Q，C12N，C07K，蛋白，肽，核酸，核苷酸，DNA，RNA，护肤品，化妆品，梳妆品，香水	43441

表 2-4　化学药检索要素及检索结果

检索要素	关键词	检索结果/件
药物类	A61K9，A61K31，A61K33，A61K35/0*，A61K35/10，A61K47，A61P，化合物，缀合物，异构体，晶体，晶型，中间体，手性，外消旋，化学，前体（2N）药，剂型，联用，灌肠剂，栓剂，胶囊，粉剂，片剂，塞剂，透皮，泡腾剂，气雾剂，泡沫剂，栓剂，锭剂，乳剂，施用途径，施用方式，静脉，含片，口服，联合应用，联用，组合应用，组合物，复合物，注射	2345284
医用材料类	A61K6，A61L2/16，A61L2/18，A61L2/20，A61L2/22，A61L2/23*	512541
农用药物	A01P，A01N，A01G7/02，A01H3/04，C08K3/015，C10N30/16，A62D101/04，C09D5/14，C04B103/67，C04B103/69，生长调节剂，农药，杀虫剂，除虫剂，杀菌剂，除菌剂，杀草剂，除草剂，引诱剂，诱导剂，驱避剂，杀生剂，驱虫剂，诱变剂，饲料，肥料，兽药，兽用，兽医（9N）药，宠物（9N）药，动物用药，VETERINAR*	1195495
保健食品或用品	A23B4/033，A23B4/048，A23B4/08，A23B4/09，A23B5/025，A23B5/05，A23B5/055，A23B5/08，A23B7/022，A23B7/05，A23B7/055，A23B7/14，A23B9/16，A23J3/32，A23L27，中医，中药，药材，草药，汤剂，方剂，药酒	293727
化妆品	A61K8，A61Q，C12N，C07，蛋白，肽，核酸，核苷酸，DNA，RNA，护肤品，化妆品，梳妆品，香水	424154

表 2-5　中药检索要素及检索结果

检索要素	关键词	检索结果/件
植物源中药	中医，中药，药材，草药，汤剂，方剂，药酒，中成药，汤药，A61K36，A61K31，A61K33，A61P，A61K6，A61K9，A61K45	167015
动物源中药	中医，中药，药材，草药，汤剂，方剂，药酒，中成药，汤药，A61K35，C08H1/06，A61K31，A61K33，A61P，A61K6，A61K9，A61K45	110308
化妆品	中医，中药，药材，草药，汤剂，方剂，药酒，A61K8，A61Q	45908

续表

检索要素	关键词	检索结果/件
保健食品或用品	中医，中药，药材，草药，汤剂，方剂，药酒，A23，A21D，C12C，C12F，C12G，C12H，C12J，A41，A42，A43	184331
农用中药	中医，中药，中药材，中草药，中成药，A01N63，A01N65，A62D101/04，C09D5/14，A01N25，C04B103/67，A01P	63002

表 2－6　医疗器械检索要素及检索结果

检索要素	关键词	检索结果/件
诊断治疗类	A61C，A61D，A61F，A61G，A61H，A61J15，A61M，A61N，A61B，A45D97，设备，装置，仪器，用具，器具，器械，设施，工具，器件，DEVICE $，APPARATUS $ $，INSTRUMENT $，MACHINE $	3398436
基础类	A61L12，A61L2/24，A61L2/26，A61L2/28，A61L9/03，A61L9/12，A61G17，A61G19，A61G21，A61B42，A61B46，A61B50	278180
医用软件类	g16b，g16h，A61B34/10，医疗，治疗，治病，病症，症状，疾病，诊疗，Medical，disease*	314288
体外诊断试剂类	C12Q1/68，G01N33/48*，G01N33/49*，G01N33/5*，G01N33/6*，G01N33/7*，G01N33/8*，G01N33/9*，诊断，检测，DETECT*，TEST*，试剂盒，KIT $，试剂，REAGENT $	1130317

（四）相关事项和约定

1. 近期数据不完整说明

下述原因导致2018—2020年提出的专利申请统计不完全：（1）PCT专利申请可能自申请日起30个月甚至更长时间之后进入国家阶段，导致与之相对应的国家公布时间晚；（2）发明专利申请的延迟公布，即自申请日（有优先权的自优先权日）起18个月（要求提前公布的申请除外）被公布；（3）实用新型专利在授权后才能被公布。

因此，在本书的数据分析中，2018—2020年可能出现专利申请量明显下降的现象，这与该时间段内的专利数据无法完整检索有很大关系，不能反映真实的申请量变化情况。对于该情况，在此加以统一说明，后文的分析中不再赘述。

2. 同族专利

同一主题发明创造在多个国家申请专利而产生的一组文献，称为一个专利族。从技术的角度看，属于一个专利族的多个专利申请可视为同一项技术。本书在开展技术分析时，将同族专利视为一项技术，在进行专利区域（国家或地区）布局分析时，各件专利按件单独统计。

3. 关于专利申请量中的“项”和“件”的说明

同一项发明可能在多个国家或地区提出专利申请，德温特世界专利数据库将这些相关的多件申请作为一条记录收录。在进行专利申请数量统计时，对于数据库中以一族数据的形式出现的一系列专利文献，计算为“1 项”。

在进行专利申请统计时，例如，为了分析申请人在不同国家、地区或组织所提出的专利申请的分布情况，将同族专利申请分开进行统计，所得到的结果对应于申请的件数，计算为“1 件”。一项专利申请可能对应于1 件或多件专利申请。

4. 专利申请人名称的约定

本书中，需要对一些申请人的表述进行约定。

对于国外企业，一是由于中文翻译的原因，同一申请人的表述在不同中国专利申请中会有所差异；二是为了方便全球申请人的统计，需要将此公司的不同子公司或收购公司的专利申请进行合并，分析时采用了对主要申请人进行标准化的方式，将同一集团下属的各公司归为同一申请人；三是为了便于在统计图表中进行标注，将一些专利申请人的名称简化。确定申请人合并的方法包括：（1）外文数据库中同一公司代码约定为同一公司；（2）依据各公司官网上有关收购、子公司等信息，将子公司和收购的公司约定为母公司。主要企业列表如表 2－7 所示。

表 2－7　主要国外公司列表

公司名称	公司简称
Amgen 公司	安进公司
Incyte 公司	因赛特公司
ZymoGenetics 公司	ZGEN 公司
阿斯利康	阿斯利康
埃科特莱茵药品有限公司	埃科特莱茵
奥林巴斯医疗株式会社	奥林巴斯医疗
奥林巴斯株式会社	奥林巴斯
巴斯夫股份公司	巴斯夫公司
百时美施贵宝公司	百时美施贵宝
拜耳集团、拜耳作物科学股份公司	拜耳公司
宝洁公司	宝洁公司
勃林格殷格翰国际有限公司	勃林格殷格翰
东芝公司	东芝公司
高露洁	高露洁公司
葛兰素史克公司	葛兰素公司
荷兰帝斯曼公司	帝斯曼公司
荷兰皇家飞利浦公司	飞利浦公司
辉瑞公司	辉瑞公司
可乐丽公司	可乐丽公司
联合利华公司	联合利华
罗氏集团	罗氏公司

续表

公司名称	公司简称
美国基因泰克公司	基因泰克公司
美国礼来公司	礼来公司
美国美敦力公司	美敦力公司
美国强生	强生公司
孟山都公司	孟山都公司
默克集团	默克公司
默沙东公司	默沙东公司
诺华集团、诺华制药	诺华公司
诺华疫苗和诊断有限公司	诺华疫苗公司
欧莱雅集团	欧莱雅公司
日本尤妮佳集团	尤妮佳公司
日立公司	日立公司
赛诺菲集团	赛诺菲公司
松下电器产业株式会社	松下电器
陶氏杜邦公司	陶氏杜邦
通用电气公司	通用电气
西门子股份公司	西门子公司
雅培制药有限公司	雅培制药

注：以上公司简称属于列举，非穷举。

对于国内企业，利用部分关键字对各公司名称进行简化，主要企业如表 2－8 所示。

表 2－8　主要国内公司列表

公司名称	公司简称
北京大北农科技集团股份有限公司	北京大北农科技集团
北京大北农生物技术有限公司	北京大北农生物公司
北京冠五洲生物科学研究院	北京冠五洲
北京科美东雅生物技术有限公司	北京科美东雅生物
北京绿源求证科技发展有限责任公司	北京绿源求证
北京亚东生物制药有限公司	北京亚东生物
北京泱深生物信息技术有限公司	北京泱深生物
北京正大绿洲医药科技有限公司	北京正大绿洲
迪沙药业集团有限公司	迪沙药业
东阿阿胶股份有限公司	东阿阿胶
广东大华农动物保健品股份有限公司	广东大华农动物保健品公司
贵阳中化开磷化肥有限公司	贵阳中化开磷

续表

公司名称	公司简称
哈尔滨浩拓生物科技开发有限公司	哈尔滨浩拓
哈尔滨膳宝酒业有限公司	哈尔滨膳宝酒业
哈尔滨升益生物科技开发有限公司	哈尔滨升益生物科技
哈尔滨天一生态农副产品有限公司	哈尔滨天一生态农副产品
菏泽金正大生态工程有限公司	菏泽金正大
华仁药业股份有限公司	华仁药业
济南昊雨青田医药技术有限公司	济南昊雨青田
济南伟传信息技术有限公司	济南伟传
济南星懿医药技术有限公司	济南星懿
江苏奥康尼医疗科技发展有限公司	江苏奥康尼医疗
江苏康缘药业股份有限公司	江苏康缘药业
江阴天江药业有限公司	江阴天江药业
金正大生态工程集团股份有限公司	金正大公司
联合基因科技集团	联合基因集团
临沂草之美医药科技有限公司	临沂草之美
临沂齐泽医药技术有限公司	临沂齐泽医药
临沂三禾永佳动力有限公司	临沂三禾永佳
临沂市兔兔畜牧科技有限公司	临沂市兔兔畜牧科技
临沂市兴华医用器材有限公司	临沂市兴华医用器材
临沂真源观光农业科技有限公司	临沂真源观光农业科技
临沂中磷生物科技有限公司	临沂中磷生物科技
鲁南贝特制药有限公司	鲁南贝特
鲁南厚普制药有限公司	鲁南厚普制药
鲁南新时代生物技术有限公司	鲁南新时代
鲁南制药集团股份有限公司	鲁南制药
以鲁南制药集团股份有限公司为核心的企业集团，其他成员企业包括：鲁南厚普制药有限公司、鲁南贝特制药有限公司、山东新时代药业有限公司、鲁南新时代医药有限公司、鲁南新时代生物技术有限公司、山东鲁南包装有限公司、北京平诺科技有限公司等	鲁南制药集团
南京广康协生物医药技术有限公司	南京广康协生物
南京华洲药业有限公司	南京华洲药业
齐鲁制药有限公司	齐鲁制药
青岛嘉瑞生物技术有限公司	青岛嘉瑞生物
青岛信立德中药技术研究开发有限公司	青岛信立德

续表

公司名称	公司简称
青岛正大海尔制药有限公司	青岛正大海尔制药
瑞阳制药有限公司	瑞阳制药
山东大农药业有限公司	山东大农药业
山东铎文医疗科技有限公司	山东铎文医疗科技
山东福瑞达生物科技有限公司	福瑞达生物
山东阜丰生物科技开发有限公司	山东阜丰生物科技
山东富国生物科技有限公司	山东富国生物
山东华码软件有限公司	山东华码软件
山东华盛农业药械有限责任公司	山东华盛农业药械
山东金豆子花生制品有限公司	山东金豆子花生制品
山东京御堂国药有限公司	山东京御堂国药
山东卡蕾兰健康科技有限公司	山东卡蕾兰健康科技
山东蓝金生物工程有限公司	山东蓝金生物
山东临沂烟草有限公司	山东临沂烟草
山东隆科特酶制剂有限公司	山东隆科特酶制剂
山东鲁健生物医药科技有限公司	山东鲁健生物
山东鲁抗医药集团有限公司	山东鲁抗医药
山东罗欣乐康制药有限公司	山东罗欣乐康制药
山东罗欣药业集团股份有限公司	罗欣药业
山东罗欣药业集团恒欣药业有限公司	恒欣药业
山东绿叶制药有限公司	山东绿叶制药
山东麦德盈华科技有限公司	山东麦德盈华科技
山东诺为制药流体系统有限公司	山东诺为制药
山东齐都药业有限公司	山东齐都药业
山东仁和堂药业有限公司	仁和堂药业
山东三方化工集团有限公司	山东三方化工
山东省鲁洲食品集团有限公司	鲁洲食品
山东世纪春食品有限公司	山东世纪春食品
山东天宝化工股份有限公司	山东天宝化工
山东威高集团医用高分子制品股份有限公司	威高集团
山东卫康生物医药科技有限公司	山东卫康生物
山东卫士植保机械有限公司	山东卫士植保机械
山东蔚蓝生物科技有限公司	山东蔚蓝生物
山东熙海御生物医药有限公司	山东熙海御生物
山东翔宇健康制药有限公司	山东翔宇健康制药

续表

公司名称	公司简称
山东新华医疗器械股份有限公司	新华医疗器械
山东新华制药股份有限公司	新华制药
山东新时代药业有限公司	新时代药业
山东新希望六和集团有限公司	新希望六和集团
山东轩竹医药科技有限公司	山东轩竹医药
山东御膳世家生物科技有限公司	山东御膳世家
山东裕欣药业有限公司	裕欣药业
山东源泉机械有限公司	山东源泉机械
山东中大药业有限公司	山东中大药业
山东中牧兽药有限公司	山东中牧兽药
上海博德基因开发有限公司	上海博德基因
上海联影医疗科技有限公司	上海联影医疗
上海起励生物技术服务中心	上海起励生物技术
上海微创医疗器械（集团）有限公司	上海微创医疗器械
施可丰化工股份有限公司	施可丰化工
石家庄以岭药业股份有限公司	以岭药业
史丹利农业集团股份有限公司	史丹利公司
四川金堂海纳生物医药技术研究所	四川金堂海纳
松下电器产业株式会社	松下电器
苏州普罗达生物科技有限公司	苏州普罗达生物
苏州仁成生物科技有限公司	苏州仁成生物
天津生机集团股份有限公司	天津生机集团
天津市湖滨盘古基因科学发展有限公司	天津市湖滨盘古基因
天津天士力制药股份有限公司	天津天士力制药
天士力控股集团有限公司	天士力集团
威海迪素制药有限公司	威海迪素制药
威阳步长医药科技发展有限公司	威阳步长医药
无限极（中国）有限公司	无限极公司
武汉新华扬生物股份公司	武汉新华扬生物
翔宇药业股份有限公司	翔宇药业
新发药业有限公司	新发药业
烟台瑞智生物医药科技有限公司	烟台瑞智生物医药
长沙瑞多康生物科技有限公司	长沙瑞多康
肇庆大华农生物药品有限公司	肇庆大华农生物公司

续表

公司名称	公司简称
浙江辉肽生命健康科技有限公司	浙江辉肽生命健康科技
中国化工集团有限公司	中国化工
中国科学院及下属研究所	中科院所
中国科学院天津工业生物技术研究所	中科院天津工生所
中化农业（临沂）研发中心有限公司	中化农业（临沂）研发中心
中农舜天生态肥业有限公司	中农舜天生态肥业
重庆润泽医药有限公司	重庆润泽医药公司

注：以上公司简称属于列举，非穷举。

5. 专利分级模型

本书中，采用了华智众创（北京）投资管理有限责任公司（以下简称华智众创）IP7＋专利分级管理系统，对中国生物医药产业各领域的专利进行大数据分级分类，从而进行重点专利的筛选。

专利分级分类是华智众创业务体系中的重要模块，围绕专利分级分类，华智众创与高校、企业、地方知识产权局开展了各类型的线下业务合作，特别是重点专利培育与评价方面的业务合作，积累了丰富的理论与实践经验。2019 年 6 月，华智众创发布了《高价值专利（组合）培育和评价标准》（Q/JHZZC 0001—2019），为重点专利的筛选提供了指导策略。

IP7＋专利分级管理系统是华智众创在 2020 年推出的专利分级的信息化工具平台，其中浓缩了《高价值专利筛选与评估》这本书中的相关理论，和《高价值专利（组合）培育和评价标准》中的要义，构建了专利分级模型，可对创新主体的专利进行批量化、快速分级，同时提供估值参考和运营潜在需求方的匹配分析。

作为专利分级管理系统的核心模块，专利分级模型共三层指标架构，如表 2－9 所示，分级模型指标体系涉及 5 个维度、10 余项一级指标，共 40 余项二级指标。

表 2－9　IP7＋专利分级模型指标体系

指标维度	一级指标	二级指标
法律价值	权利保护范围、权利稳定性、地域保护范围、时间保护范围	授权专利独立权利要求技术特征数、专利无效复审情况、权利要求数量、实施例数量、说明书页数、布局国家数、存活期等
技术价值	技术先进性、技术成熟度、技术独立性、技术可替代性、技术应用广度、技术应用长度	专利类型、引用专利国别、引证被引证情况、申请人数、发明人数、专利外部生长指数、当前影响力、分类号数量、旁系引证专利数量等
市场价值	市场未来预期情况	布局国家数、三方专利、剩余有效期

续表

指标维度	一级指标	二级指标
战略价值	防御能力、进攻能力、影响力	授权专利独立权利要求数量、专利权人在本领域拥有的专利总量和申请速率、目标专利是否属于某一专利组合、布局国家数、目标专利首次被引与最近一次被引的时间跨度
经济价值	专利质押、交易情况	许可次数、质押次数、转让次数

IP7 + 专利分级模型中指标均可以量化，客观性较强。根据指标体系的定义，专利评分为 75 ~ 100 分的为重点专利，65 ~ 75 分的是重要专利，40 ~ 65 分的为一般价值专利，40 分以下的为低价值专利。由于指标提取均为计算机提取，且根据大数据的动态变化，专利评分结果会发生变化。

6. 若干分析维度的说明

协同创新情况：协同创新情况是指企业、大专院校、科研单位之间联合创新、共同申请专利的数量，反映了在相应技术领域产学研结合的程度。

新入者指数：新入者指数是指近 5 年来重点技术产业中新晋企业、院校或机构等所占的比例，它反映了对应产业的研究热度，新入者指数越高、产业的研究热度就越高。

第三章　生物医药整体产业专利态势分析

第一节　生物药领域专利整体态势分析

一、全球专利态势分析

（一）全球专利申请趋势

如图 3－1 所示，全球生物药领域专利申请共 2801609 件，统计分析近 50 年的生物药领域专利申请趋势，可以看出生物药领域的全球专利申请量总体呈现逐步上扬、伴有阶段性回落的态势。

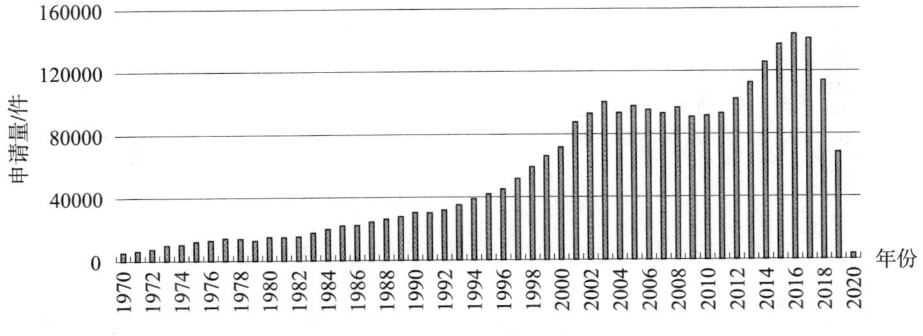

图 3－1　生物药领域全球专利申请趋势

如图 3－2、图 3－3 所示，生物药领域的 2 个二级分支人用治疗性生物药和其他生物药的全球专利申请趋势与生物药领域基本一致。

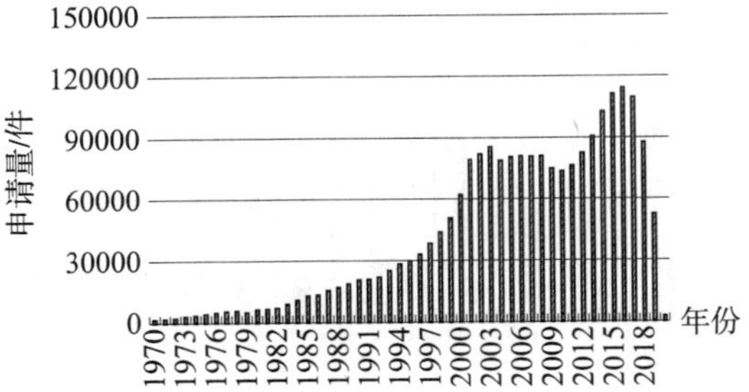

图 3－2　人用治疗性生物药全球专利申请趋势

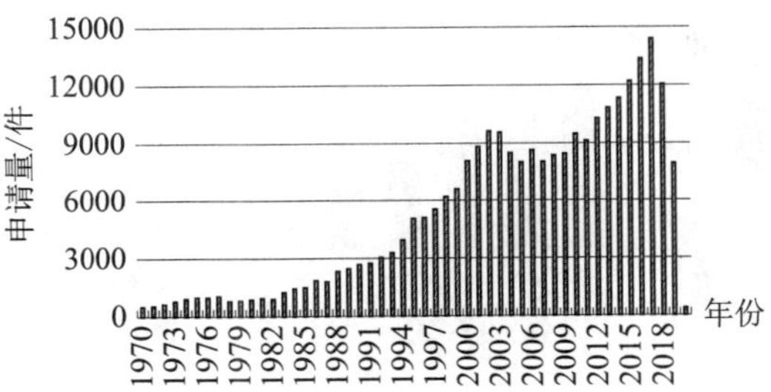

图 3－3　其他生物药全球专利申请趋势

（二）全球专利地域分布情况

如图3－4所示，美国是世界上生物药领域最主要的技术创新来源国，其次是中国和日本。中国是全球范围内生物药领域最主要的目标市场，其次是日本和美国。

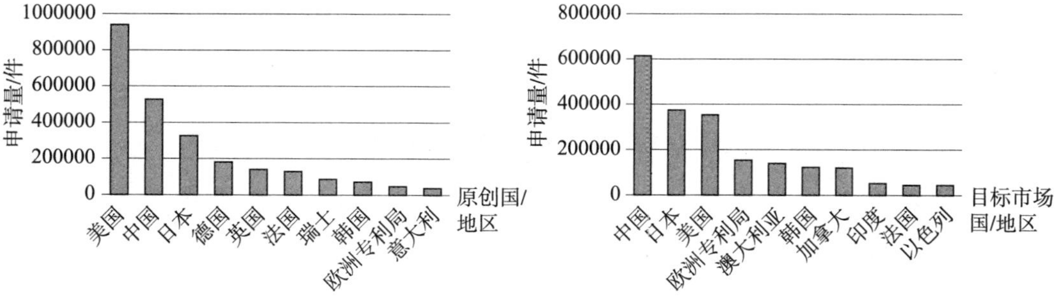

图3－4　全球生物药领域专利申请原创国/地区及目标市场国/地区分布

如图3－5所示，统计分析人用治疗性生物药和其他生物药领域全球专利技术原创国家/地区分布情况，美国、中国、日本是两个领域主要的专利技术原创国家。

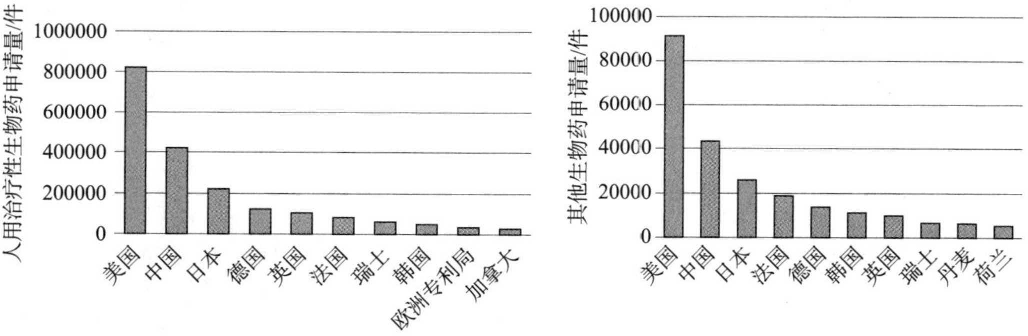

图3－5　生物药二级分支专利申请原创国/地区分布

如图3－6所示，统计分析人用治疗性生物药和其他生物药领域全球专利目标市场国家/地区分布情况，中国、美国、日本、欧洲是两个领域主要的目标市场，其中，中国在人用治疗性生物药领域的专利布局量领先优势明显。

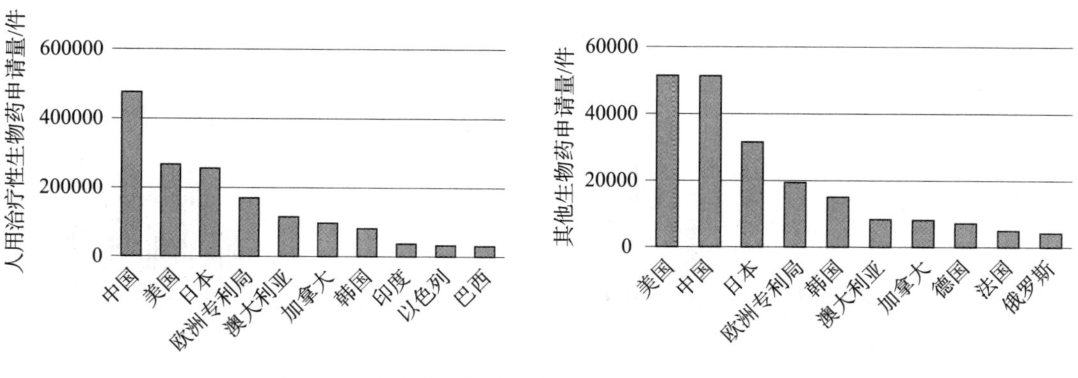

图3－6　生物药二级分支专利目标市场国/地区分布

（三）全球专利主要申请人

如图 3－7 所示，统计分析生物药领域全球主要专利申请人情况，全球专利申请排名前 10 位的申请人全部为外国申请人，可见，虽然中国在生物药领域专利申请总量排在第 2 位，但从申请人创新实力来看，并没有占据世界优势地位。

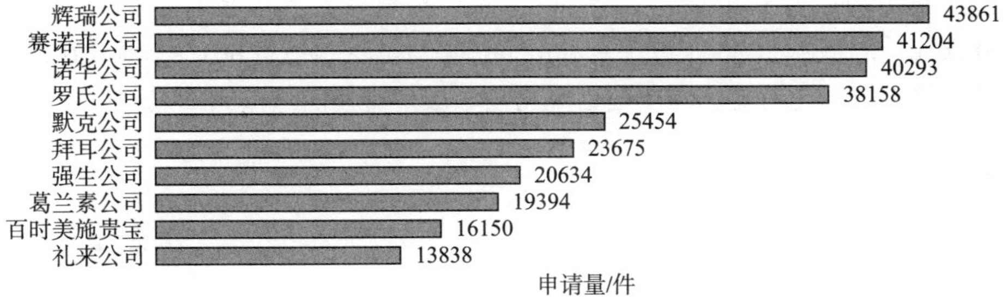

图 3－7　生物药领域全球主要申请人

如图 3－8 所示，统计分析人用治疗性生物药领域全球主要专利申请人情况，可以看出，该分支全球专利申请排名前 10 位的依然全部为外国申请人，与生物药整体情况一致。

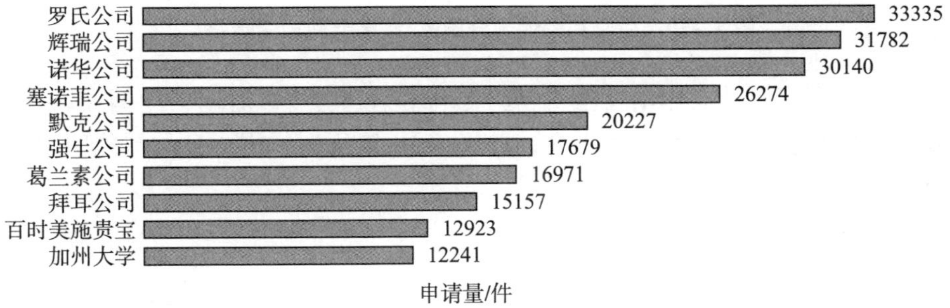

图 3－8　人用治疗性生物药全球主要申请人

如图 3－9 所示，统计分析其他生物药领域全球主要专利申请人情况，可以看出，该分支全球专利申请排名前 9 位的申请人中，均为国外企业，国内申请人未上榜。

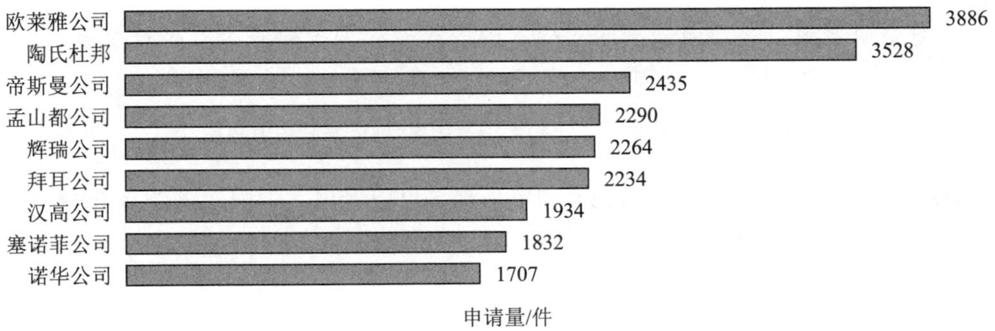

图 3－9　其他生物药全球主要申请人

二、中国专利态势分析

（一）中国专利申请总体趋势

我国生物药领域专利申请量共614043件，占全球专利申请总数的21.92%。如图3-10所示，将我国近30年以来专利申请趋势与全球其他主要国家/地区在该领域的专利申请趋势进行对比可见，在中国，生物药领域是研发的热点和重点。

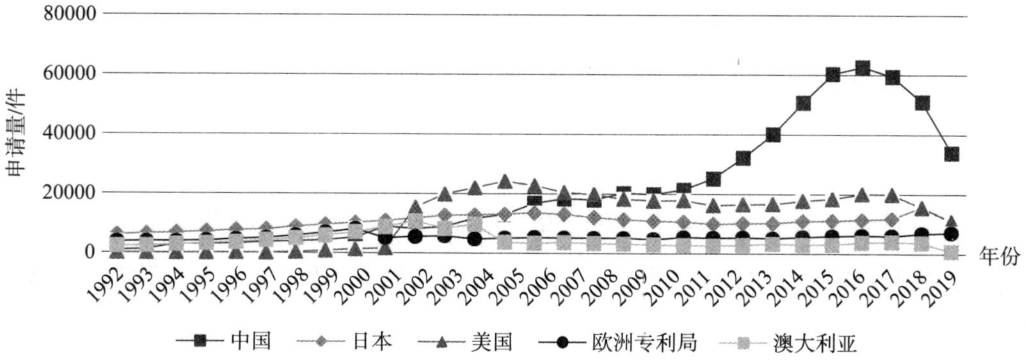

图3-10 生物药领域部分国家/地区专利申请趋势

如图3-11所示，从人用治疗性生物药专利申请趋势可以看出，中国在该领域专利申请数量从20世纪90年代起逐年上升，并于2016年达到峰值，且与其他国家/地区相比数量优势较大。

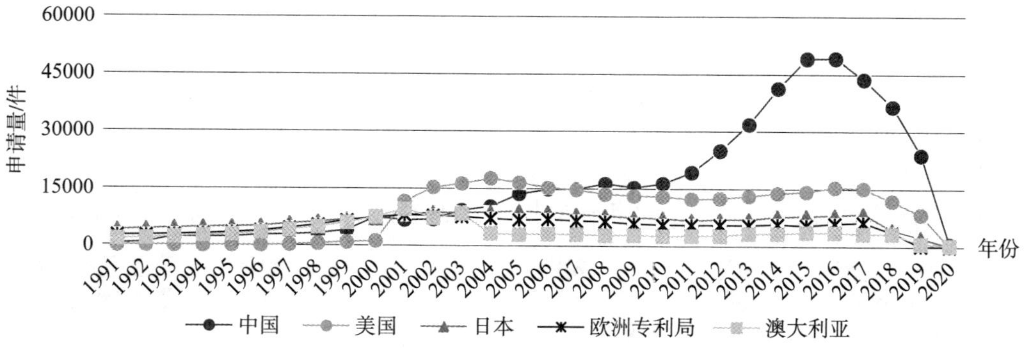

图3-11 人用治疗性生物药部分国家/地区专利申请趋势

如图3-12所示，从其他生物药专利申请趋势可以看出，中国在该领域专利申请数量从20世纪90年代起逐年上升，并于2017年达到峰值。

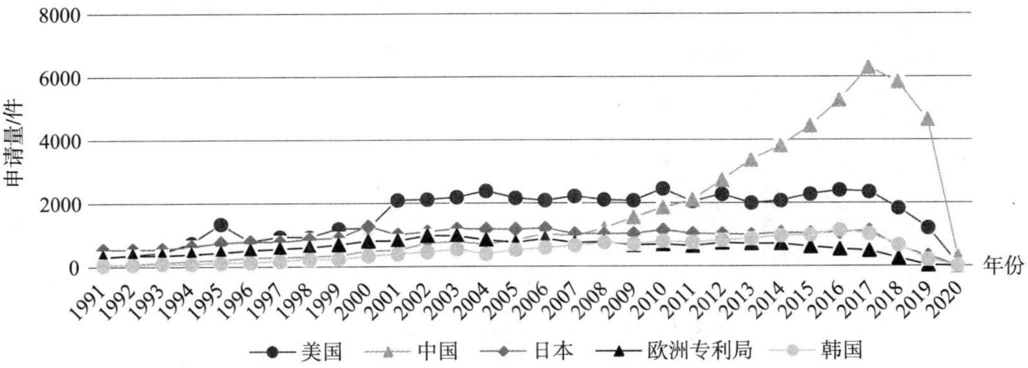

图 3－12 非治疗性生物药部分国家/地区专利申请趋势

（二）中国各分支专利布局

如图 3－13 所示，对人用治疗性生物药和其他生物药领域的专利技术分布进行统计，可以看出，人用治疗性生物药分支中的多肽蛋白药占比最多，高达 47.08%，其次是疫苗药。

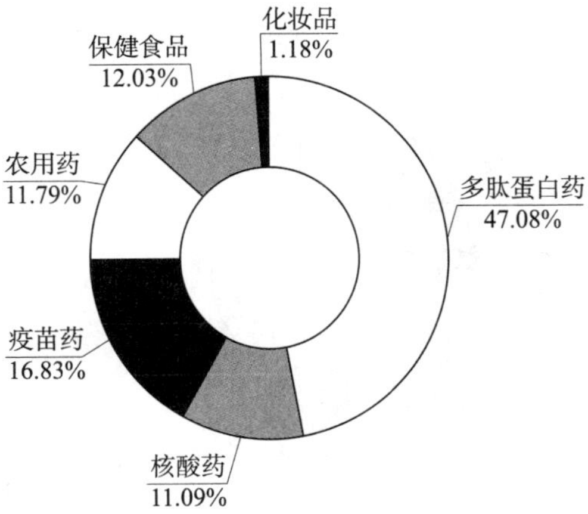

图 3－13 中国生物药领域三级分支专利布局

（三）中国创新集聚区域分析

如图 3－14 所示，国内生物药领域专利的主要申请区域中，山东、江苏、广东、北京、上海位居前 5 位，申请量超过了 30000 件，其中，山东省以 72469 件的绝对优势领先其他地区。

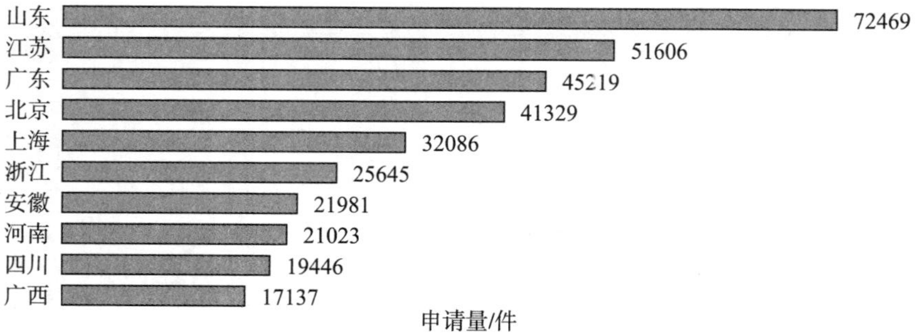

图 3-14　中国生物药领域申请来源

（四）中国创新主体分析

1. 创新主体类型分析

如图 3-15 所示，对生物药领域创新主体的类型进行分析，该领域专利申请人以企业申请人为主，占总量的 45.62%。其次是个人，占比为 28.31%。但生物药领域的个人专利申请中，失效专利占比远大于企业，一方面可能是由于个人专利申请的目的与企业申请不同，另一方面也反映了个人专利申请的质量较低。

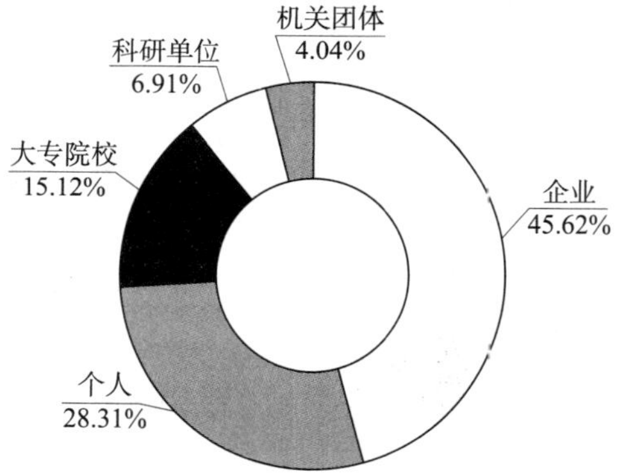

图 3-15　中国生物药领域创新主体分析

2. 主要申请人专利布局分析

对生物药领域的 2 个二级分支和 6 个三级分支的主要专利申请人的专利布局情况进行分析。如表 3-1 所示，人用治疗性生物药领域专利申请数量排名第 1 的中科院所，其多肽蛋白药专利数量远远多于核酸药和疫苗药的专利申请数量，排在第 2 位、第 3 位的联合基因和上海博德基因在多肽蛋白药和核酸药领域的研发实力相当，这与生物药中同时存在多肽蛋白、核酸成分相关。

如表 3-2 所示，其他生物药领域，排在第 1 位的江南大学较集中于保健食品的研发，排在第 2 位到第 4 位的南京农业大学、华南农业大学和中国农业大学在农用药方面研发实力较强，欧莱雅公司专利集中在化妆品领域。

表3-1　人用治疗性生物药各分支主要申请人

申请人	专利数量/件			
	二级分支	三级分支		
	人用治疗性生物药	多肽蛋白药	核酸药	疫苗药
中科院所	3969	3176	551	223
联合基因	3330	3328	3281	17
上海博德基因	3325	3325	3278	12
复旦大学	2540	2238	728	156
浙江大学	2276	1837	397	111
上海交通大学	2018	1618	403	106
中国药科大学	1739	1522	213	123
辉瑞公司	1723	1061	289	253
人民解放军军医大学	1691	1478	520	328
诺华公司	1607	981	252	301

表3-2　其他生物药各分支主要申请人

申请人	专利数量/件			
	二级分支	三级分支		
	其他生物药	农用药	保健食品	化妆品
江南大学	915	364	767	30
南京农业大学	457	364	89	0
华南农业大学	420	333	76	0
中国农业大学	419	259	153	0
华中农业大学	356	272	80	0
欧莱雅公司	327	0	0	327
浙江大学	313	208	88	15
陶氏杜邦	272	165	99	22
江苏省农业科学院	251	209	41	0
华南理工大学	232	89	132	20

三、临沂市专利态势分析

（一）临沂市专利申请趋势

如图3-16所示，临沂市在生物药领域专利申请数量共4687件，专利申请数量从20世纪90年代起呈逐渐上升趋势，在2015年达到高峰，近年来有回落趋势。

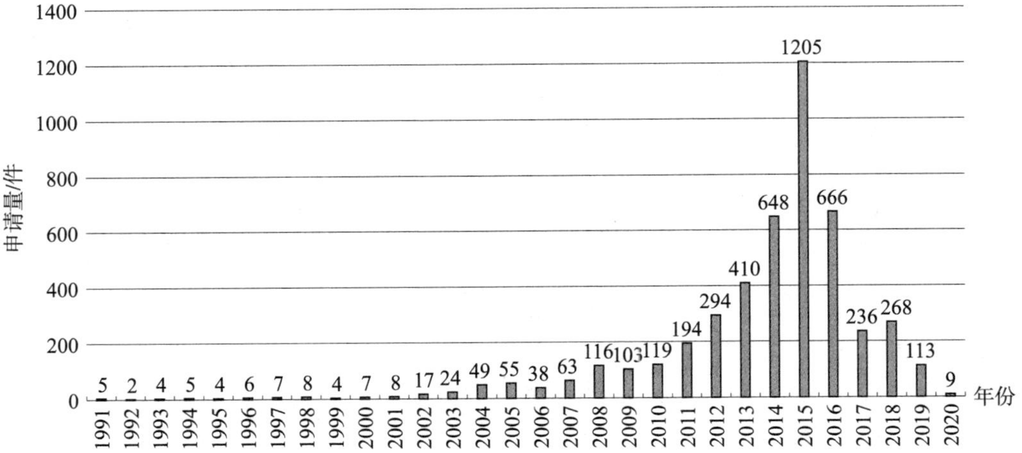

图 3－16　临沂市生物药领域专利申请趋势

如图 3－17 所示，临沂市在人用治疗性生物药领域专利申请数量有 4468 件，占生物药领域专利申请量的 95.33%，与生物药领域整体专利申请趋势基本一致。

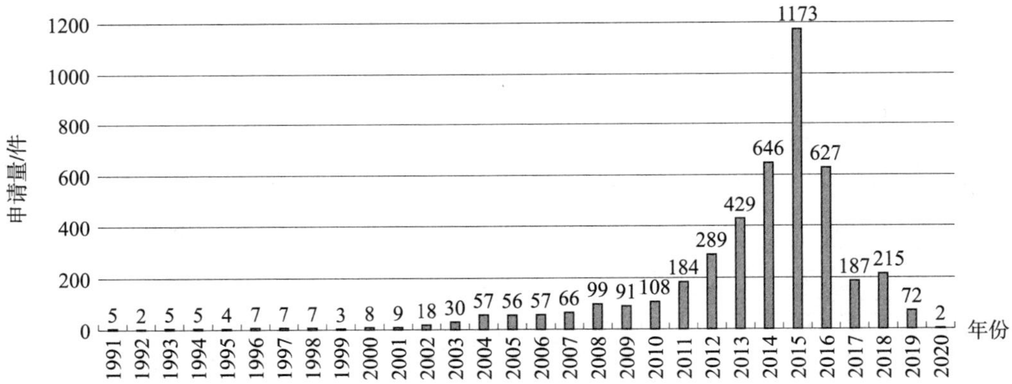

图 3－17　临沂市人用治疗性生物药领域专利申请趋势

如图 3－18 所示，临沂市在其他生物药领域专利申请数量有 219 件，占生物药领域专利申请总量的 4.67%，2014 年开始申请量保持在年均 20 件以上。

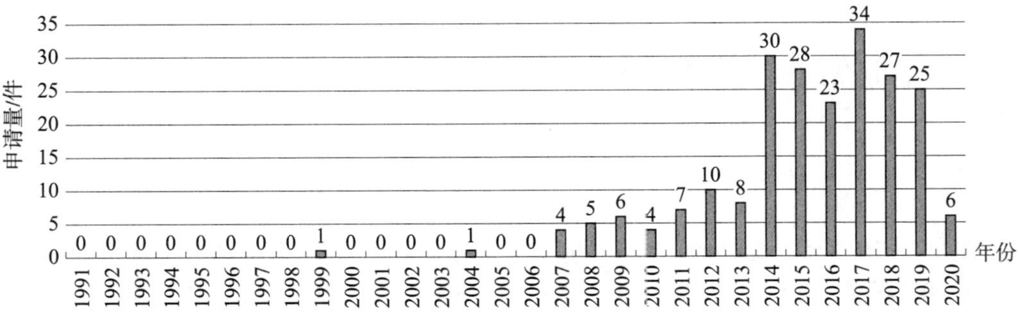

图 3－18　临沂市其他生物药领域专利申请趋势

（二）临沂市各分支专利布局

如图 3－19 所示，对临沂市生物药领域的专利技术分布进行统计，可以看出，在 2 个二级分支中，人用治疗性生物药所占比重居多，这说明临沂市生物药领域的研发更侧重于治疗疾病方面。其中，人用治疗性生物药分支中的多肽蛋白药在临沂市专利申请中占据份额最多，达到了 92. 85%。

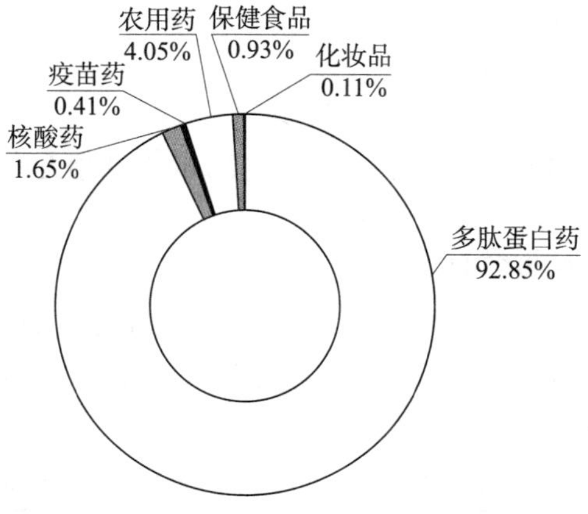

图 3－19　临沂市生物药领域三级分支专利布局

（三）临沂市主要创新主体分析

1. 主要申请人分析

如图 3－20 所示，临沂市生物药领域专利创新主体以个人为主，占比超过 70%。

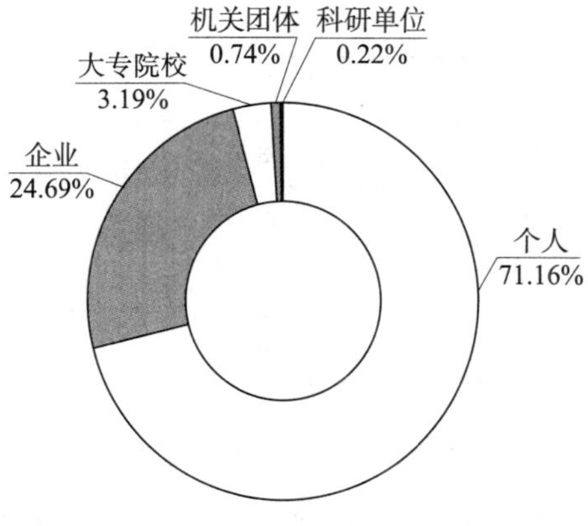

图 3－20　临沂市生物药领域创新主体类型

如图 3－21 所示，对临沂市生物药领域主要申请人进行梳理，去掉失效专利占比超过 70% 的个人申请人，临沂生物药领域鲁南制药、新时代药业、临沂大学和罗欣药业为专利申请排名的前 4 位，专利申请量均超过了 100 件。

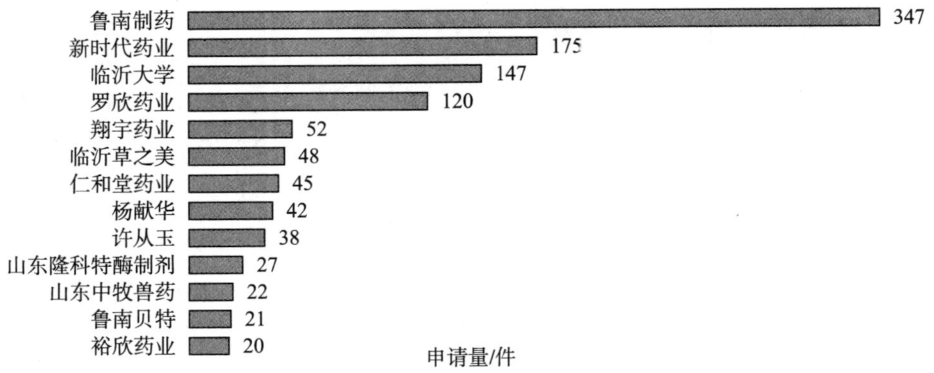

图3-21　临沂市生物药领域主要申请人

2. 主要申请人专利布局分析

如表3-3所示，统计分析临沂市人用治疗性生物药主要申请人的专利布局情况，可以看出，在人用治疗性生物药领域中，鲁南制药、新时代药业、临沂大学均集中于多肽蛋白药的研发。

表3-3　临沂市人用治疗性生物药各分支专利布局

申请人	专利数量/件			
	二级分支	三级分支		
	人用治疗性生物药	多肽蛋白药	核酸药	疫苗药
鲁南制药	297	266	7	0
新时代药业	145	125	16	0
临沂大学	116	78	11	4
罗欣药业	86	68	10	0
临沂草之美	48	47	9	0
翔宇药业	45	38	0	0
杨献华	44	37	0	0
仁和堂药业	22	13	0	0
山东中牧兽药	20	19	2	0
裕欣药业	19	17	0	0

临沂市其他生物药领域中，如表3-4所示，较少申请人在生物药化妆品领域申请专利，山东隆科特酶制剂在保健食品方向申请较多，临沂大学在农用药方面专利申请较多，且整体上临沂市在农用药方面专利申请数量最多，在化妆品方面专利申请数量最少。

表 3-4　临沂市其他生物药各分支专利布局

申请人	专利数量/件			
	二级分支	三级分支		
	其他生物药	农用药	保健食品	化妆品
山东隆科特酶制剂	27	6	21	0
临沂大学	23	19	3	1
金正大公司	8	8	0	0
临沂中磷生物科技	7	7	0	0
中化农业（临沂）研发中心	6	5	0	0
山东三方化工	5	5	0	0
福瑞达生物	5	0	0	4
史丹利公司	4	4	0	0
临沂市农业科学院	3	3	0	0
鲁洲食品	3	0	0	0

第二节　化学药领域专利整体态势分析

一、全球专利态势分析

（一）全球专利申请趋势

全球化学药领域专利申请共 5244489 件，统计分析近 50 年的全球化学药领域专利申请趋势，如图 3-22 所示，可以看出化学药领域的全球专利申请量总体呈现逐步上扬、伴有阶段性回落的态势，并在 2017 年达到了专利申请量的峰值。

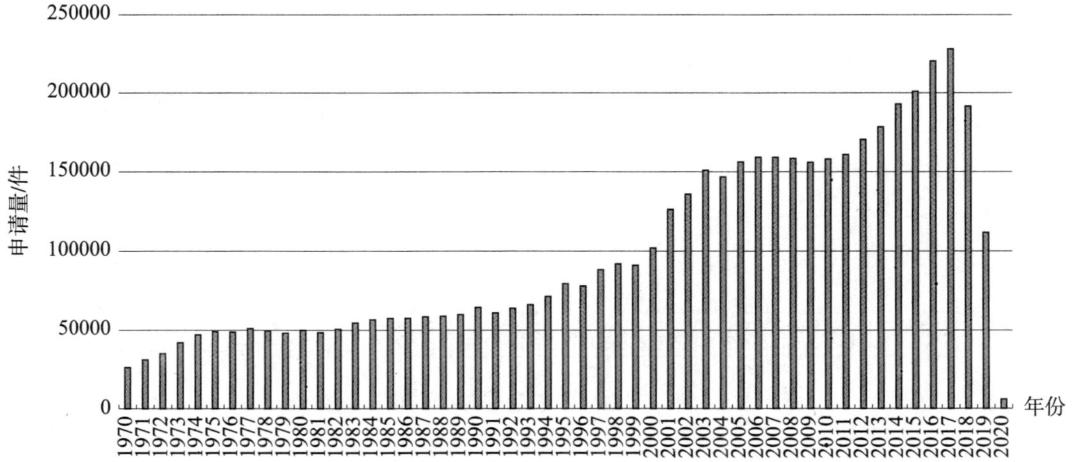

图 3-22　化学药领域全球专利申请趋势

如图 3－23、图 3－24 所示，从化学药领域的 2 个二级分支人用医疗制品和其他化学制品的专利申请趋势可以看出，人用医疗制品在进入 21 世纪后达到专利申请量的高发期，在 2010 年前后有短暂回落，其他化学制品的专利申请趋势整体呈上升态势，但不及人用医疗制品占比高。

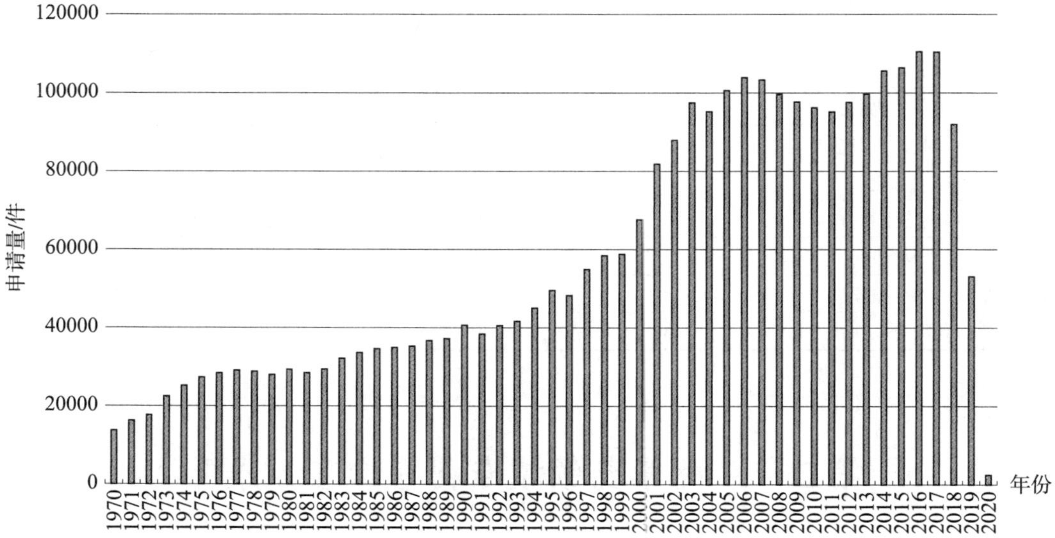

图 3－23　人用医疗制品全球专利申请趋势

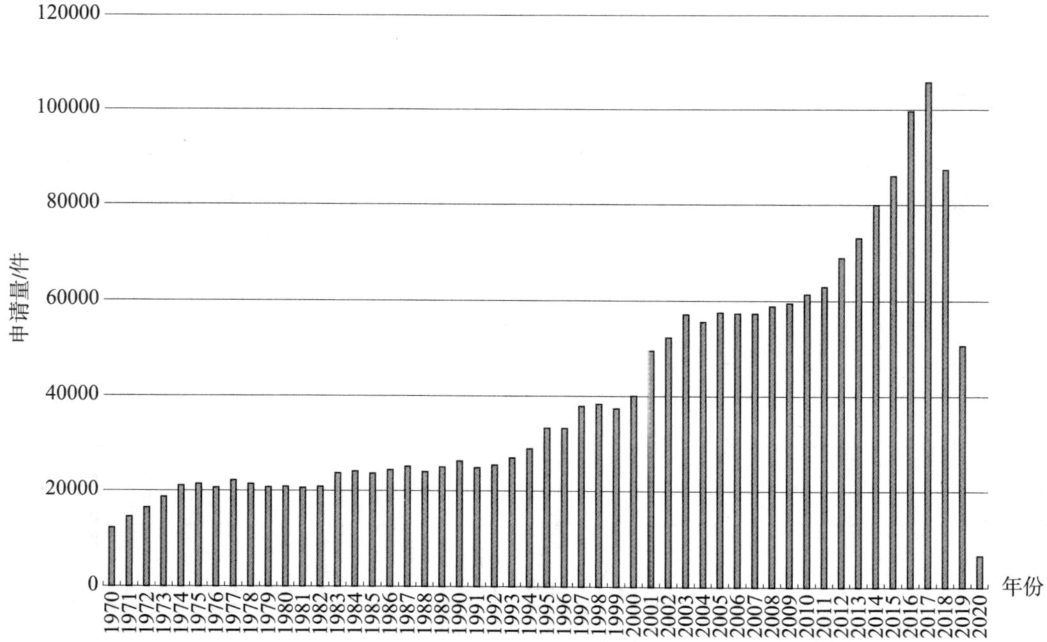

图 3－24　其他化学制品全球专利申请趋势

（二）全球专利地域分布情况

如图 3－25 所示，美国是世界上化学领域最主要的技术创新来源国，处于较为明显的领先地位，技术创新活跃度和技术发展水平较高；中国位于第二，在化学药领域的技术创新活跃度和技术发展水平与美国相比还有一定差距。中国是全球化学药领域最大的专利目标市场国，美国和日本分列第二、第三位。

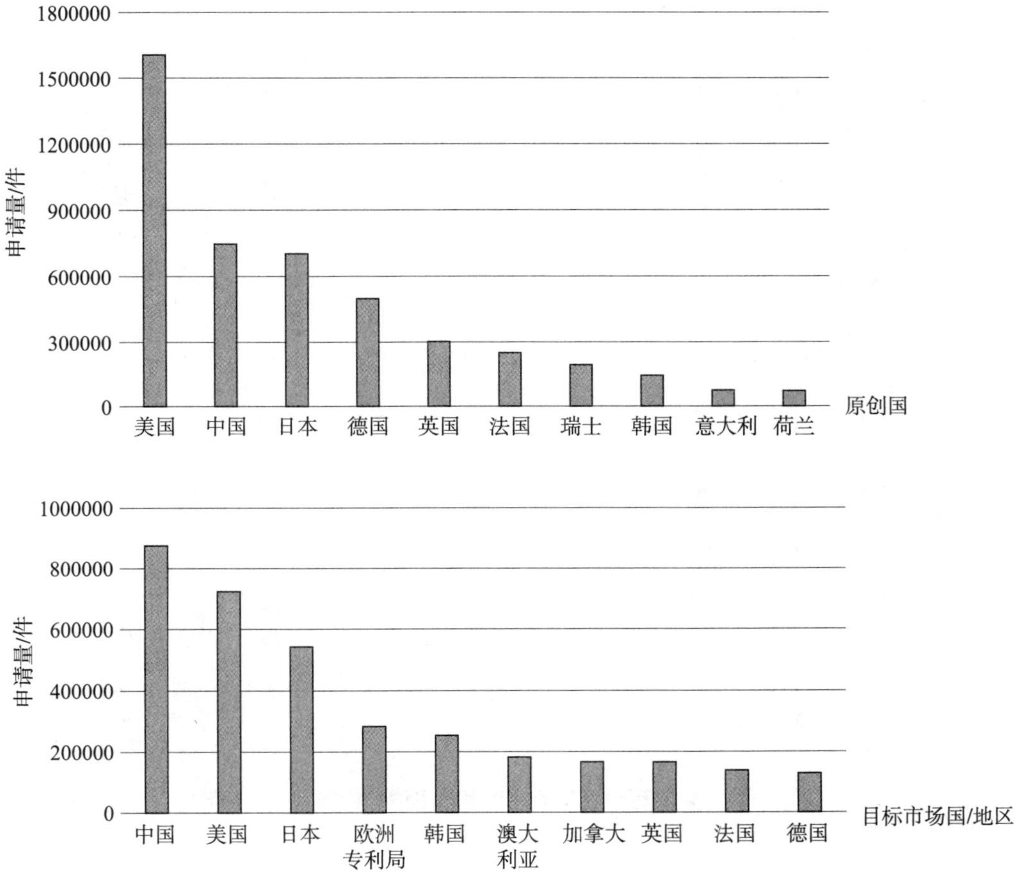

图 3－25　全球化学药领域专利申请原创国/地区及目标市场国/地区分布

如图 3－26 所示，统计分析人用医疗制品领域和其他化学制品领域全球专利技术原创国家/地区分布情况，美国、中国、日本、德国、英国是两个领域最主要的技术原创国家。

如图 3－27 所示，统计分析人用医疗制品领域和其他化学制品领域全球专利目标市场国家/地区分布情况，美国仍然是人用医疗制品领域在全球最大的目标市场，而中国紧随其后，同时也是其他化学制品领域全球最大的目标市场。

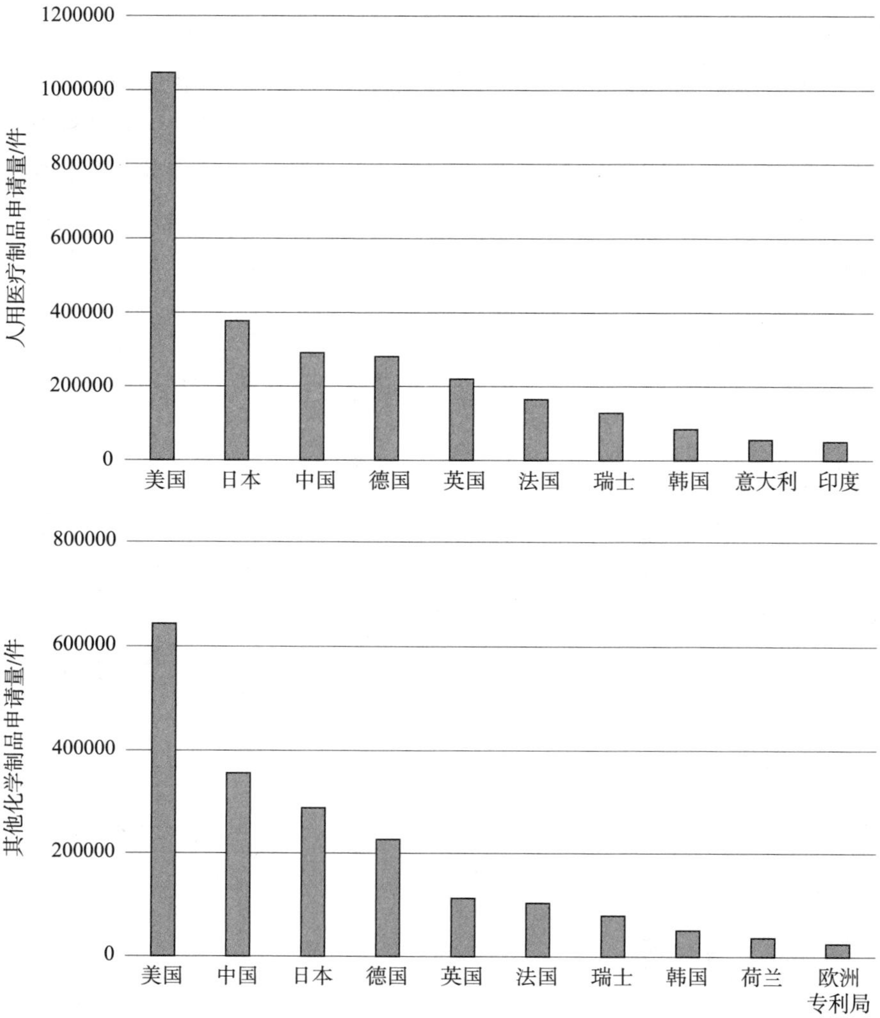

图3-26　化学药领域二级分支专利申请原创国/地区分布

（三）全球专利主要申请人

如图3-28所示，统计分析化学药领域全球主要专利申请人情况，可以看出，全球专利申请量排名前10的申请人均为国际知名企业，无中国申请人，可见中国在化学药领域专利申请总量虽然排名世界首位，但从单独申请人来看，并未占据世界优势地位。

统计分析人用医疗制品领域全球主要专利申请人情况，如图3-29所示，该分支在全球专利申请排名前10的申请人同样全部为国外申请人，其中，世界制药巨头辉瑞公司、赛诺菲公司和诺华公司排名前3，专利申请数量均超过5万件。

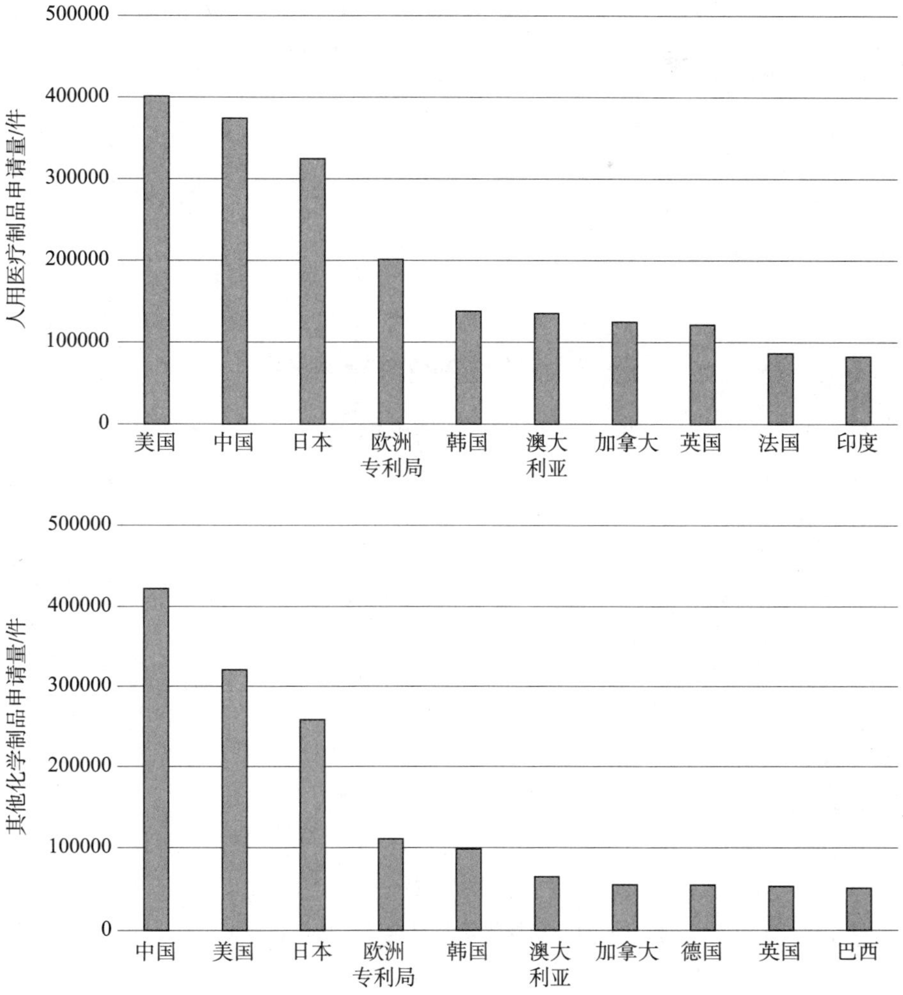

图3－27　化学药领域二级分支专利目标市场国/地区分布

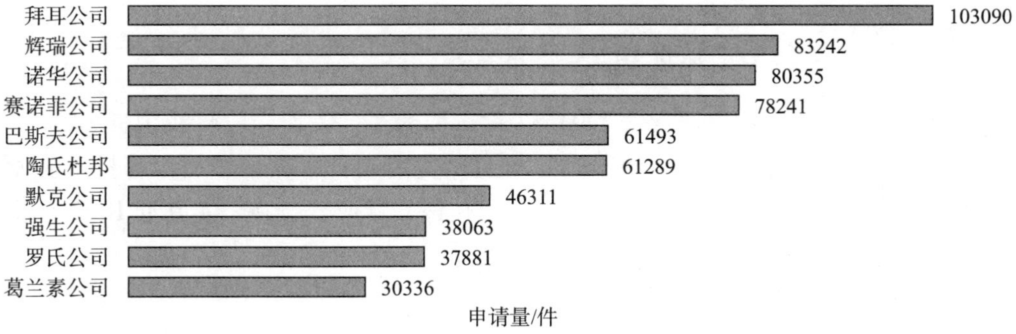

图3－28　化学药领域全球主要申请人

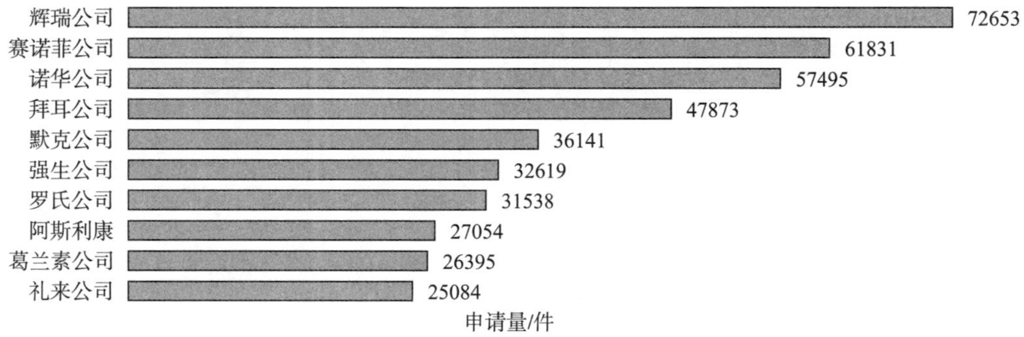

图 3-29　人用医疗制品全球主要申请人

统计分析其他化学制品领域全球主要专利申请人情况，如图 3-30 所示，可以看出，该分支在全球专利申请排名前 10 的申请人中，世界制药巨头拜耳公司、巴斯夫公司和陶氏杜邦排名前 3，专利申请量均超过 3 万件。

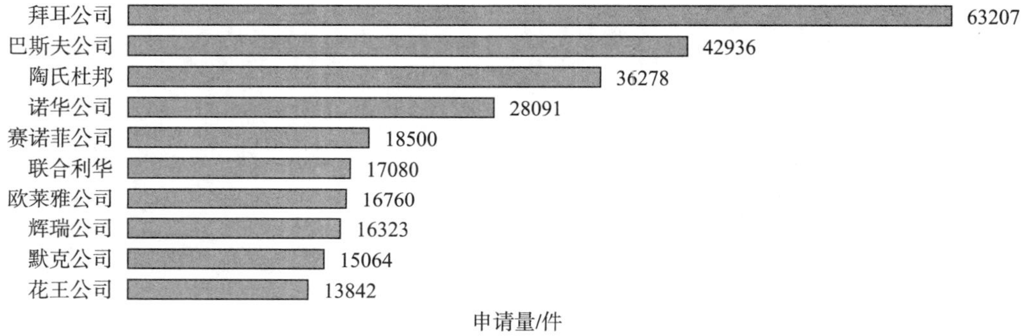

图 3-30　其他化学制品全球主要申请人

二、中国专利态势分析

（一）中国专利申请总体趋势

我国化学药领域专利申请量共 1494657 件，如图 3-31 所示，将我国近 30 年来专利申请趋势与全球其他主要国家进行对比可见，美国和日本在本领域专利技术研发较早，并维持较稳定的专利申请上升态势，中国在该领域起步较晚，尤其近 10 年来将该领域作为研发热点和重点，专利申请数量猛增。

从人用医疗制品专利申请趋势可以看出，如图 3-32 所示，中国在该领域专利申请数量从 20 世纪 90 年代起逐年上升，并于 2017 年达到峰值，与其他国家相比具有一定数量优势，另外，美国在该领域专利申请数量整体高于日本、韩国。

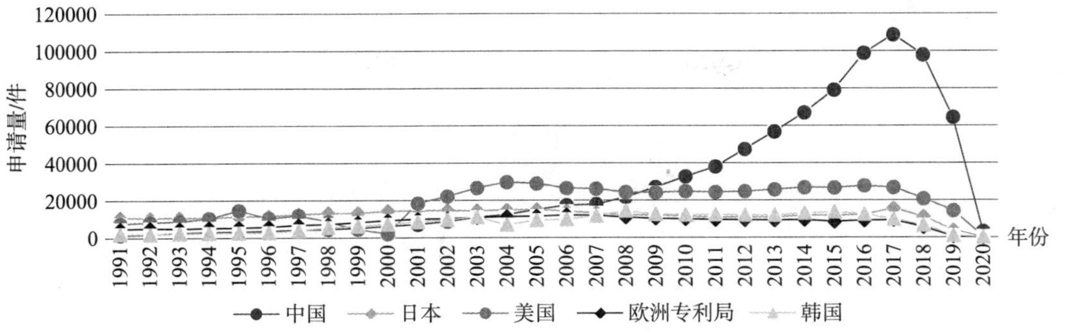

图 3－31　化学药领域部分国家/地区专利申请趋势

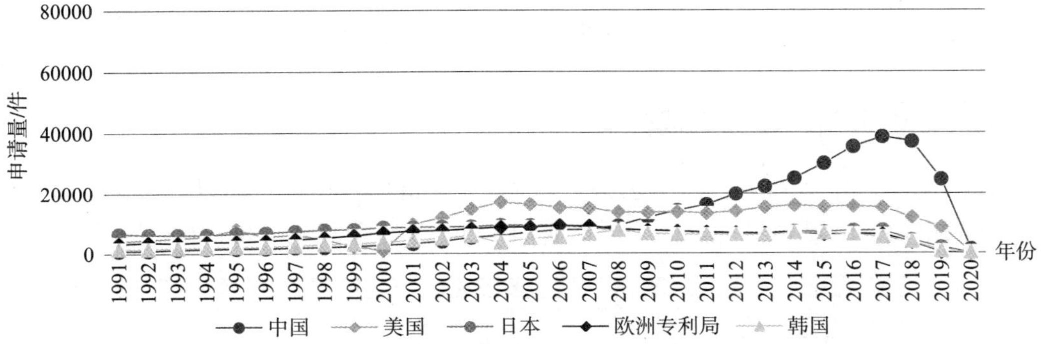

图 3－32　人用医疗制品部分国家/地区专利申请趋势

从其他化学制品全球专利申请趋势可以看出，如图 3－33 所示，中国在该领域专利申请数量从 20 世纪 90 年代起逐年上升，同样于 2017 年达到峰值，同时美国在该领域专利申请数量整体高于日本、韩国。

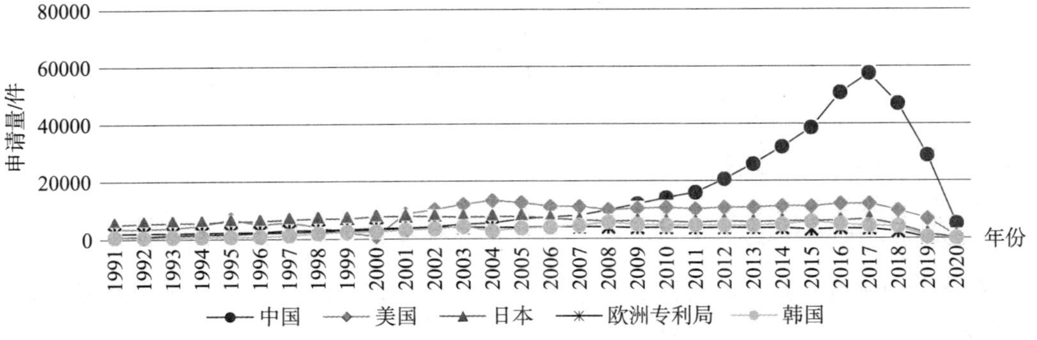

图 3－33　其他化学制品部分国家/地区专利申请趋势

（二）中国各分支专利布局

对于化学药领域的专利技术分布进行统计，如图 3－34 所示，其他化学制品所占比重居多，该领域中农用药物占比最多，达到 36.60%，其次是人用医疗制品中的药物类，占比达到34.68%。

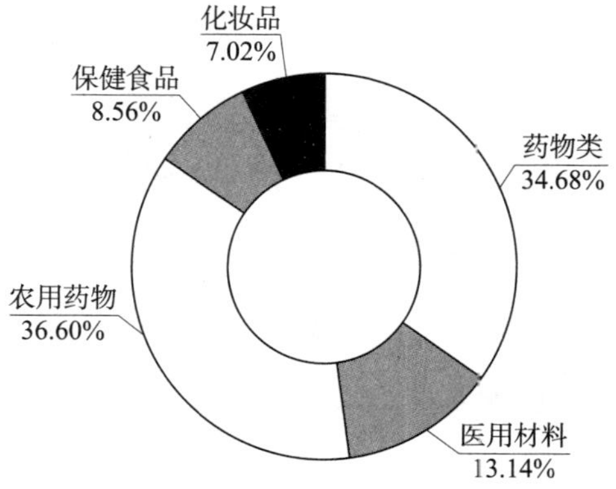

图3－34　中国化学药领域三级分支专利布局

（三）中国创新集聚区域分析

如图3－35所示，国内化学药领域专利主要申请区域中，江苏以较大优势排名第一，专利申请量达到10万件以上，其次是山东和广东，申请量均超过6万件。

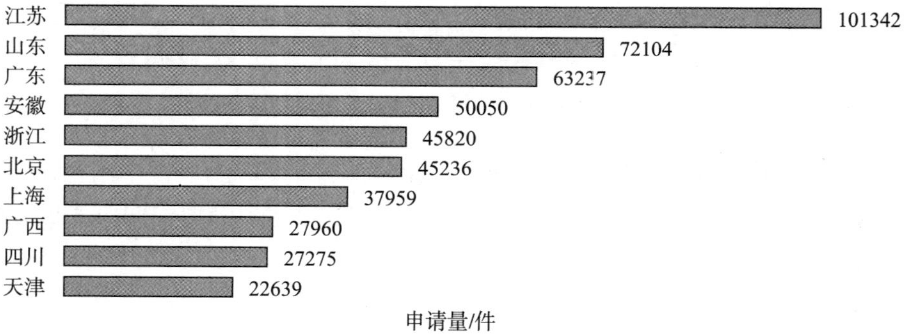

图3－35　中国化学药领域申请来源

（四）中国创新主体分析

1. 创新主体类型分析

对化学药领域创新主体的类型进行分析，如图3－36所示，该领域专利申请人以企业申请人为主，占总量的57.88%。

2. 主要申请人专利布局分析

对化学药领域的2个二级分支和5个三级分支的主要专利申请人的专利布局情况进行分析，如表3－5所示，人用医疗制品领域中，我国高校院所在药物类和医用材料均有一定比重的研发投入，而几家国外企业的研发方向相比之下较为单一，如辉瑞公司、诺华公司、阿斯利康等企业的研发方向基本在药物类领域。

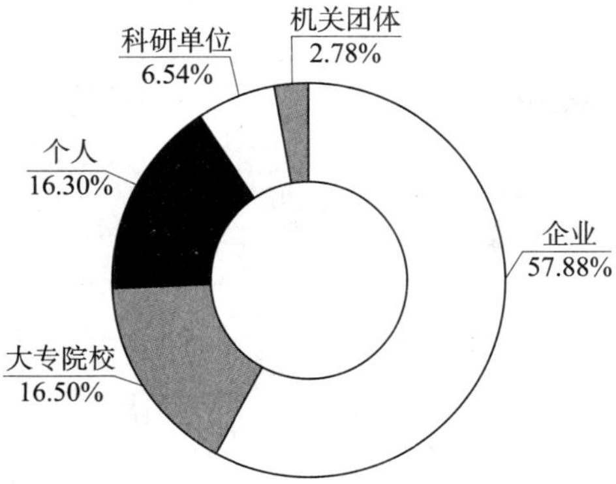

图 3-36　中国化学药领域创新主体分析

表 3-5　人用医疗制品各分支主要申请人

申请人	专利数量/件		
	二级分支	三级分支	
	人用医疗制品	药物类	医用材料
中科院所	3298	2226	797
拜耳公司	1879	1306	203
辉瑞公司	1731	1623	43
浙江大学	1573	999	456
强生公司	1488	917	446
上海交通大学	1446	699	649
诺华公司	1322	1145	92
阿斯利康	1311	1262	36
巴斯夫公司	1262	649	240
默克公司	1187	1055	29
江南大学	1106	699	100

如表 3-6 所示，其他化学制品领域，多数企业和高校院所将研发方向集中在农用药物领域。

表 3-6　其他化学制品各分支主要申请人

申请人	专利数量/件			
	二级分支	三级分支		
	其他化学制品	农用药物	保健食品	化妆品
拜耳公司	3035	2545	39	35
巴斯夫公司	2941	1656	126	600
陶氏杜邦	2371	1323	142	228
宝洁公司	2168	208	107	1844
中科院所	1826	839	173	97

续表

申请人	专利数量/件			
	二级分支	三级分支		
	其他化学制品	农用药物	保健食品	化妆品
欧莱雅公司	1776	21	6	1729
浙江大学	1630	1030	207	67
默克公司	1437	1022	36	154
联合利华	1222	95	137	1004
南京红太阳	1206	1085	0	0
中国化工	1197	986	4	8
中国农业大学	1146	803	111	132
江南大学	1132	332	438	143
华南农业大学	1069	826	96	21

三、临沂市专利态势分析

（一）临沂市专利申请趋势

临沂市在化学药领域专利申请数量共 2918 件，如图 3－37 所示，专利申请在 20 世纪 90 年代较少，进入 21 世纪后申请量逐年上升，2017 年达到峰值。

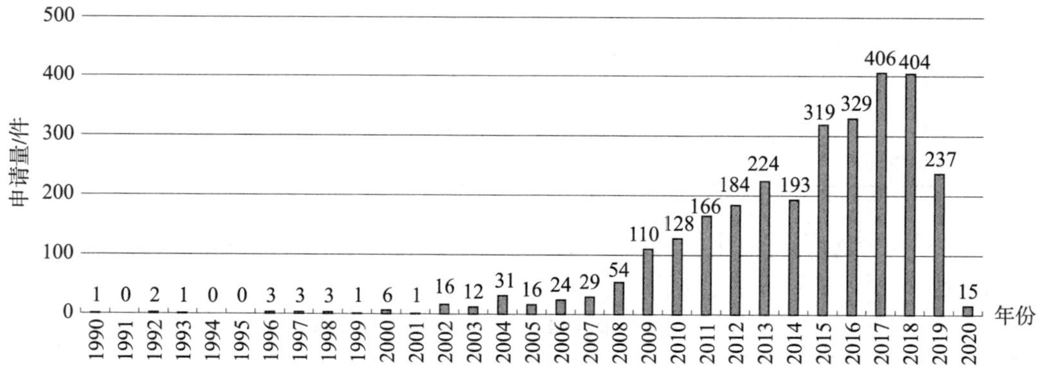

图 3－37　临沂市化学药领域专利申请趋势

临沂市在人用医疗制品领域专利申请数量有 1633 件，如图 3－38 所示，专利申请呈现震荡式上扬，在 2014 年达到峰值。

临沂市在其他化学制品领域专利申请数量有 1356 件，如图 3－39 所示，其专利申请趋势与化学药领域整体专利申请趋势基本一致，2017 年达到峰值。

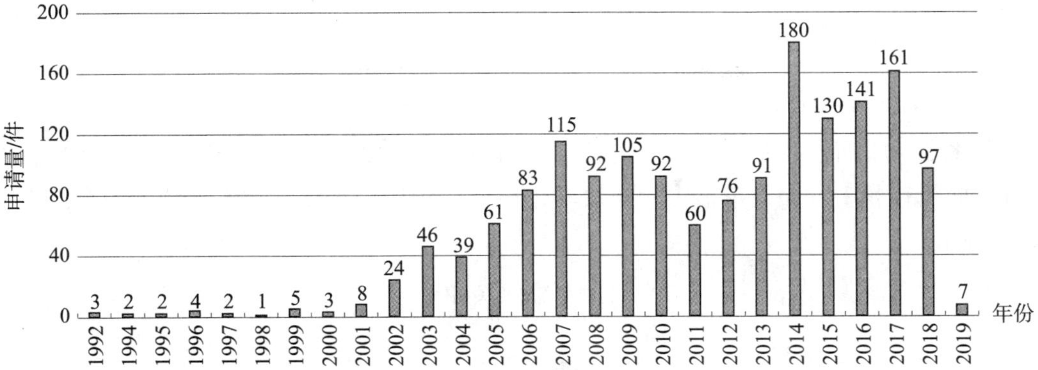

图 3－38　临沂市人用医疗制品领域专利申请趋势

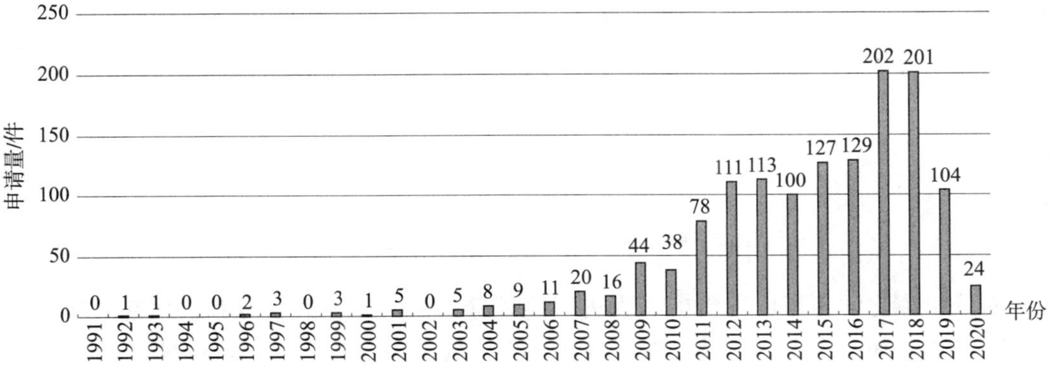

图 3－39　临沂市其他化学制品领域专利申请趋势

（二）临沂市各分支专利布局

对于临沂市化学药领域的专利技术分布进行统计，如图 3－40 所示，人用医疗制品分支中的药物类和其他化学制品分支中的农用药物在临沂市专利申请中占据份额最多，占比共计近 88%。

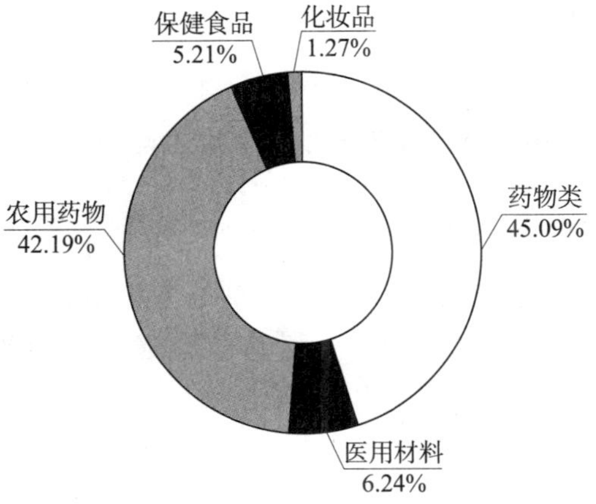

图 3－40　临沂市化学药领域三级分支专利布局

（三）临沂市主要创新主体分析

1. 主要申请人分析

如图 3－41 所示，临沂市化学药领域专利创新主体以企业为主，占比超过 65%，据统计，临沂市 801 件个人申请中，失效率达 64%，说明临沂市在化学药领域的个人申请质量不高。

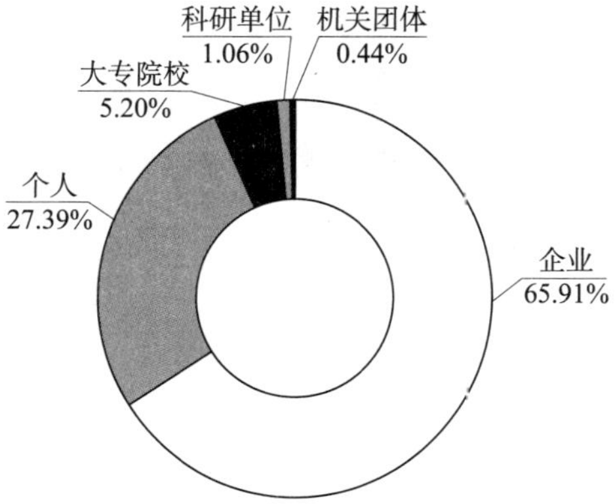

图 3－41　临沂市化学药领域创新主体类型

对临沂市化学药领域主要申请人进行梳理分析时，去掉失效专利占比超过 70% 的个人申请人。如图 3－42 所示，临沂市化学药领域鲁南制药、罗欣药业排名居前 2 位，专利申请量均超过了 200 件，其次是新时代药业和临沂大学。

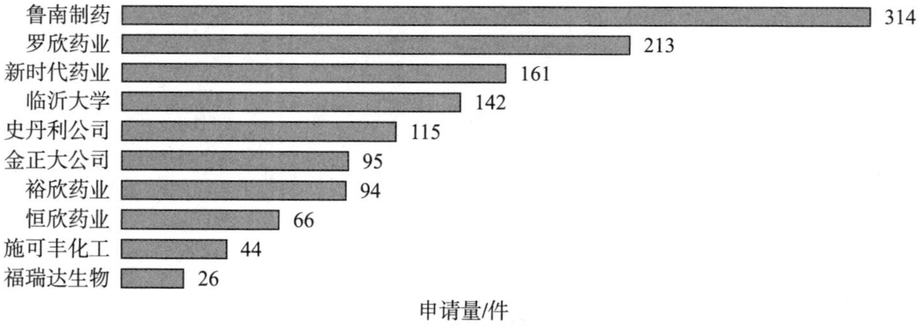

图 3－42　临沂市化学药领域主要申请人

2. 主要申请人专利布局分析

如表 3－7 所示，临沂市药物类主要申请人中，鲁南制药专利申请数量最多，达到 219 件，其次是罗欣制药和新时代药业，专利申请数量均超过 100 件。

表3－7　临沂人用医疗制品主要申请人

申请人	专利数量/件		
	二级分支	三级分支	
	人用医疗制品	药物类	医用材料
鲁南制药	224	219	0
罗欣药业	154	151	0
新时代药业	125	121	0
临沂大学	61	31	13
裕欣药业	44	44	0
恒欣药业	27	27	0
仁和堂药业	25	25	0
鲁南贝特	17	16	0
翔宇药业	14	14	0
临沂齐泽医药	8	8	0
山东大农药业	7	7	0
临沂草之美	6	6	0
鲁南新时代	6	6	0

如表3－8所示，临沂市农用药物主要申请人中，金正大公司专利申请数量最多，达到230件，其次是史丹利公司，专利申请数量超过100件。

表3－8　临沂其他化学制品主要申请人

申请人	专利数量/件			
	二级分支	三级分支		
	其他化学制品	农用药物	保健食品	化妆品
金正大公司	230	230	0	0
史丹利公司	116	116	0	0
临沂大学	71	52	8	1
施可丰化工	49	52	1	0
荷泽金正大	24	24	0	0
中化农业（临沂）研发中心	21	18	0	0
鲁洲食品	20	6	17	0
中农舜天生态肥业	18	18	0	0
临沂市农业科学院	17	17	0	0
山东阜丰生物科技	17	7	15	0

第三节 中药领域专利整体态势分析

一、全球专利态势分析

（一）全球专利申请趋势

全球中药领域专利申请共906065件，统计分析近50年的全球中药领域专利申请趋势，如图3－43所示，中药领域的全球专利申请量总体呈现逐步上扬态势。

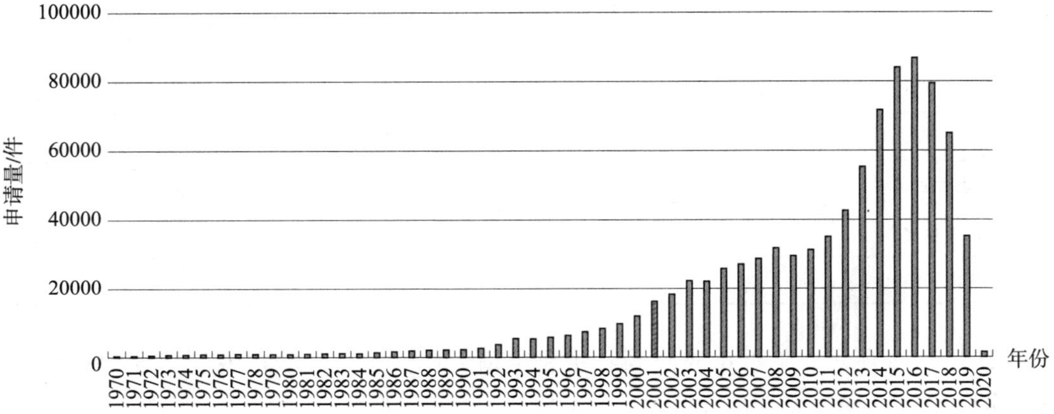

图3－43 中药领域全球专利申请趋势

如图3－44、图3－45所示，中药领域的2个二级分支治疗性中药和非治疗性中药的专利申请趋势与一级分支基本一致。

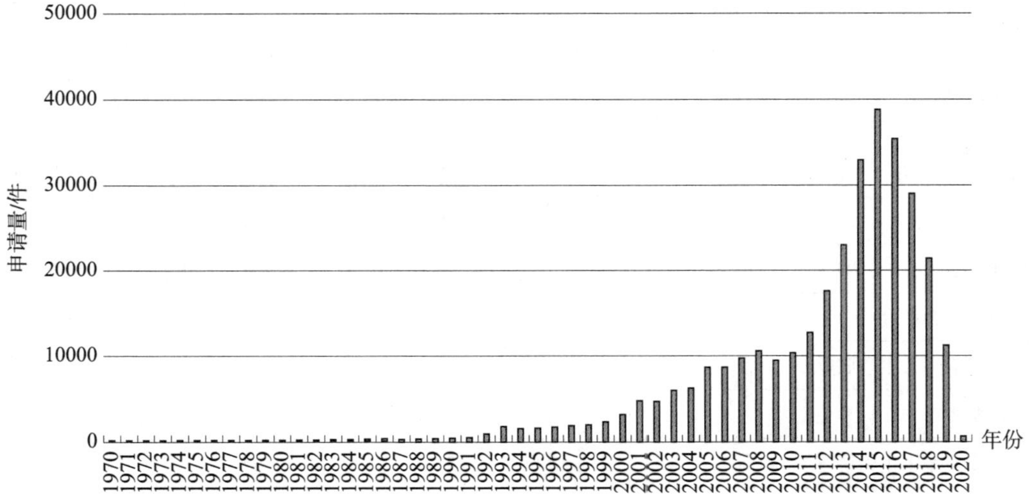

图3－44 治疗性中药全球专利申请趋势

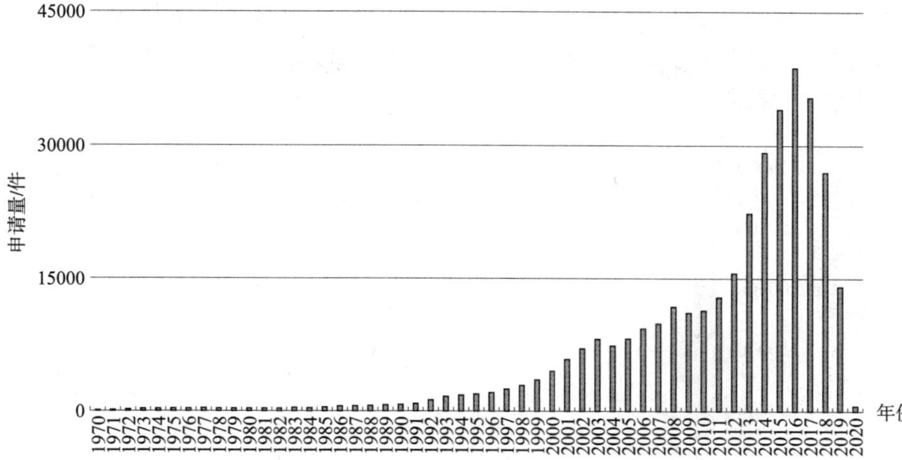

图 3－45　非治疗性中药全球专利申请趋势

（二）全球专利地域分布情况

如图 3－46 所示，统计分析中药领域全球专利技术原创国和目标市场国分布情况，可以看出，中国作为中药的起源地，是最主要的技术创新来源地，也是全球范围内中药领域最大的专利目标市场。

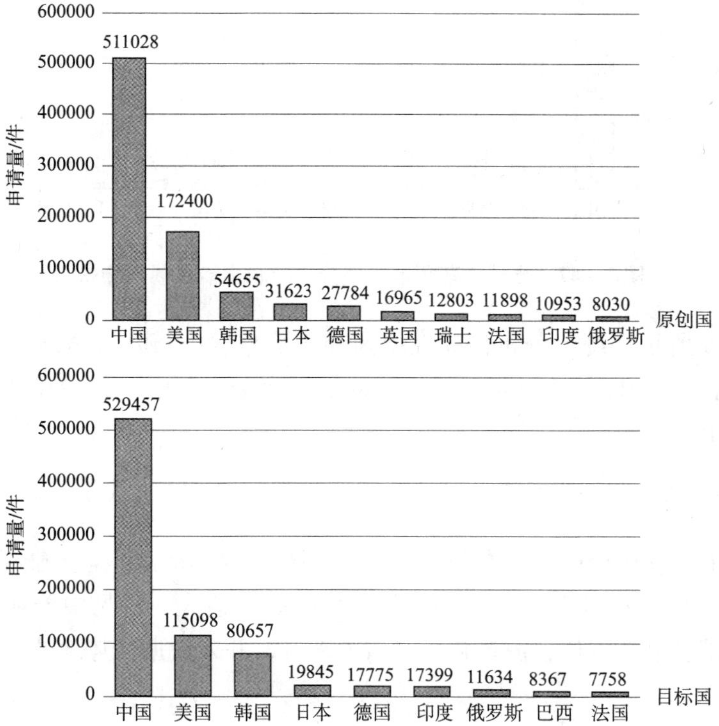

图 3－46　全球中药领域专利申请原创国及目标市场国分布

如图 3－47 所示，统计分析治疗性中药和非治疗性中药领域全球专利技术原创国家/地区分布情况，中国是两个领域最主要的原创国家，排名第 2、第 3 名的美国和韩国距离中国有较大差距。

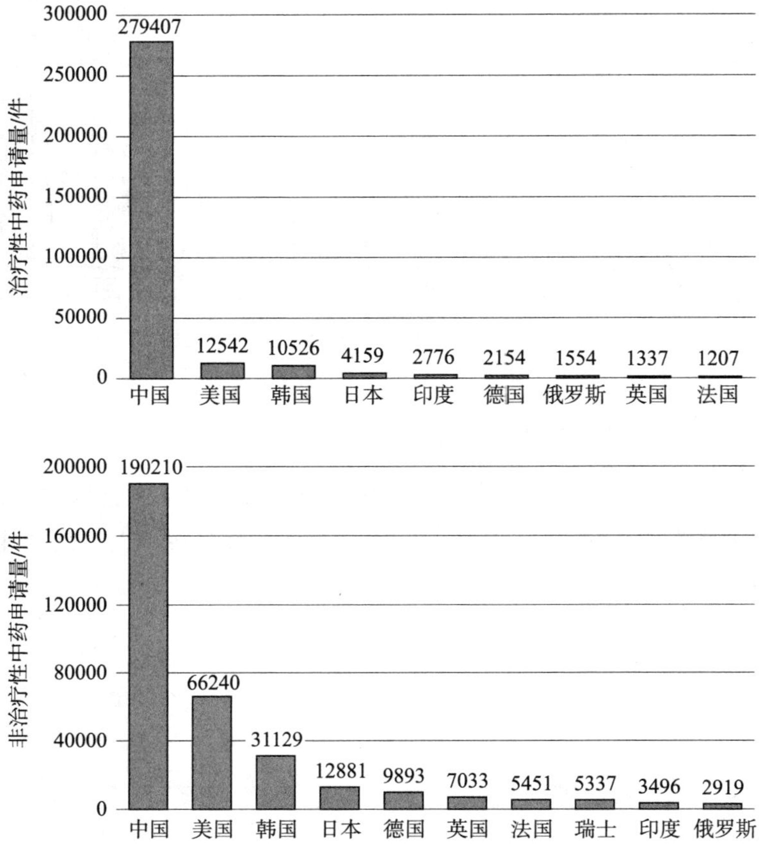

图 3－47　全球中药领域二级分支专利申请原创国分布

如图 3－48 所示，统计分析治疗性中药和非治疗性中药领域全球专利目标市场国家/地区分布情况，中国是两个领域最主要的目标市场，其中，非治疗性中药领域美国和韩国也有一定布局。

（三）全球专利主要申请人

统计分析中药领域全球主要专利申请人，如图 3－49 所示，在全球专利申请排名前 10 的申请人中，仅有排名第 9 的中科院所一个中国申请人，可见中国在中药领域专利申请总量虽然排名世界首位，但单独从申请人来看，并未占据优势地位。

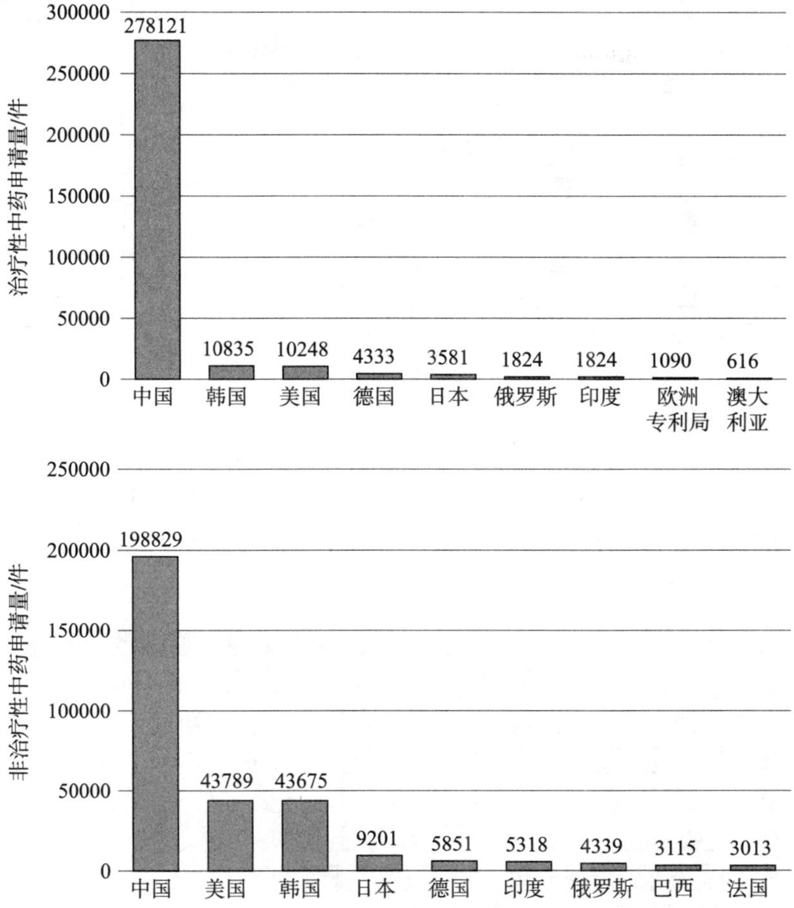

图 3-48 全球中药领域二级分支专利目标市场国/地区分布

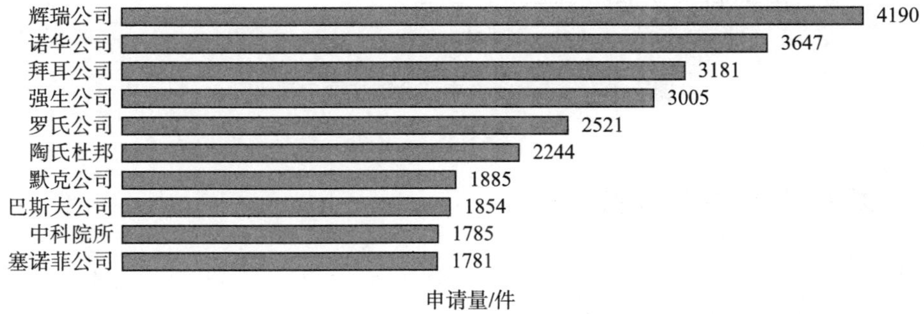

图 3-49 中药领域全球主要申请人

统计分析治疗性中药领域全球主要专利申请人情况，如图 3-50 所示，该分支全球专利申请排名前 10 位的申请人全部来自中国，说明相比于非治疗性中药，我国申请人更加致力于治疗性中药研发。

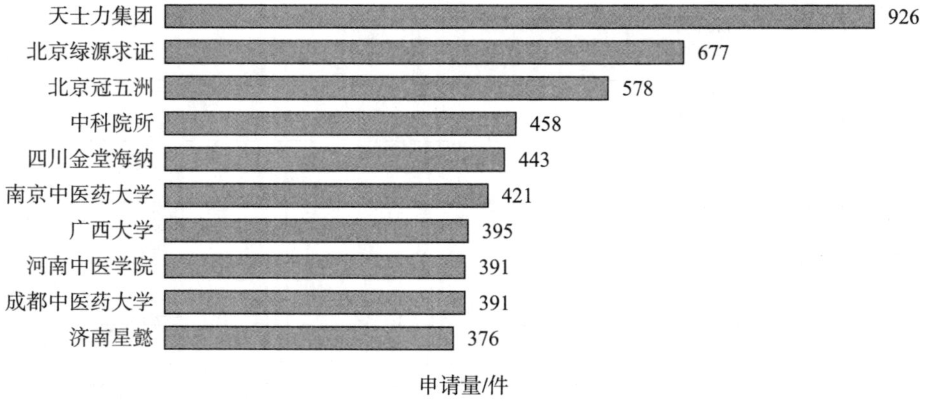

图3－50　治疗性中药全球主要申请人

统计分析非治疗性中药领域全球主要专利申请人情况，如图3－51所示，该分支在全球专利申请排名前10位的申请人均为国外企业，说明国外申请人在中药领域主要以非治疗性研究为主，且注重在中国进行专利布局。

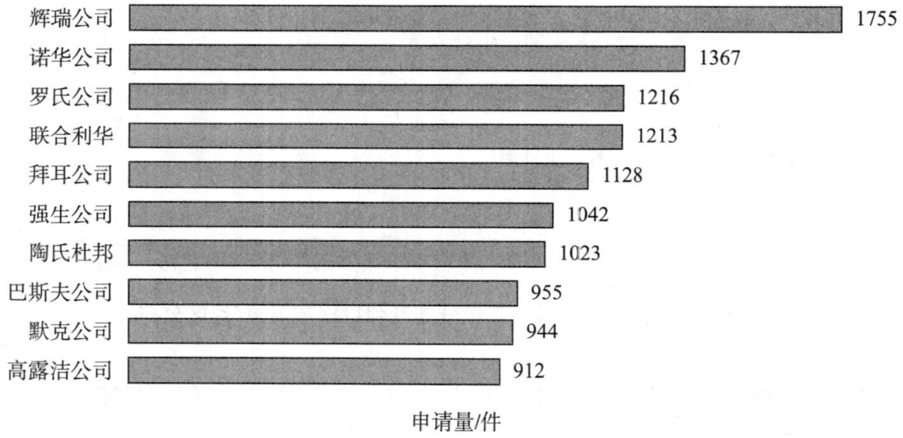

图3－51　非治疗性中药全球主要申请人

二、中国专利态势分析

（一）中国专利申请总体趋势

我国中药领域专利申请量共521422件，占全球专利申请总数的一半以上。如图3－52所示，将我国近30年来专利申请趋势与全球其他主要国家在该领域的专利申请趋势进行对比，中药领域在中国是研发的热点和重点。

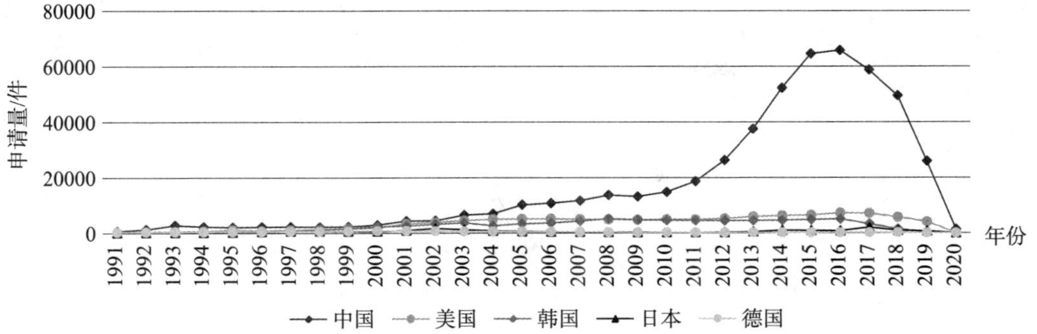

图 3－52　中药领域部分国家专利申请趋势

如图 3－53 所示，从治疗性中药专利申请趋势可以看出，中国在该领域专利申请数量从 20 世纪 90 年代起逐年上升，2015 年达到峰值，与其他国家相比数量优势大。

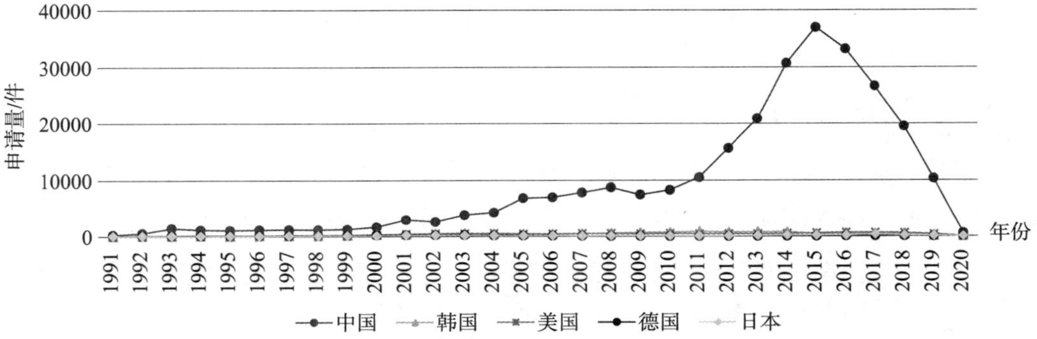

图 3－53　治疗性中药部分国家专利申请趋势

如图 3－54 所示，从非治疗性中药专利申请趋势可以看出，中国在该领域专利申请数量从 20 世纪 90 年代起逐年上升，并于 2016 年达到峰值。

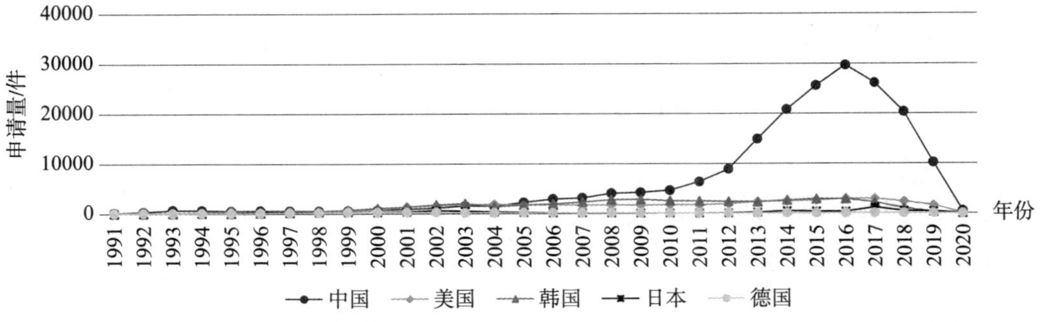

图 3－54　非治疗性中药部分国家专利申请趋势

（二）中国各分支专利布局

对中药领域的专利技术分布进行统计，如图 3－55 所示，以治疗性中药所占比重居多，治疗疾病仍然是该领域的主要目的。其中，治疗性中药分支中的植物源中药和非治疗性中药中的保健食品或用品占据份额最多，分别为 33.55% 和 29.64%，其次是治疗性中药分支中的动物源中药。

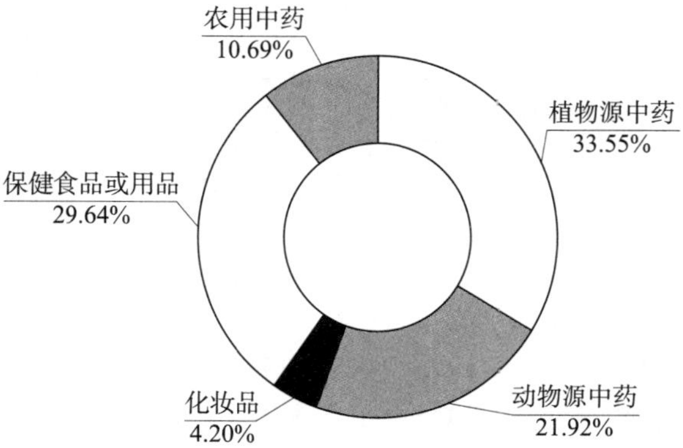

图 3-55　中国中药领域三级分支专利布局

（三）中国创新集聚区域分析

如图 3-56 所示，在国内中药领域专利主要申请区域中，山东、安徽、江苏、广东位居前 4 位，申请量均超过了 30000 件，其中，山东省以绝对优势领先。

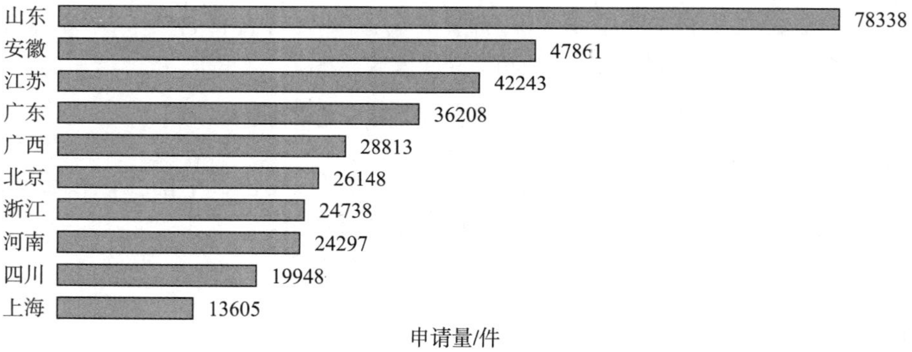

图 3-56　中国中药领域申请来源

（四）中国创新主体分析

1. 创新主体类型分析

对中药领域创新主体的类型进行分析，如图 3-57 所示，该领域专利申请人以个人申请人为主，占总量的 44.35%，说明中药作为我国原创的医学科学，与其他学科相比，个人参与程度更高。但中药领域的个人专利申请中，失效专利占比超过 70%，远超企业专利 40% 的失效占比，可见个人专利申请的目的可能与企业申请不同，另一方面也反映出个人专利申请的质量较低。

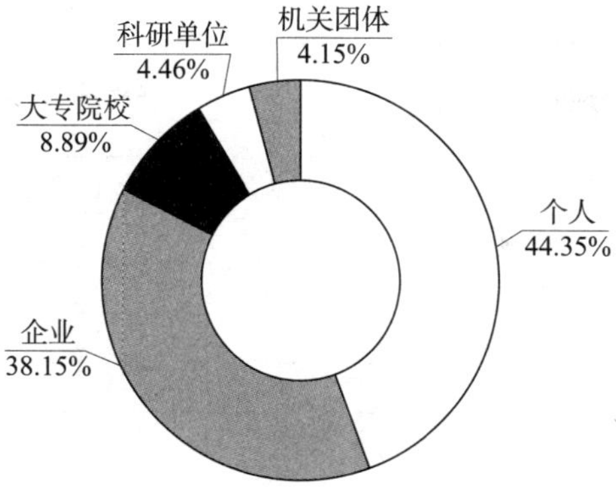

图 3－57　中国中药领域创新主体分析

2. 主要申请人专利布局分析

对中药领域的 2 个二级分支和 5 个三级分支的主要专利申请人的专利布局情况进行分析，如表 3－9 所示，治疗性中药领域排名前 3 位的是北京绿源求证、北京冠五洲、天津天士力，专利主要集中在植物源中药。

表 3－9　治疗性中药各分支主要申请人

申请人	专利数量/件		
	二级分支	三级分支	
	治疗性中药	植物源中药	动物源中药
北京绿源求证	677	598	79
北京冠五洲	578	537	41
天津天士力	508	401	153
四川金堂海纳	443	238	205
南京中医药大学	421	287	105
广西大学	395	217	115
成都中医药大学	391	288	70
河南中医学院	391	268	92
济南星懿	376	296	81
济南昊雨青田	348	289	59

如表 3－10 所示，非治疗性中药领域较多企业和科研院所均在保健食品或用品领域研发较为集中。

表 3－10　非治疗性中药各分支主要申请人

申请人	专利数量/件			
	二级分支	三级分支		
	非治疗性中药	化妆品	保健食品或用品	农用中药
广西大学	505	50	316	181
新希望六和集团	443	0	332	334
哈尔滨升益生物科技	403	0	403	0

续表

申请人	专利数量/件			
	二级分支	三级分支		
	非治疗性中药	化妆品	保健食品或用品	农用中药
哈尔滨浩拓生物科技	369	0	369	0
江南大学	365	49	265	78
哈尔滨膳宝酒业	335	0	335	0
浙江大学	308	17	169	109
天津生机集团	302	0	0	78
长沙瑞多康	279	0	278	278
哈尔滨天一生态农副产品	241	0	241	24

三、临沂市专利态势分析

（一）临沂市专利申请趋势

如图3－58所示，临沂市在中药领域专利申请数量共4951件，专利申请数量呈逐渐上升趋势，2015年达到高峰，近年来有回落趋势。

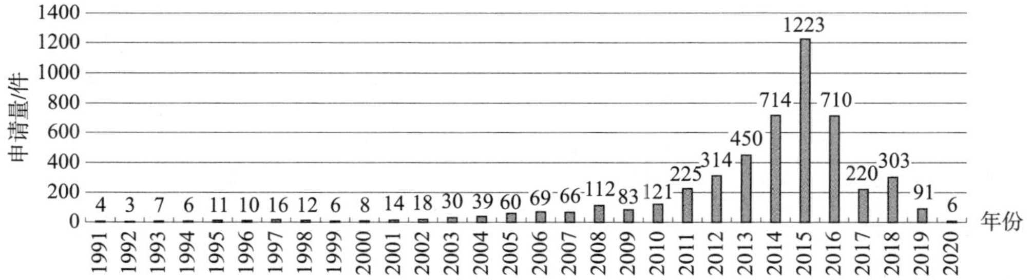

图3－58　临沂市中药领域专利申请趋势

如图3－59所示，临沂市治疗性中药领域专利申请数量有4056件，占中药领域专利申请量的80%以上，专利申请趋势与中药领域整体情况基本一致。

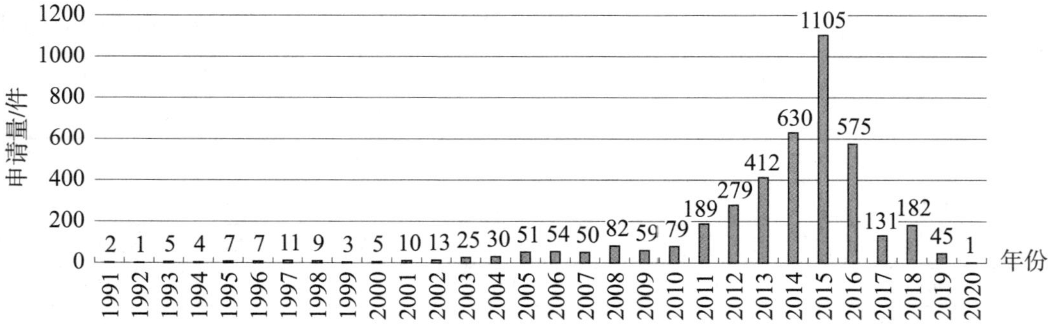

图3－59　临沂市治疗性中药领域专利申请趋势

如图 3－60 所示，临沂市非治疗性中药领域专利申请数量为 781 件，占中药领域专利申请总量的近 20%，专利申请趋势也与中药领域整体情况基本一致。

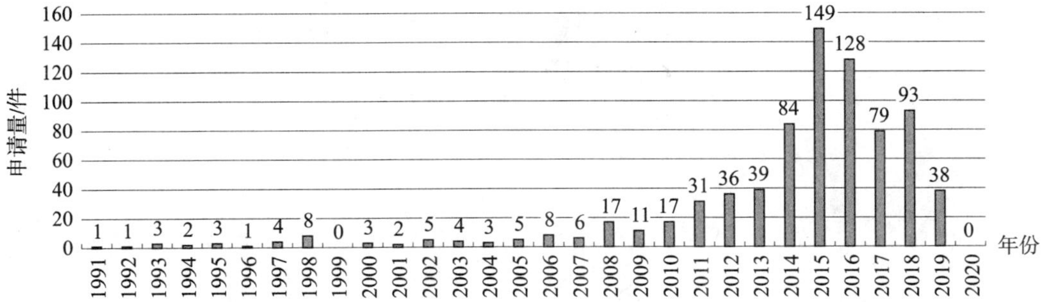

图 3－60　临沂市非治疗性中药领域专利申请趋势

（二）临沂市各分支专利布局

如图 3－61 所示，对于临沂市中药领域的专利技术分布进行统计，可以看出以治疗性中药所占比重居多，这说明临沂市中药领域的研发更侧重于治疗疾病。其中，植物源中药在临沂市专利申请占据份额最多，达到了一半以上，这与临沂市紧紧依托沂蒙山区，在中药材生产上具有传统优势有一定关系。

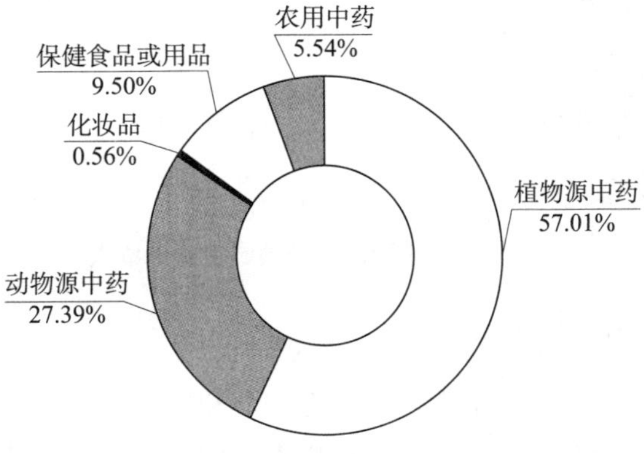

图 3－61　临沂市中药领域三级分支专利布局

（三）临沂市主要创新主体分析

1. 主要申请人分析

如图 3－62 所示，临沂市中药领域专利创新主体以个人为主，占比超过 80%。

如图 3－63 所示，对临沂市中药领域主要申请人进行梳理，去掉失效专利占比超过 70% 的个人申请人，鲁南制药和临沂大学专利申请排名居前 2 位，申请量均超过了 100 件，其次是翔宇药业和新时代药业。

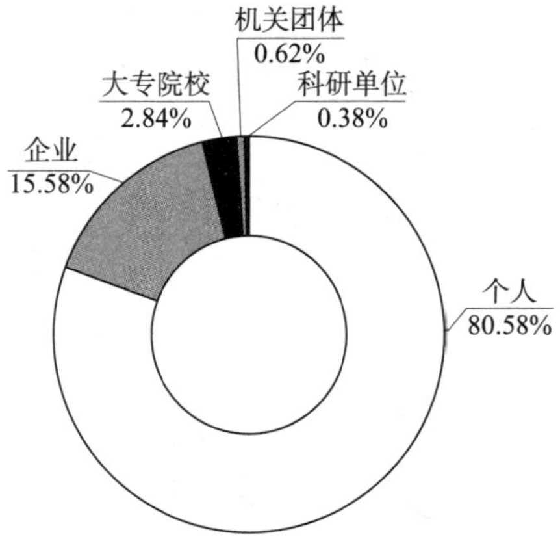

图 3－62　临沂市中药领域创新主体类型

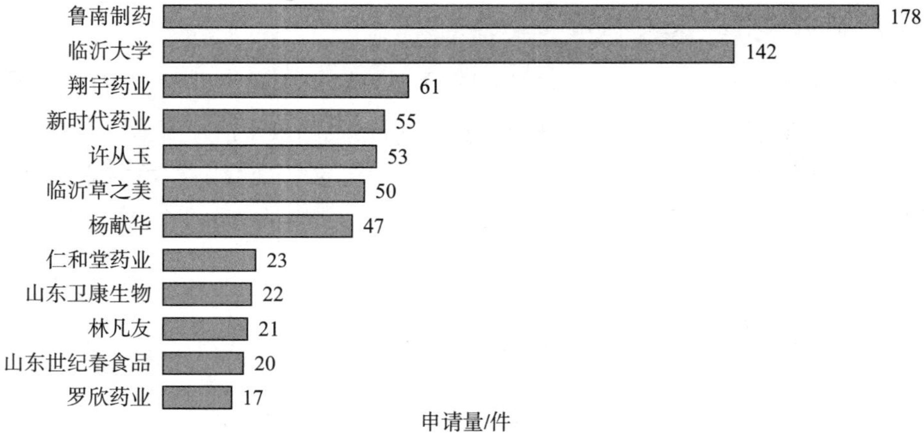

图 3－63　临沂市中药领域主要申请人

2. 主要申请人专利布局分析

如表 3－11 所示，统计分析临沂市治疗性中药和非治疗性中药 2 个二级分支及各个三级分支的主要申请人的专利布局情况，可以看出治疗性中药领域中，鲁南制药在植物源中药和动物源中药的研发力量上较为平均，翔宇药业、临沂大学、仁和堂药业等则以植物源中药专利申请为主。

表 3－11　临沂市治疗性中药各分支专利布局

申请人	专利数量/件		
	二级分支	三级分支	
	治疗性中药	植物源中药	动物源中药
鲁南制药	124	52	41
翔宇药业	53	46	7
临沂大学	42	28	8
仁和堂药业	30	23	7

续表

申请人	专利数量/件		
	二级分支	三级分支	
	治疗性中药	植物源中药	动物源中药
山东卫康生物	20	10	5
临沂草之美	18	14	4
沂南县众友中药材种植专业合作社	14	14	0
山东鲁健生物	11	2	5
鲁南厚普制药	10	5	3
山东京御堂国药	9	4	3

如表 3－12 所示，临沂市非治疗性中药领域，临沂大学在保健食品或用品、农用中药方向专利申请较多，化妆品领域专利申请较少。

表 3－12　临沂市非治疗性中药各分支专利布局

申请人	专利数量/件			
	二级分支	三级分支		
	非治疗性中药	化妆品	保健食品或用品	农用中药
临沂大学	78	4	47	33
鲁南制药	28	0	6	18
山东世纪春食品	23	0	23	0
新时代药业	16	0	0	3
山东卫康生物	14	0	13	1
山东鲁健生物	13	0	13	0
山东中牧兽药	9	0	2	9
临沂真源观光农业科技	7	0	2	5
山东御膳世家生物	7	1	6	0
山东金豆子花生制品	6	0	6	0
翔宇药业	6	0	3	6

第四节　医疗器械领域专利整体态势分析

一、全球专利态势分析

（一）全球专利申请趋势

全球医疗器械领域专利申请共 5105604 件，统计分析近 50 年的全球医疗器械领域专利申请趋势，如图3－64所示，可以看出医疗器械领域的全球专利申请量总体呈逐步上扬、伴有阶段性回落的态势。

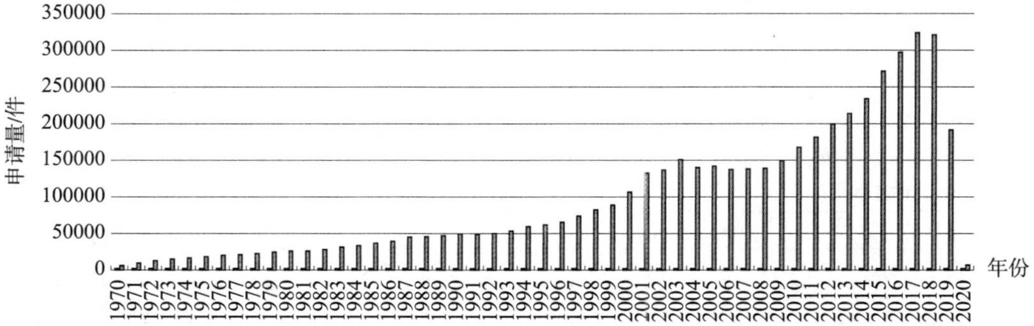

图3－64　医疗器械领域全球专利申请趋势

如图3－65、图3－66所示，医疗器械领域的2个二级分支医疗仪器/设备/器具和体外诊断试剂类的专利申请趋势与医疗器械领域整体情况基本一致。

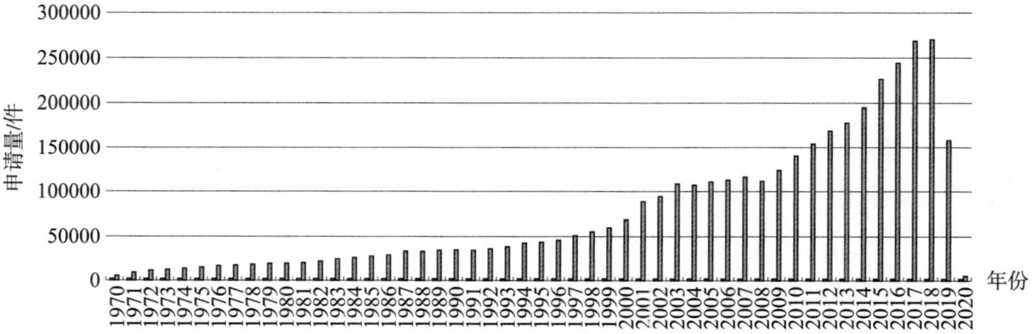

图3－65　医疗仪器/设备/器具全球专利申请趋势

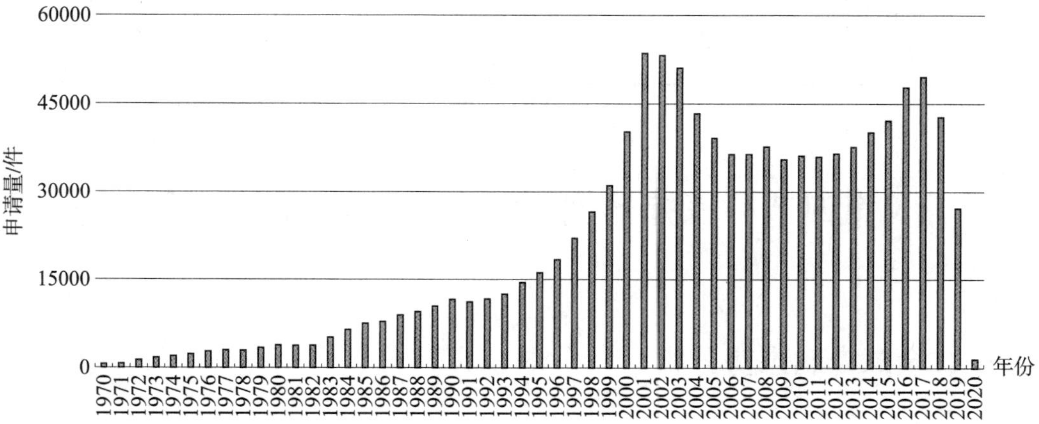

图3－66　体外诊断试剂类全球专利申请趋势

(二) 全球专利地域分布情况

如图3－67所示，统计分析医疗器械领域全球专利技术原创国家和目标市场国/地区分布情况，在主要申请国家中，美国和中国申请量均超过100万件，处于第一梯队，日本处于第二梯队，德国、英国、韩国、法国、瑞士、瑞典、荷兰处于第三梯队。中国是全球范围内医疗器械领域最大的专利目标市场。

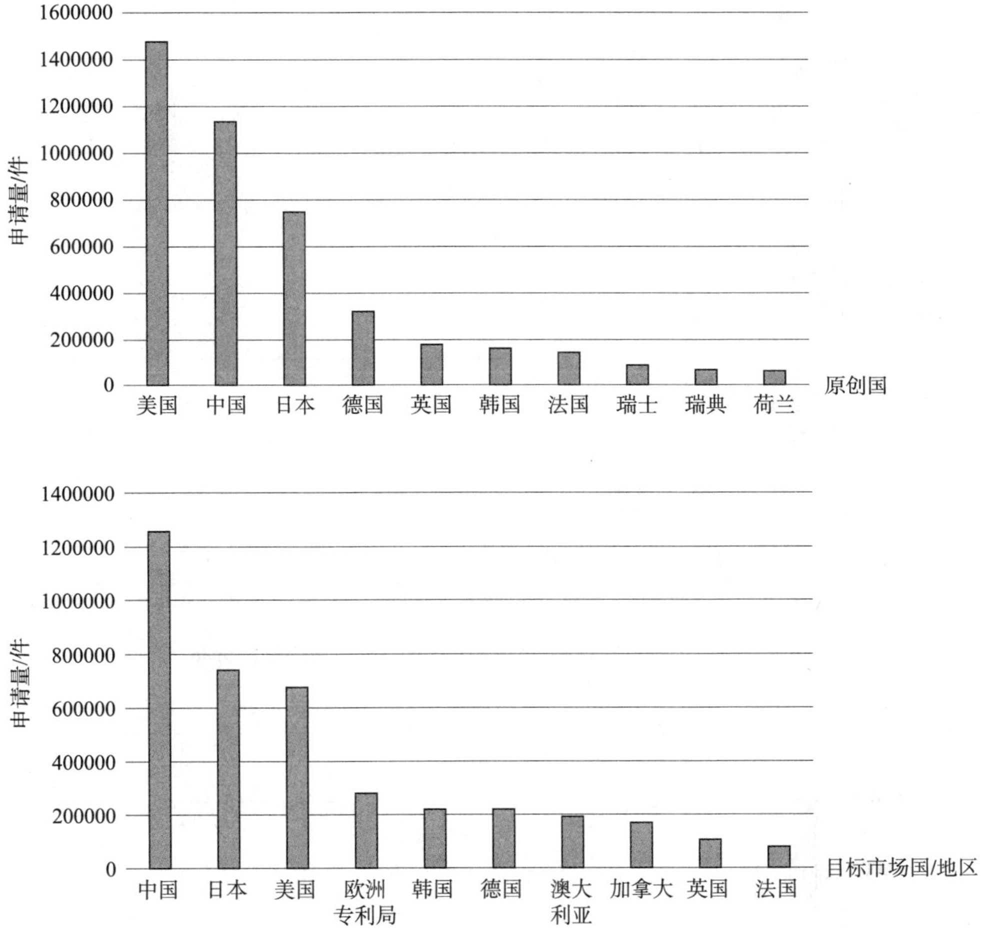

图3－67　全球医疗器械领域专利申请原创国和目标市场国/地区分布

如图3－68所示，统计分析医疗仪器/设备/器具和体外诊断试剂类领域全球专利技术原创国家/地区分布情况，美国、中国、日本、德国、英国是两个领域主要申请原创国家。

如图3－69所示，统计分析医疗仪器/设备/器具和体外诊断试剂类领域全球专利目标市场国家/地区分布情况，在医疗仪器/设备/器具领域，中国依旧是最大的目标市场；美国是体外试剂类最大的目标市场，其次是日本和中国。

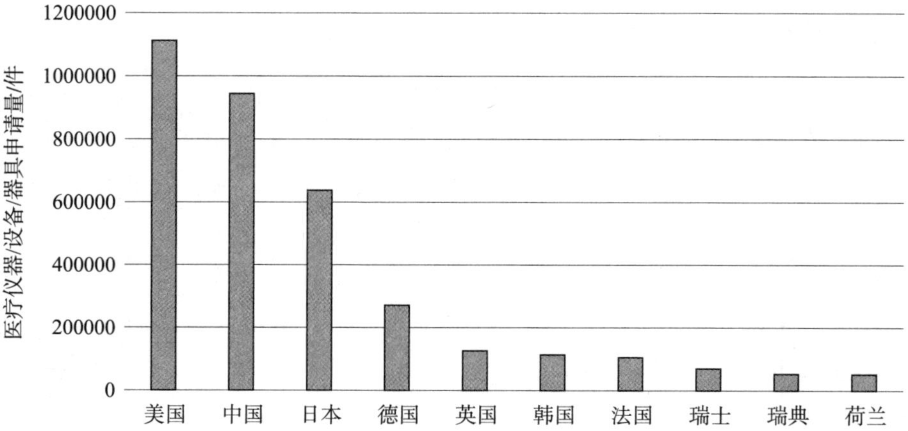

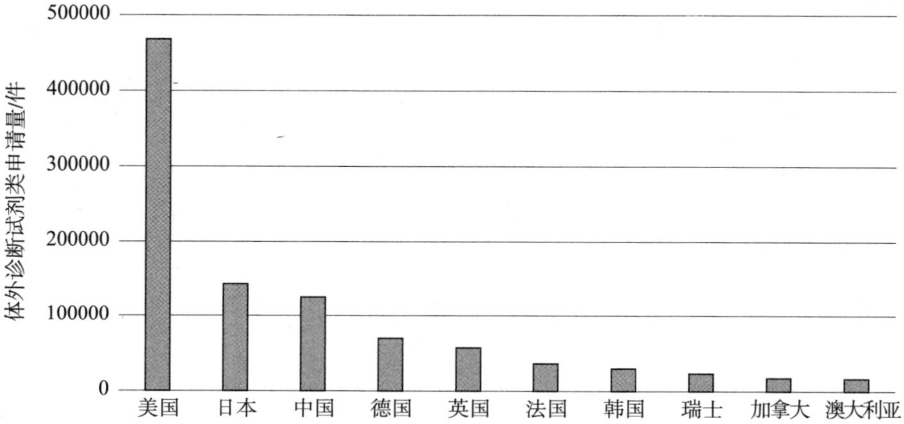

图 3-68　全球医疗器械领域二级分支专利申请原创国分布

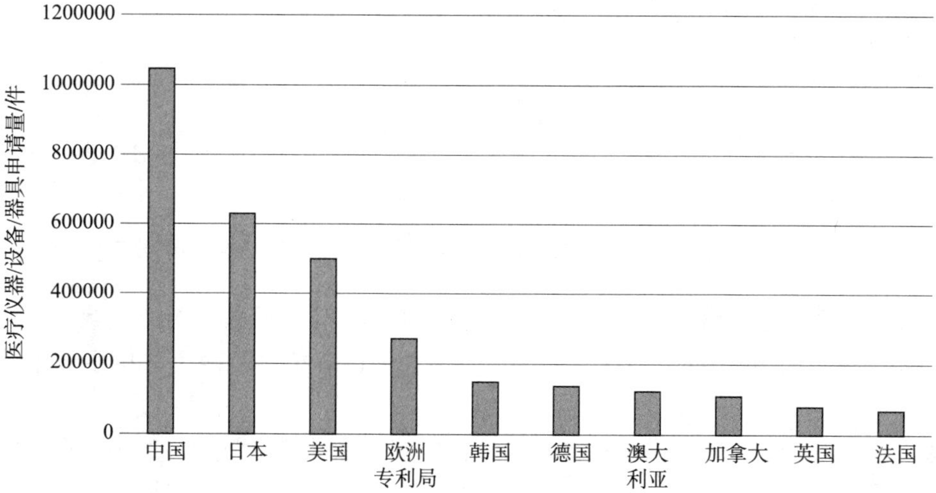

图 3-69　全球医疗器械领域二级分支专利目标市场国/地区分布

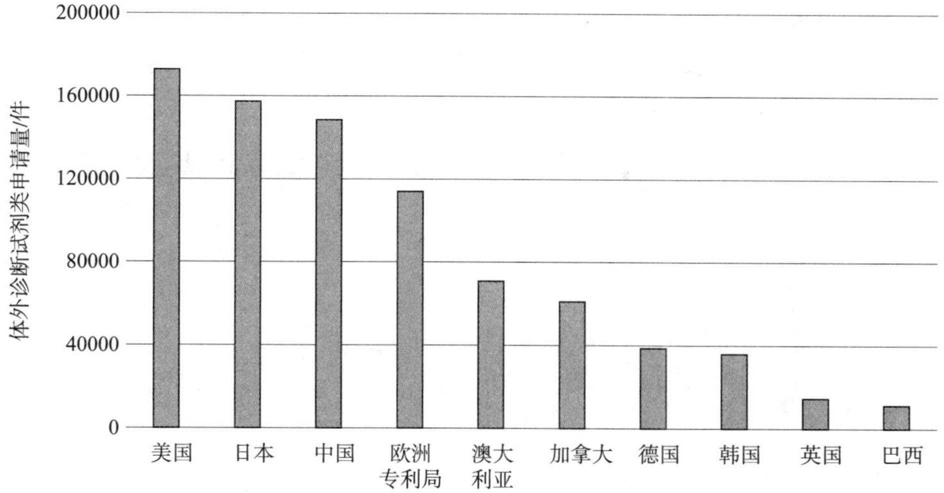

图 3 – 69　全球医疗器械领域二级分支专利目标市场国/地区分布（续）

（三）全球专利主要申请人

统计分析医疗器械领域全球专利主要申请人，如图 3 – 70 所示，全球专利申请排名前 10 位的申请人均为国外公司，就个体而言，中国申请人在该领域申请量并不突出。

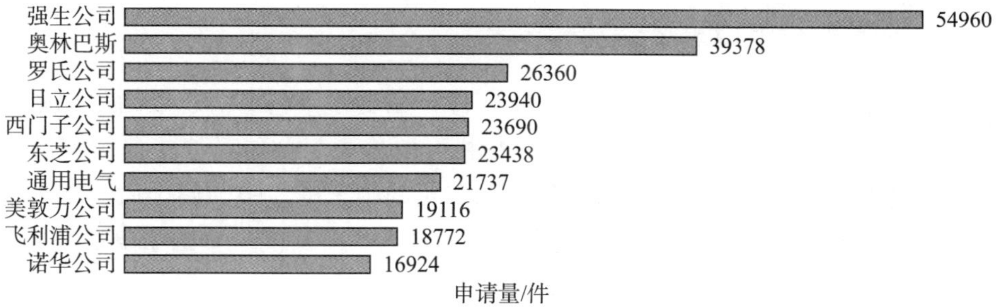

图 3 – 70　医疗器械领域全球专利主要申请人

统计分析医疗仪器/设备/器具领域全球专利主要申请人情况，如图 3 – 71 所示，该分支全球专利申请排名前 10 位的申请人仍然全部为国外公司。

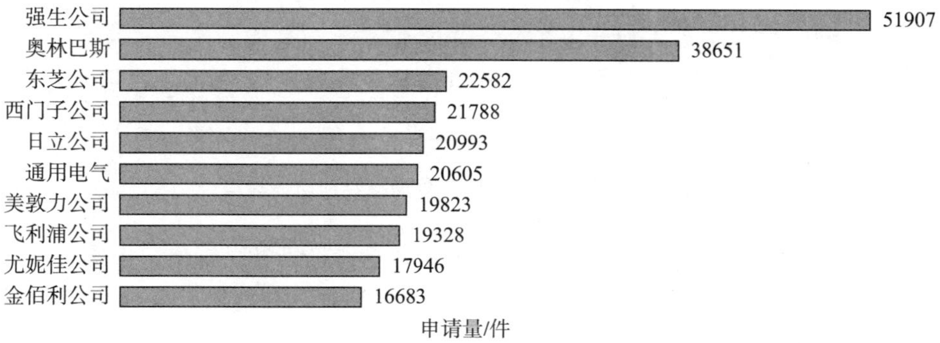

图 3 – 71　医疗仪器/设备/器具全球专利主要申请人

统计分析体外诊断试剂类领域全球专利主要申请人情况，如图3－72所示，该分支全球专利申请排名前10位的申请人中依然没有中国申请人，罗氏公司以超过2万件的申请量遥遥领先。

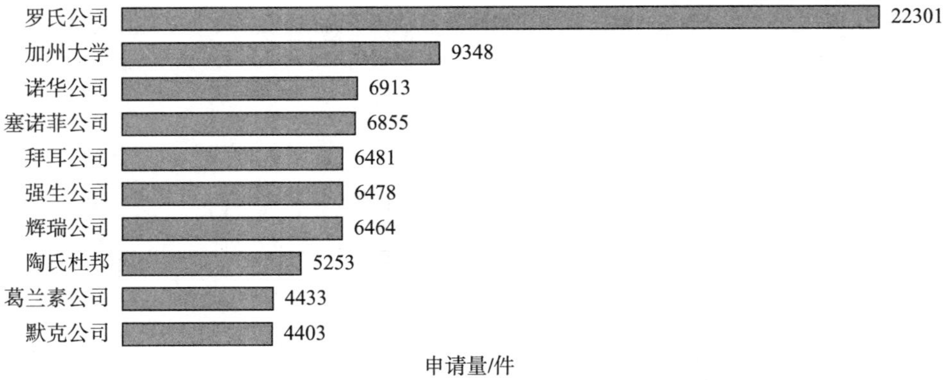

图3－72　体外诊断试剂类全球专利主要申请人

二、中国专利态势分析

（一）中国专利申请总体趋势

我国医疗器械领域专利申请量共1258263件，在全球专利申请总数的占比超过四分之一。如图3－73所示，将我国近30年来专利申请趋势与全球其他主要国家在该领域的专利申请趋势进行对比，在申请总量排名前5位的国家中，中国属于后起之秀，但发展迅速，2015年至今，每年专利申请量均超过排名前5的其他4个国家申请量之和。

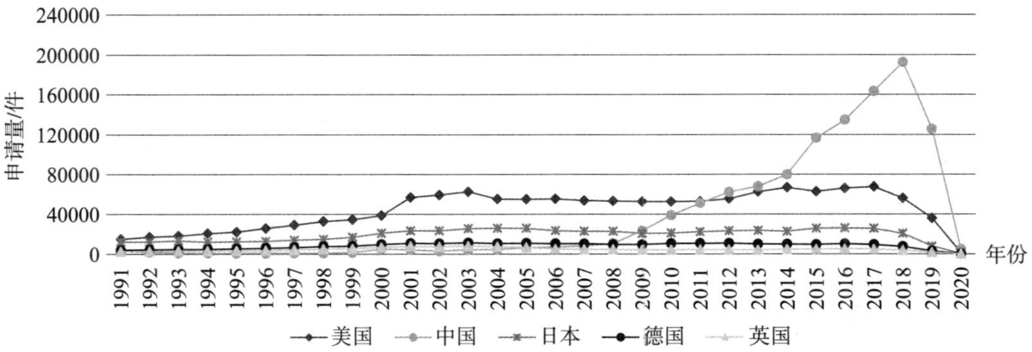

图3－73　医疗器械领域部分国家专利申请趋势

如图3－74所示，从医疗仪器/设备/器具专利申请趋势可以看出，中国在该领域专利申请数量从2000年左右开始逐渐上升，2009年之后进入快速增长期，并于2018年达到峰值，且与其他国家相比数量优势较大。

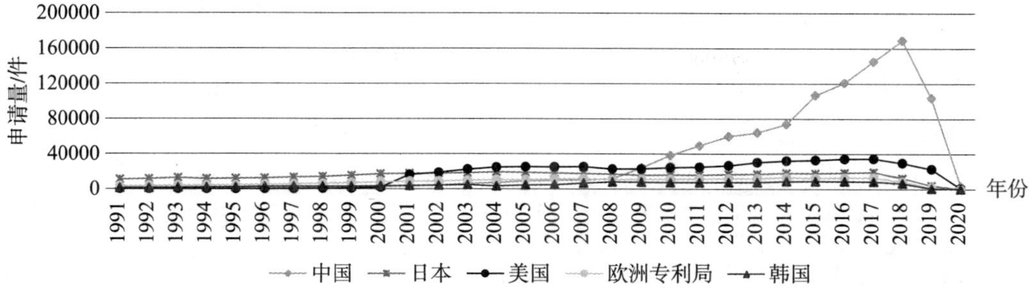

图 3－74　医疗仪器/设备/器具部分国家/地区专利申请趋势

如图 3－75 所示，从体外诊断试剂类专利申请趋势可以看出，中国在该领域专利申请数量从 2001 年起逐年上升，并于 2018 年达到峰值，美国专利申请自 2000 年起一直维持在较高水平。

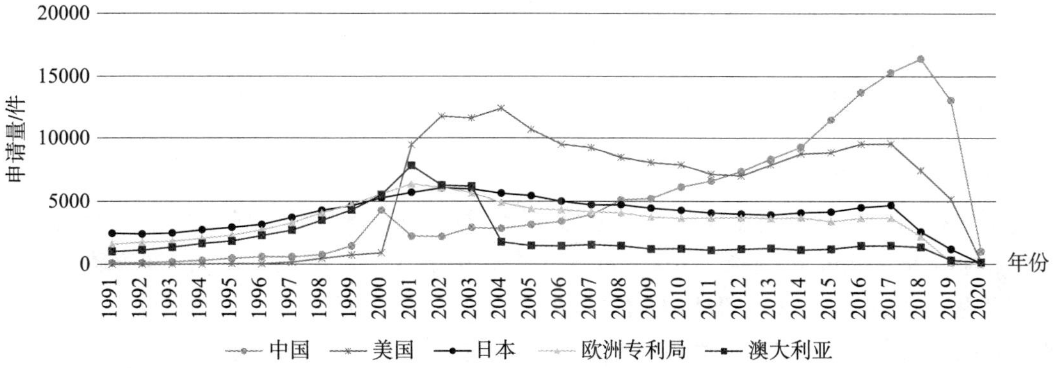

图 3－75　体外诊断试剂类部分国家/地区专利申请趋势

（二）中国各分支专利布局

对于医疗器械领域的专利技术分布进行统计，如图 3－76 所示，仪器设备和各种器具仍然是该领域的关键技术，其中，诊断治疗类占据份额最多，达到 74.48%，其余领域占比均不高。

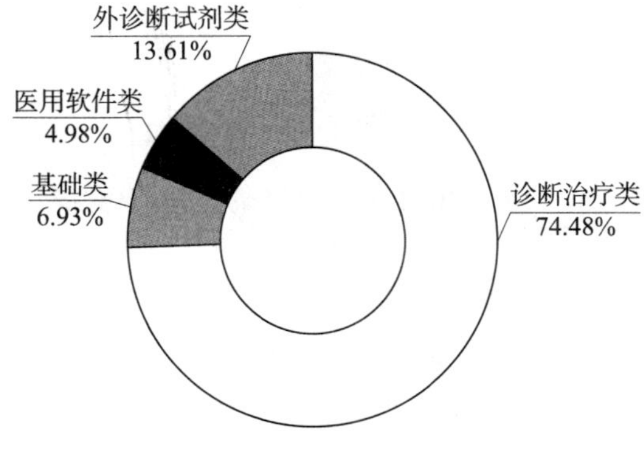

图 3－76　中国医疗器械领域三级分支专利布局

（三）中国创新集聚区域分析

如图 3－77 所示，在国内医疗器械领域专利主要申请区域中，山东、江苏、广东、浙江位居前 4 位，申请量均超过 80000 件，其中，山东省排名首位。

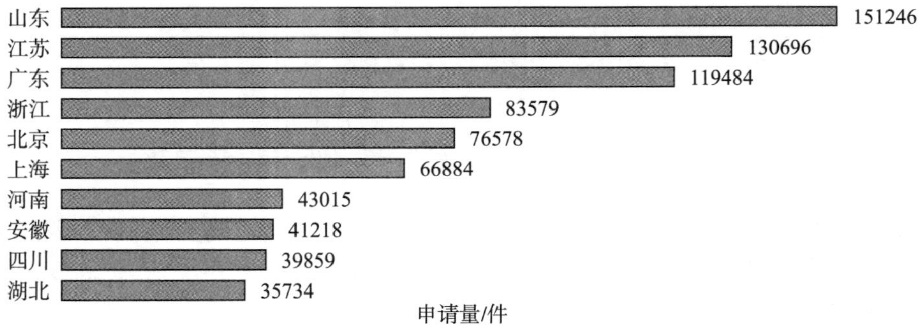

图 3－77　中国医疗器械领域申请来源

（四）中国创新主体分析

1. 创新主体类型分析

对医疗器械领域创新主体的类型进行分析，如图 3－78 所示，该领域中国专利申请人中企业申请人占总量的 46.21%，其次为个人申请人，占比 29.16%，该领域个人参与创新程度也相对较高。但医疗器械领域的个人专利申请中，失效专利占比达到 60.29%，接近企业申请失效率的两倍，一方面说明个人专利申请的目的可能与企业申请不同，另一方面也反映了个人专利申请的质量。

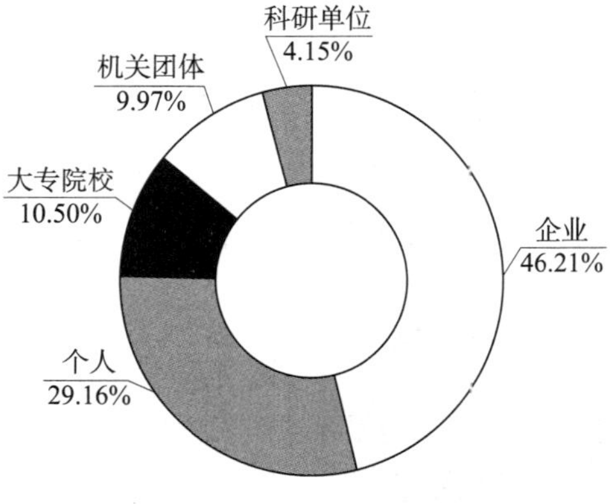

图 3－78　中国医疗器械领域创新主体分析

2. 主要申请人专利布局分析

对医疗器械领域的医疗仪器/设备/器具二级分支的 3 个三级分支的主要专利申请人的专利布局情况进行分析，如表 3－13 所示，诊断治疗类的申请量在 3 个三级分支中依然是占比最大的一个，且主要申请人与二级分支基本一致，仅在排名上有些许变化。在基础类和医用软件类 2 个三级分支的主要申请人中，国内的企业、高校和科研院所数量明显增加，显示出国内申请人在上述两个领域的创新较为活跃。

表 3-13 医疗仪器/设备/器具各三级分支主要申请人

二级分支		三级分支					
医疗仪器/设备/器具		诊断治疗类		基础类		医用软件类	
主要申请人	专利数量/件	主要申请人	专利数量/件	主要申请人	专利数量/件	主要申请人	专利数量/件
强生公司	4171	强生公司	3642	科伦药业	698	飞利浦公司	707
奥林巴斯	3778	奥林巴斯	3472	千山药机	690	西门子公司	676
上海交通大学	3716	军队院校	3008	新华医疗	286	通用电气	506
军队院校	3356	上海交大	2953	莱美药业	230	上海交大	360
西门子公司	3081	西门子公司	2229	军队院校	159	东芝公司	356
飞利浦公司	3007	宝洁公司	2038	汤山制作	153	浙江大学	345
通用电气	2598	飞利浦公司	2001	美的集团	143	清华大学	300
中科院所	2170	尤妮佳公司	1975	强生公司	142	中科院所	252
浙江大学	2148	通用电气	1863	庄臣公司	131	三星集团	235
宝洁公司	2128	复旦大学	1482	华润集团	111	复旦大学	233
尤妮佳公司	1986	东芝公司	1423	百特公司	86	天津大学	226
复旦大学	1906	浙江大学	1410	重庆医科大学	85	西安电科	225
东芝公司	1865	重庆医科大学	1326	费森尤斯	83	腾讯公司	206
清华大学	1840	中科院所	1314	遵义医学院	81	电子科技大学	204
重庆医科大学	1496	清华大学	1158	楚天公司	80	中山大学	189

三、临沂市专利态势分析

（一）临沂市专利申请趋势

临沂市医疗器械领域专利申请数量共 4332 件，如图 3-79 所示，2008 年以前申请数量较少，之后呈现爆发式增长，在 2012—2014 年略有回落。

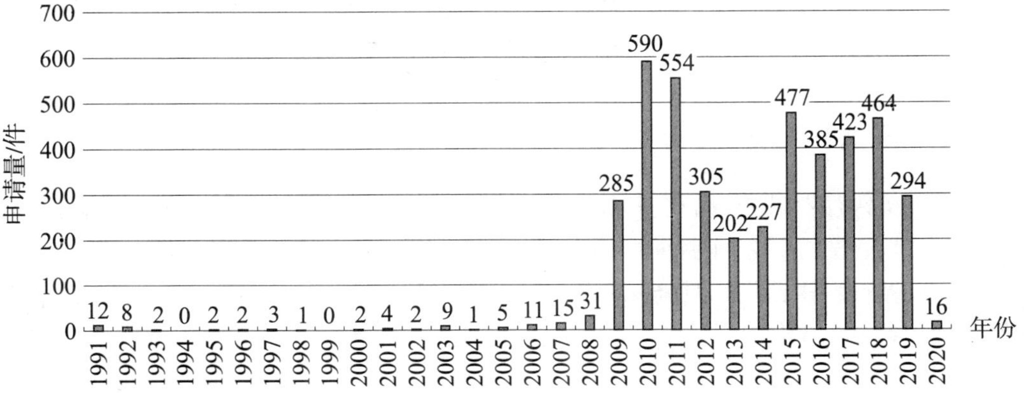

图 3-79 临沂市医疗器械领域专利申请趋势

临沂市医疗仪器/设备/器具领域专利申请数量超过4000件，在医疗器械领域占比超过90%，如图3-80所示，专利申请变化趋势与临沂市医疗器械领域整体专利申请趋势基本一致。

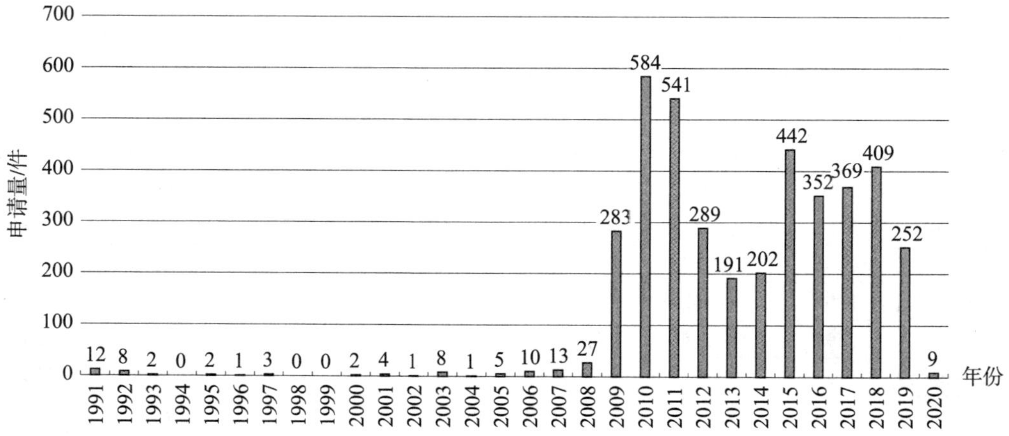

图3-80 临沂市医疗仪器/设备/器具领域专利申请趋势

如图3-81所示，临沂市在体外诊断试剂类领域专利申请数量仅200件左右，在医疗器械领域专利申请总量中的占比较小。

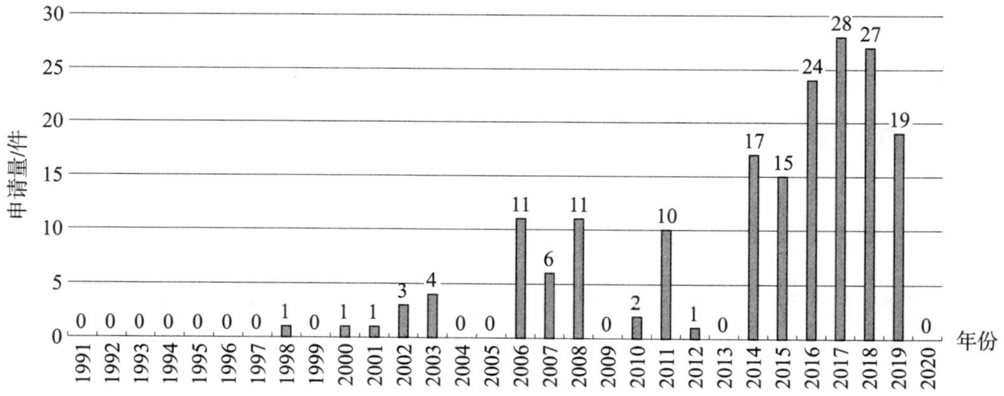

图3-81 临沂市体外诊断试剂类领域专利申请趋势

（二）临沂市各分支专利布局

对临沂市医疗器械领域的专利技术分布进行统计，如图3-82所示，以医疗仪器/设备/器具所占比重居多，说明临沂市医疗器械领域的研发更侧重于仪器设备方面。其中，医疗仪器/设备/器具二级分支中的诊断治疗类医疗器械在临沂市专利申请中占据份额最多，达到80.13%。

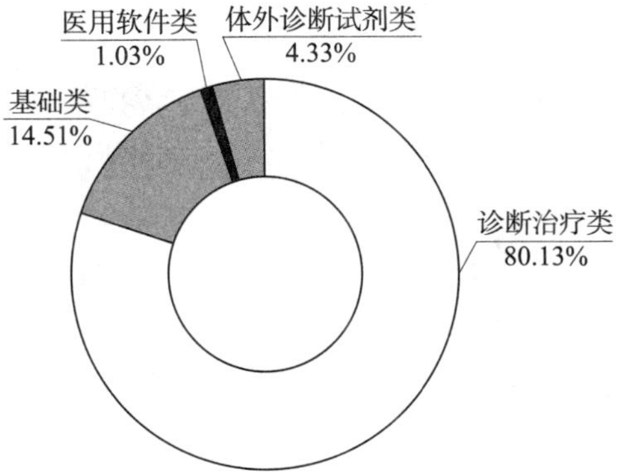

图 3－82　临沂市医疗器械领域三级分支专利布局

（三）临沂市主要创新主体分析

1. 主要申请人分析

如图 3－83 所示，临沂市医疗器械领域创新主体以个人为主，占比超过 78%。

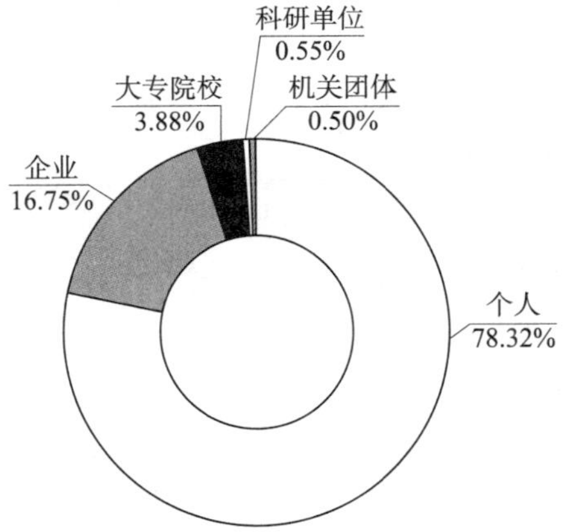

图 3－83　临沂市医疗器械领域创新主体类型

对临沂市医疗器械领域主要申请人进行梳理，如图 3－84 所示，临沂大学和鲁南制药居专利申请排名的前 2 位，临沂大学以 165 件专利申请遥遥领先。

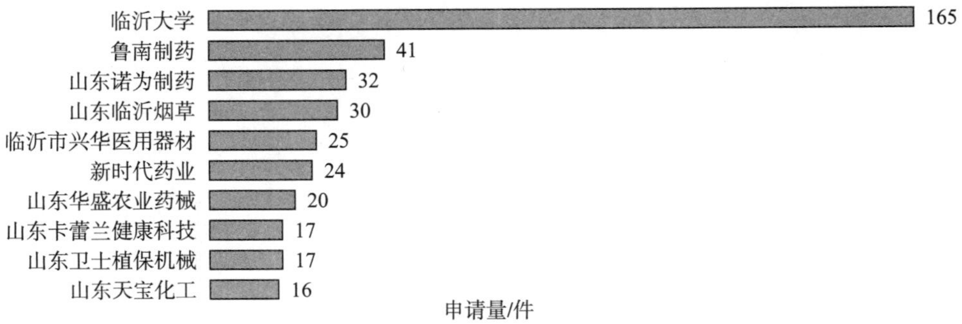

图 3－84　临沂市医疗器械领域主要申请人

2. 主要申请人专利布局分析

如表3-14所示，统计分析临沂市医疗仪器领域各技术分支的主要申请人的专利布局情况，可以看出，在医疗仪器/设备/器具领域中，诊断治疗类医疗器械的专利申请数量最多，3个三级分支的主要申请人均呈现出个人申请人数量较多的特点。在非个人申请人中，临沂大学在3个三级分支中申请数量排名均比较靠前。鲁南制药在诊断治疗类和基础类医疗器械的创新上较为活跃。

表3-14　临沂市医疗仪器/设备/器具各分支专利布局

二级分支		三级分支					
医疗仪器/设备/器具		诊断治疗类		基础类		医用软件类	
主要申请人	专利数量/件	主要申请人	专利数量/件	主要申请人	专利数量/件	主要申请人	专利数量/件
临沂大学	97	临沂大学	49	鲁南制药	9	临沂市红十字会中心血站	3
山东诺为制药	29	临沂市兴华医用器材	25	临沂大学	6	临沂大学	2
鲁南制药	27	山东诺为制药	23	孙永金	6	山东华码软件	2
临沂市兴华医用器材	25	山东卡蕾兰健康科技	16	新时代药业	6	山东麦德盈华科技	2
山东临沂烟草	22	许征文	15	山东铎文医疗科技	5	丁海涛	1
新时代药业	19	山东临沂烟草	11	吴淑霞	4	临沂市中心血站	1
山东卡蕾兰健康科技	17	鲁南制药	11	孙运凤	4	临沂市兔兔畜牧科技	1
山东源泉机械	14	宋波	10	吴凡	3	刘振华	1
山东华盛农业药械	13	山东源泉机械	10	吴满春	3	姚艳	1
山东卫士植保机械	11	王磊	10	宋炳红	3	尚秀芝	1
山东天宝化工	11	陈浩	10	罗欣药业	3	张传成	1
临沂三禾永佳	10	临沂三禾永佳	9	李玉芳	3	徐倬	1
临沂市农业科学院	10	山东华盛农业药械	9	王晓慧	3	桂莉	1

第四章　生物药重点技术产业分析导航

根据生物医药产业整体专利态势分析结果，以及临沂市生物药领域政策调研梳理，对专利导航分析的关键细分领域进行提取：多肽蛋白药、疫苗、农用药以及保健食品或用品。

第一节　生物药重点技术产业创新方向

一、生物药重点技术产业全球专利布局情况

如表4－1所示，统计全球生物药领域4个细分领域专利布局情况，人用治疗性生物药分支中的多肽蛋白药在各国专利申请占据份额最多，达到45%～60%。

表4－1　生物药重点技术全球专利布局比例

地域	占比/%			
	疫苗	多肽蛋白药	农用药	保健食品或用品
全球	4.35	58.49	3.08	1.51
中国	3.17	60.87	4.22	1.47
美国	7.40	51.81	5.57	1.40
韩国	4.76	45.19	3.92	2.07
日本	2.78	47.37	2.87	1.73

如表4－2所示，对全球生物药领域的4个细分领域的原创专利情况进行统计，可以看出，美国在各个领域都居于首位，表明美国在生物药各细分领域的技术创新优势相对明显，中国在农用药和保健食品或用品领域有比较多的原创专利。

表4－2　生物药重点技术原创国家/地区专利申请量分布

地域	专利数量/件			
	疫苗	多肽蛋白药	农用药	保健食品或用品
中国	16353	159506	29209	10350
美国	97987	994080	63768	16932
韩国	3623	47427	3542	3920
日本	9361	203549	6762	13038

二、生物药重点技术产业全球专利申请趋势

对近20年的全球生物药领域专利申请趋势进行统计，如表4－3所示，可以看出，生物药各细分领域的全球专利申请量在近几年均呈小幅上涨态势。

表4－3 生物药重点技术产业全球专利申请趋势

申请年份	申请数量/件			
	疫苗	多肽蛋白药	农用药	保健食品或用品
2001	7914	113000	4838	2149
2002	7685	112300	5232	2186
2003	8460	110689	5099	2378
2004	7689	98063	4563	2275
2005	7678	95673	4384	1932
2006	8064	96272	4547	2416
2007	7949	96624	4358	2237
2008	8429	95114	4608	2353
2009	8011	89185	4956	2159
2010	7753	87445	5266	2756
2011	8074	94553	5273	2440
2012	7334	101415	5882	2765
2013	7951	109646	6466	2698
2014	7817	115596	6892	2544
2015	8055	119779	7578	2502
2016	8960	114710	8358	2803
2017	8807	105584	9147	2897
2018	7978	87517	8210	2794
2019	5111	49713	5518	1967
2020	816	9361	954	357

三、生物药重点技术产业新入者指数

如图4－1所示，统计全球及中国生物药重点技术产业新入者指数，中国的新入者指数明显高于全球，说明近5年来，中国在生物药领域发展得较快。

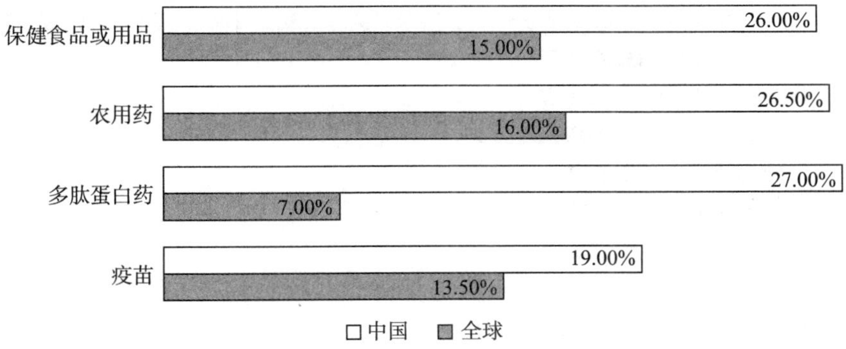

图 4－1　生物药重点技术产业新入者指数

四、生物药重点技术布局情况

（一）单抗

1. 专利申请趋势

如图 4－2 所示，从专利申请趋势来看，全球关于单抗的专利数量整体上呈阶梯式上升趋势。2001—2011 年处于相对稳定阶段，2012 年后迎来新一轮快速增长阶段。

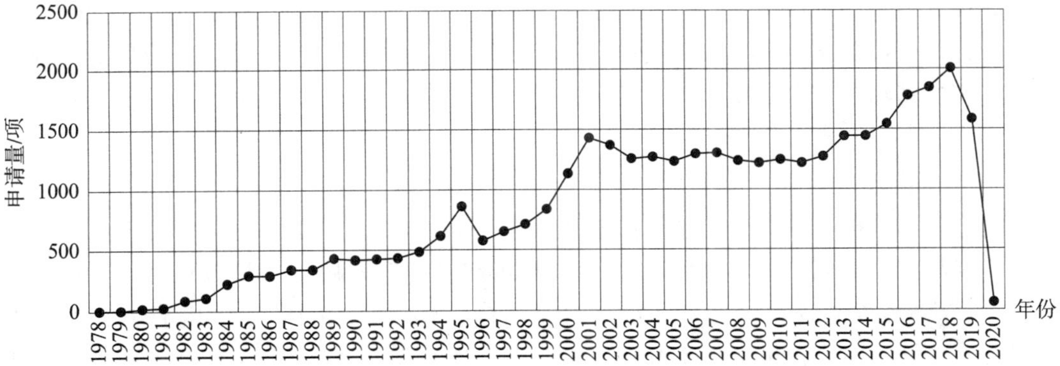

图 4－2　单抗技术领域专利申请趋势

2. 全球主要申请人

如图 4－3 所示，全球单抗专利数量排名前 4 的申请人为基因泰克公司、加州大学、诺华公司和安进公司，数量超过 200 项。排名前 10 中仅江南大学一个中国申请人。

（1）基因泰克公司

基因泰克公司是美国历史最久的生物技术公司，在单抗方面，基因泰克公司拥有利妥昔单抗（Rituximab，商品名：Rituxan、美罗华）（用于淋巴瘤）、奥马珠单抗（Omalizumab，商品名：Xolair、柯耐尔）（用于哮喘）、曲妥珠单抗（Trastuzumab，商品名：

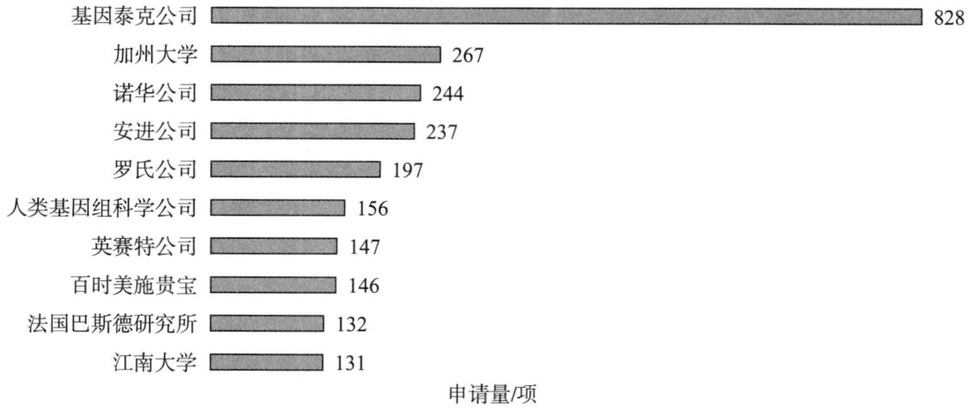

图4-3 单抗技术全球主要申请人

赫赛汀、Herceptin）（乳腺癌）、抗 Tac 单抗（商品名：赛尼哌）（器官移植抗排斥）、贝伐珠单抗（商品名：Avastin、安维汀、阿瓦斯汀）（用于晚期结、直肠癌，非小细胞肺癌，乳腺癌）、阿特珠单抗（Atezolizumab，商品名：TECENTRIQ、泰圣奇）等。结合专利技术分布来看，基因泰克公司除专门应用于肿瘤、呼吸疾病等适应症外，在单抗、肽及其医药配制品方面均有着较多专利。

（2）诺华公司

诺华公司在单抗药物方面核心产品用于自身免疫、抗肿瘤等方面，核心单抗药包括苏金单抗（商品名：Cosentyx）（银屑病）、CAR-T 细胞治疗药物 Kymriab（淋巴瘤）等。结合该公司单抗专利的技术分布，A61P35（抗肿瘤药）、A61P37（治疗免疫或过敏性疾病的药物）专利数量较多，可见该公司单抗药物的专利主要围绕公司核心产品进行布局。

（3）安进公司

安进公司单抗药物核心产品包括地舒单抗（Denosumab，商品名 Xgeva、Prolia）等。且该公司与阿斯利康公司在 AMG827（Brodalumab）（银屑病）、AMG139（克罗恩病）、AMG181（溃疡性结肠炎）、AMG557（自身免疫疾病）、AMG157（哮喘）共同开发和销售合作。结合该公司单抗相关专利技术分布，该公司在 A61P35（抗肿瘤药）方面拥有 45 项专利族，主要围绕其核心产品进行专利布局。

3. 主要申请人技术领域分布

如表4-4所示，从技术领域分布来看，各主要申请人专利主要集中在 C07K16（免疫球蛋白，如单克隆抗体或多克隆抗体）、A61K39（含有抗原或抗体的医药配制品）、C07K14（具有多个氨基酸的肽）等。各个主要申请人虽然没有过多围绕药物适应症来进行布局，但基因泰克公司、诺华公司、安进公司、加州大学等生物药专利申请总量及单抗技术研发优势相对明显。

表 4-4　单抗技术领域分布情况

申请人	专利数量/项									
	C07K16	A61K39	C07K14	C12N15	G01N33	C12P21	C12N5	A61K38	C12Q1	C07H21
基因泰克公司	5208	2888	2695	2665	2601	2579	2494	2108	1839	1633
诺华公司	1235	850	272	217	190	183	174	163	139	127
安进公司	1102	747	447	411	370	356	350	280	266	231
罗氏公司	1063	679	333	292	197	191	157	143	138	119
加州大学	829	561	402	346	339	306	291	255	215	177
百时美施贵宝	715	528	283	223	218	205	203	190	166	109
ZGEH 公司	579	410	293	291	283	251	222	152	146	142
再生元制药公司	558	401	132	126	123	102	93	88	88	86
中外制药株式会社	535	428	263	233	214	156	120	103	78	67
雅培制药	517	367	283	267	266	256	180	108	106	98

4. 单抗药物主要适应症发展情况

如图 4-4 所示，从单抗药物适应症方面来看，A61P35（抗肿瘤药）、A61P37（治疗免疫或过敏性疾病的药物）、A61P31（抗感染药）、A61P43（用于特殊目的的药物）、A61P31（抗感染药）、A61P29（非中枢性止痛剂）专利申请数量较多。抗肿瘤药是近些年单抗药物的研发重点，治疗免疫或过敏疾病药、抗感染药处于相对稳定状态。

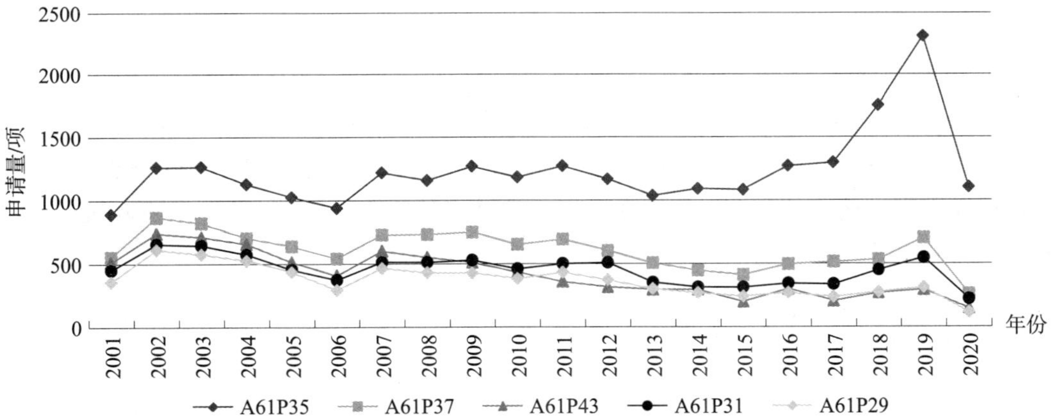

图 4-4　单抗药物主要适应症发展情况

5. 国内主要申请人

整体上，单抗药物跨国企业的研发实力和市场占有率优势明显，国内单抗研发起步晚，研发实力需进一步加强。如图 4-5 所示，国内主要申请人中，天津市湖滨盘古基因、江南大学、浙江大学、国家人类基因组南方研究中心专利申请量较大，可见国内申请人以高校、科研院所为主，基本处于初步研发阶段，并未针对适应症来研发相关药品。天津市湖滨盘古基因主要从事基因技术及生物制品研发、技术转让、技术咨询、技术服务，属于技术转让公司，在研发方面，该公司主要联合天津国际生物医药联合研究院、天津大学共建第三代基因测序平台。该公司在单抗方面的专利并未对应相应药物产品。浙江大学医学院良渚实验室在单克隆抗体方面进行了深度研究，其中，夏宏光团队发现癌症免疫治疗新靶点，通过下调 PD－L1 激发自体免疫，其研究成果未来将通过公司进行转化。国家人类基因组南方研究中心主要开展人类疾病、病原生物、动植物和微生物等基因组和转录组测序研究工作。

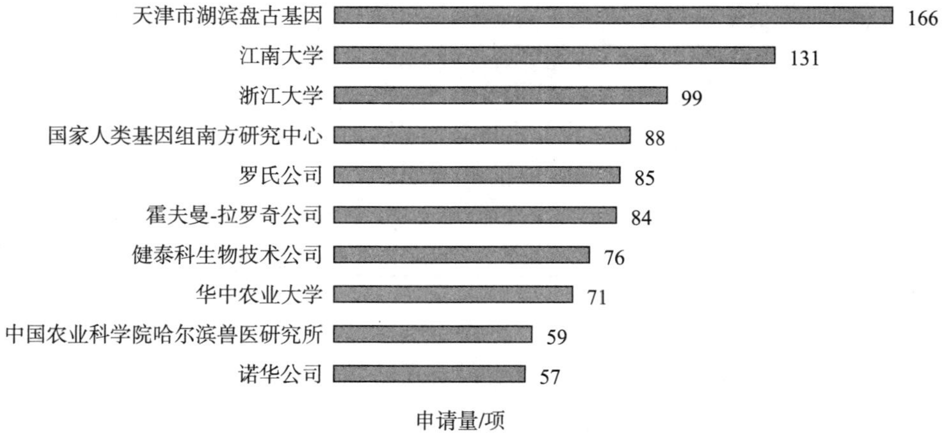

图 4－5　单抗技术领域国内主要申请人

（二）多抗

1. 专利申请趋势

如图 4－6 所示，从专利申请趋势来看，全球关于多抗的专利数量与单抗发展趋势存在差异，多抗专利数量在 2001 年达到顶峰，随后呈现下滑趋势，近年来相对稳定。随着单克隆抗体药物的研发，多克隆抗体药物对应专利数量减少，表明多克隆抗体药物的市场占有率遇到一定挑战。

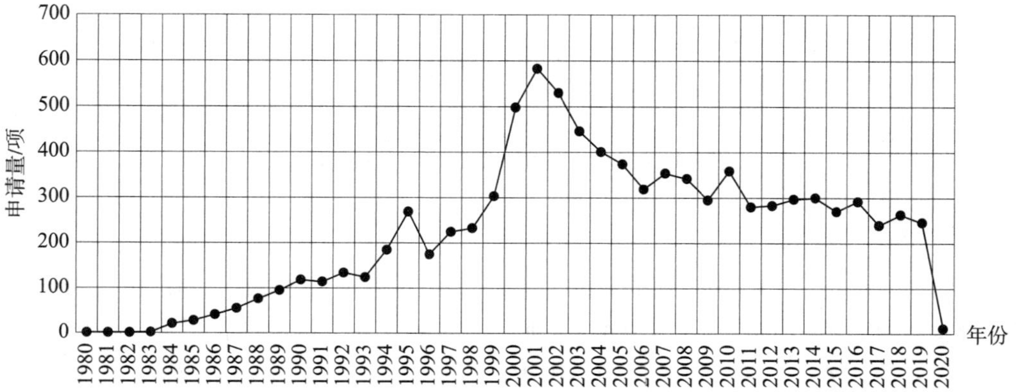

图 4－6　多抗技术领域专利申请趋势

2. 全球主要申请人

如图 4－7 所示，全球多抗领域主要专利申请人中，排在前 2 位的分别为因赛特公司和人类基因组科学公司，前 5 位中还包括研究机构和高校，显示各类型主体的研发活动均较为活跃。

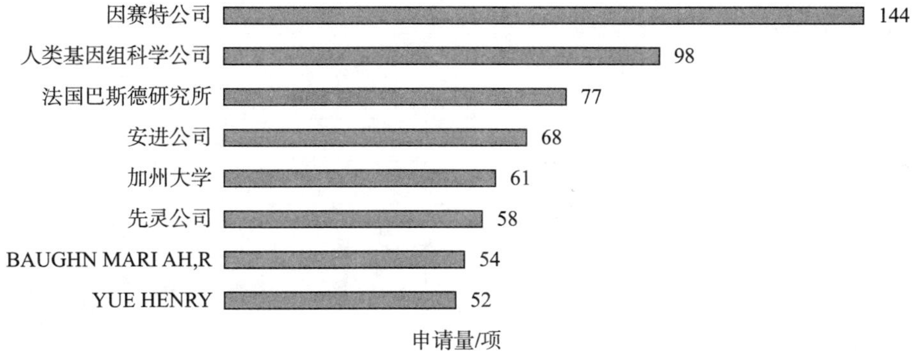

图 4－7 多抗技术领域全球主要申请人

3. 主要申请人技术领域分布

如表 4－5 所示，因赛特公司主要聚焦多克隆抗体本身的研发，对应药物专利较少；安进公司在 A61P35（抗肿瘤药）方面布局了相应的专利。

表 4－5 多抗技术领域分布情况

申请人	专利数量/项												
	C07K16	C12Q1	A61K38	C12N15	C12N5	G01N33	C12P21	C07K14	C12N1	A61K45	A61K39	A61K48	A61P35
因赛特公司	144	136	132	129	126	125	120	113	113	99	0	0	0
人类基因组科学公司	99	0	77	55	44	50	42	85	29	0	48	33	0
法国巴斯德研究所	77	36	26	50	24	59	25	65	22	0	54	0	0
安进公司	68	0	28	35	26	28	26	38	23	0	42	0	19
加州大学	61	21	19	24	17	36	12	36	13	0	36	0	0
先灵公司	58	13	34	35	21	24	22	44	17	0	35	0	0
BAUGHN MARI AH，R	54	54	52	54	49	54	49	0	49	48	0	0	44
YUE HENRY	52	52	51	52	47	52	47	0	47	48	0	0	42

4. 多抗药物主要适应症发展情况

如图 4－8 所示，从多抗药物适应症方面来看，专利数量总体上呈逐年下滑趋势，其中 A61P35（抗肿瘤药）、A61P31（抗感染药）出现轻微波动。在全球双抗药物研发火热的背景下，国内也有不少企业涉足双特异性抗体的研究开发领域，包括恒瑞医药、信达生物、百济神州、康方生物、康宁杰瑞等20余家企业。从研发数量看，我国目前处于临床阶段的双抗药物已接近60个。从发展趋势看，我国双特异性抗体的研发及产业化进程持续加速，投融资事件与合作开发越发活跃。

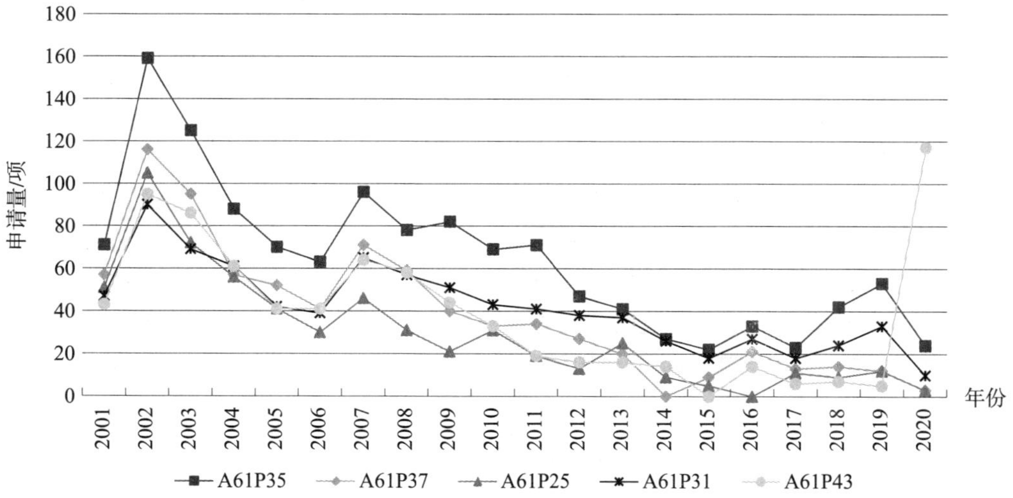

图4-8 多抗药物主要适应症发展情况

第二节 区域生物药重点技术产业发展定位

一、全国生物药重点技术产业定位

（一）全国生物药重点技术产业创新情况

如表4-6所示，统计全国生物药4个细分领域的专利申请数量，国内多肽蛋白药领域的申请量较大，另外3个细分领域专利申请量相对较少。

表4-6 全国生物药重点技术专利申请量

细分领域	疫苗	多肽蛋白药	农用药	保健食品或用品
专利数量/件	25832	390691	34462	12008

（二）全国生物药重点技术产业创新主体类型

如表4-7所示，生物药4个细分领域均以企业申请比例最高，其中，保健食品或用品领域大专院校专利申请比例达到36.45%，与企业接近。

表 4-7　全国生物药重点技术产业创新主体类型

创新主体类型	占比/%			
	疫苗	多肽蛋白药	农用药	保健食品或用品
企业	53.20	54.07	49.98	40.64
个人	6.79	10.73	11.74	9.64
大专院校	19.15	20.27	21.87	36.45
科研单位	14.82	9.23	14.40	11.23
机关团体	6.04	5.24	1.67	1.76

（三）全国生物药重点技术产业协同创新情况

如表 4-8 所示，多肽蛋白药领域，各类主体专利合作申请相对较多，而保健食品或用品领域合作相对较少。

表 4-8　全国生物药重点技术产业协同创新情况

细分领域	专利数量/件		
	企业+大专院校	企业+科研单位	大专院校+科研单位
疫苗	722	445	208
多肽蛋白药	3927	2286	1399
农用药	638	413	260
保健食品或用品	332	128	81

（四）全国生物药重点技术产业专利法律状态

如表 4-9 所示，统计分析全国生物药 4 个细分领域的法律状态，有效占比均未超过 30%，表明虽然近些年我国生物药专利申请数量较大，但整体上专利质量不高，相关企业应更加重视专利质量的提升与管理。

表 4-9　全国生物药重点技术产业专利法律状态

细分领域	占比/%					
	有效	未缴年费	实质审查	驳回	撤回	公开
疫苗	25.24	12.60	25.41	11.88	21.00	1.62
多肽蛋白药	23.57	11.53	26.74	10.39	23.66	2.22
农用药	25.25	10.30	30.77	9.65	20.47	2.39
保健食品或用品	29.12	14.43	32.08	8.34	14.91	1.91

（五）全国生物药重点技术产业龙头企业创新状况

如图 4-9 所示，中国生物药领域专利申请量排名中，前 10 位均为国外企业，可见国外企业非常重视中国市场，且在中国的优势地位明显。

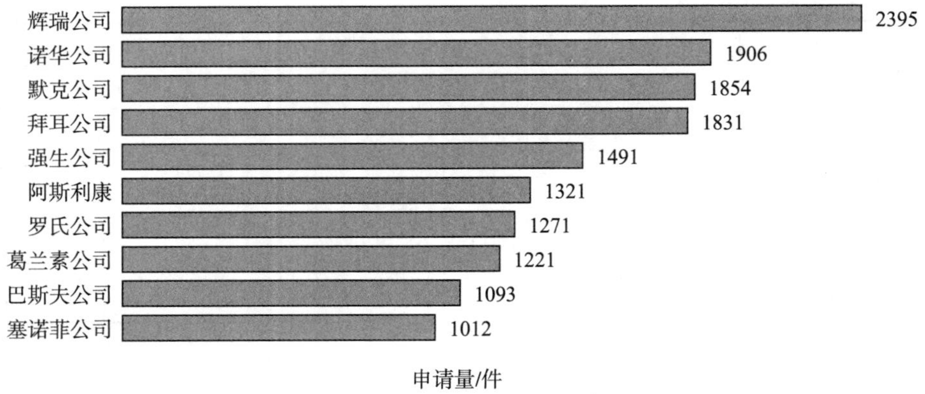

图 4－9　中国生物药领域主要专利申请人

（六）全国生物药重点技术产业重要的研发创新团队

如表 4－10 所示，对全国生物药重点技术发明人进行统计分析，重点技术团队包括首都医科大学、江南大学等高校研发队伍，以及普莱柯生物工程股份有限公司等企业类研发团队。

表 4－10　全国生物药重点技术研发团队

细分领域	发明人	发明人介绍	专利数量/件	具体研究方向
疫苗	张许科	普莱柯生物工程股份有限公司董事长，研究员，国务院特殊津贴专家，河南农业大学兼职教授	259	疫苗组合物、抗生素
多肽蛋白药	彭师奇	首都医科大学教授，博士生导师，获北京市科技进步二等奖，北京市教学成果一等奖	410	氨基酸的杂环先导结构的研究
	葛啸虎	广州赛莱拉干细胞科技股份有限公司研究人员，总经理	173	干细胞研究生命科学
农用药	沈其荣	南京农业大学教授，国家“973”计划首席科学家、国家“863”计划现代农业领域主题专家	117	有机肥的制造和作用机制
保健食品或用品	陈卫	江南大学校长，中国工程院院士，长江学者特聘教授，国家“万人计划”首批科技创新领军人才	135	食品微生物学

（七）全国生物药重点技术产业运营情况分析

1. 疫苗专利运营情况

统计全国疫苗领域整体专利运营情况：该领域专利转让数量为 2262 件次，专利许可数量为 147 件次，专利质押数量为 79 件次。

如图 4－10 所示，疫苗领域主要专利转让人以国外企业为主，其中，默沙东公司排名第 1，专利转让数量为 29 件次。如表 4－11 所示，主要专利受让人是先灵公司，共计受让 27 件次，该公司在 2009 年被默沙东公司并购，是默沙东公司的关联公司。

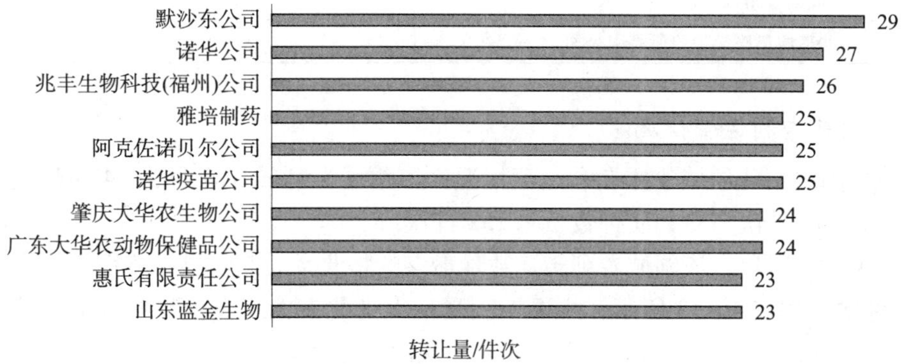

图 4－10　全国疫苗领域主要专利转让人

表 4－11　全国疫苗领域主要专利受让人

受让人	专利数量/件次
先灵公司	27
默沙东公司	9

2. 多肽蛋白药专利运营情况

统计全国多肽蛋白药领域整体专利运营情况：该领域专利转让数量为 11661 件次，专利许可数量为 939 件次，专利质押数量为 504 件次。

如图 4－11 所示，多肽蛋白药领域专利转让数量最多的是北京泱深生物，专利转让数量为 123 件次。如表 4－12 所示，主要专利受让人是青岛泱深生物医药有限公司，一共受让了 84 件次专利，其为北京泱深生物的关联公司。

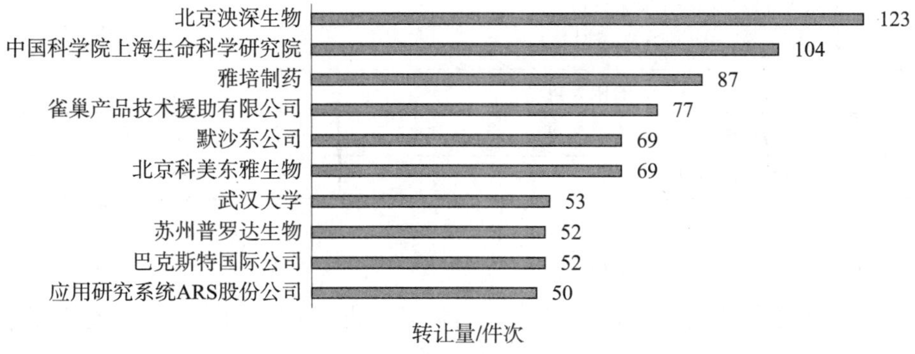

图 4－11　全国多肽蛋白药领域主要专利转让人

表 4－12　全国多肽蛋白药领域主要专利受让人

受让人	专利数量/件次
青岛泱深生物医药有限公司	84
固安博健生物技术有限公司	17
成都望路医药技术有限公司	17
北京博奥医学检验所有限公司	4

3. 农用药专利运营情况

统计全国农用药领域整体专利运营情况：该领域专利转让数量为 2476 件次，专利许可数量为 242 件次，专利质押数量为 152 件次。

如图 4－12 所示，该领域专利转让数量最多的是北京大北农科技集团，专利转让数量为 94 件次。如表 4－13 所示，主要专利受让人是北京大北农生物技术有限公司，一共受让了 63 件次专利，其为北京大北农科技集团的关联公司。

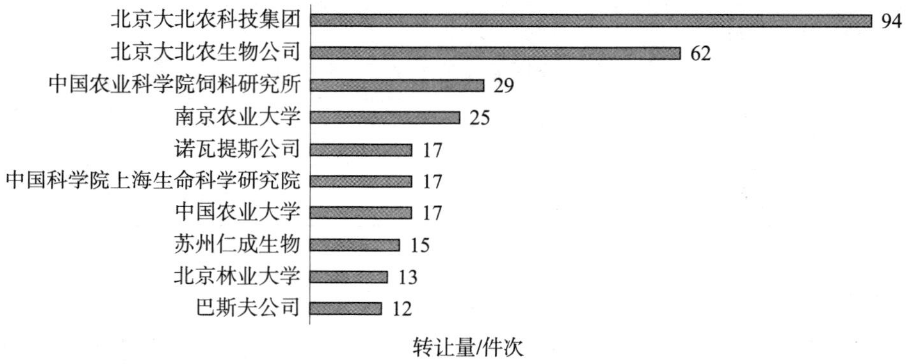

图 4－12　全国农用药领域主要专利转让人

表 4－13　全国农用药领域主要专利受让人

受让人	专利数量/件次
北京大北农生物技术有限公司	63
北京大北农科技集团股份有限公司	23
兆丰华生物科技（南京）有限公司	15
兆丰华生物科技（福州）有限公司	8
北京生物医药科技中心	5

4. 保健食品或用品专利运营情况

统计全国保健食品或用品领域整体专利运营情况：该领域专利转让数量为 931 件次，专利许可数量为 97 件次，专利质押数量为 33 件次。

如图 4－13 所示，该领域专利转让数量最多的是中国农业科学院饲料研究所，专利转让数量为 76 件次，主要专利受让人是中国农业科学院北京畜牧兽医研究所，共计受让74件次专利，说明这两所科研单位间合作紧密。

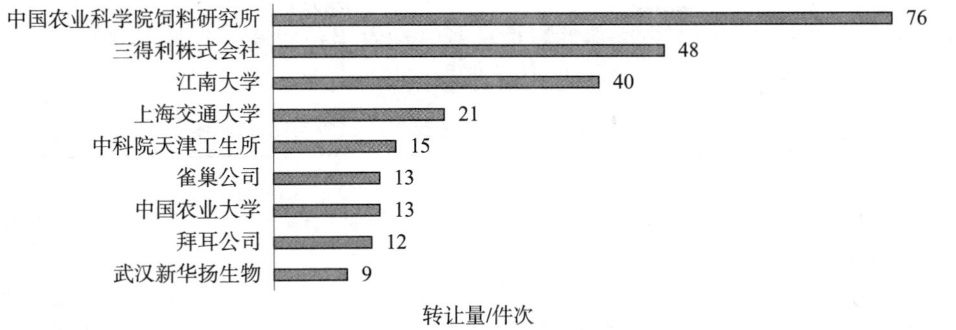

图4－13　全国保健食品或用品领域主要专利转让人

二、山东省生物药重点技术产业定位

(一) 山东省生物药重点技术产业创新情况

如表4－14所示，统计山东省生物药4个细分领域的专利申请数量，可以看出，山东省在多肽蛋白药领域的专利申请数量较高，在疫苗和保健食品或用品领域的专利申请数量相对较少。

表4－14　山东省生物药重点技术专利申请量

细分领域	疫苗	多肽蛋白药	农用药	保健食品或用品
专利数量/件	1682	56340	3788	725

(二) 山东省生物药重点技术产业创新主体类型

如表4－15所示，生物药4个细分领域均以企业申请比例最高，其中，农用药领域企业申请比例最高，达到57.65%。

表4－15　山东省生物药重点技术产业创新主体类型

创新主体类型	占比/%			
	疫苗	多肽蛋白药	农用药	保健食品或用品
企业	40.77	39.94	57.65	40.89
个人	22.67	25.44	15.94	12.19
大专院校	17.11	21.20	12.91	26.87
科研单位	15.88	8.77	12.73	16.51
机关团体	3.46	4.64	0.72	3.54

（三）山东省生物药重点技术产业协同创新情况

如表4－16所示，山东省内多肽蛋白药领域和农用药领域，各类主体间专利合作申请相对较多。疫苗领域中各类主体合作相对较少。

表4－16 山东省生物药重点技术产业协同创新情况

细分领域	专利数量/件		
	企业＋大专院校	企业＋科研单位	大专院校＋科研单位
疫苗	8	7	8
多肽蛋白药	39	36	15
农用药	43	47	26
保健食品或用品	17	11	4

（四）山东省生物药重点技术产业专利法律状态

如表4－17所示，统计分析山东省生物药4个细分领域的法律状态，山东省疫苗领域专利有效占比达到34.41%，多肽蛋白药领域的撤回占比较高，已接近30%。

表4－17 山东省生物药重点技术产业专利法律状态

细分领域	占比/%					
	有效	未缴年费	实质审查	驳回	撤回	公开
疫苗	34.41	19.89	21.98	9.98	12.19	0.96
多肽蛋白药	22.77	10.75	23.34	11.29	29.42	2.07
农用药	25.45	6.57	26.35	9.90	28.91	2.75
保健食品或用品	28.35	12.03	33.47	9.54	13.83	2.63

（五）山东省生物药重点技术产业龙头企业创新状况

如图4－14所示，山东省生物药领域专利申请量排名中，前3位分别为鲁南制药、山东蓝金生物和新时代药业（隶属于鲁南制药集团）。

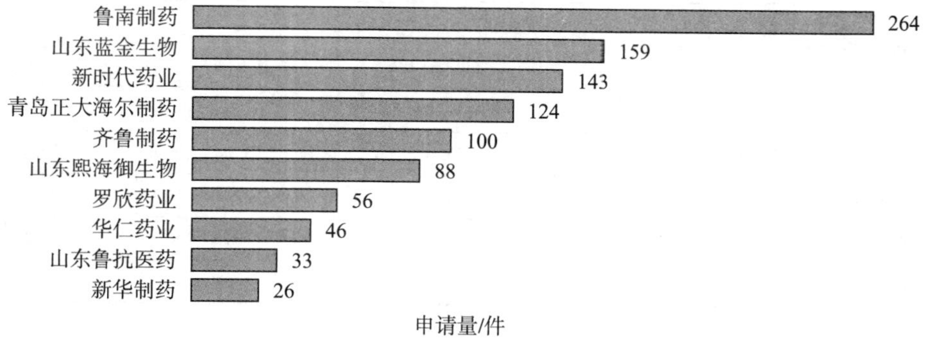

图4－14 山东省生物药主要专利申请人

（六）山东省生物药重点技术产业重要的研发创新团队

如表4－18所示，对山东省生物药重点技术发明人进行统计分析，重点技术团队包括济南大学、中科院海洋研究院、山东省林业科学研究院等科研队伍，以及青岛易邦生物工程有限公司等企业类研发团队。

表4－18　山东省生物药重点技术重要研发团队

细分领域	发明人	发明人介绍	专利数量/件	具体研究方向
疫苗	范根成	青岛易邦生物工程有限公司研究人员，动物基因工程疫苗国家重点实验室主任	67	疫苗抗原的筛选与基因学构建
多肽蛋白药	魏琴	济南大学教授，博士生导师，“万人计划”，泰山学者	93	化学传感与生物分析
	孙黎	中科院海洋研究院研究员，国家杰出青年，承担过国家“863”“973”重点项目	84	海洋微生物、海水鱼类免疫与疫病防控
农用药	牛赡光	山东省林业科学研究院研究员	57	林业病虫害防治
保健食品或用品	孙谧	中国水产科学研究院黄海水产研究所研究员	18	海洋活性化合物的结构、功能

（七）山东省生物药重点技术产业运营情况分析

1. 疫苗专利运营情况

统计山东省疫苗领域整体专利运营情况：该领域专利转让数量为77件次，专利许可数量为8件次，专利质押数量为2件次。

如图4－15所示，疫苗领域主要专利转让人是山东蓝金生物，专利转让数量为23件次。如表4－19所示，主要专利受让人是达森生物药业有限公司，一共受让了22件次专利，其为山东蓝金生物的股东，二者为关联公司。

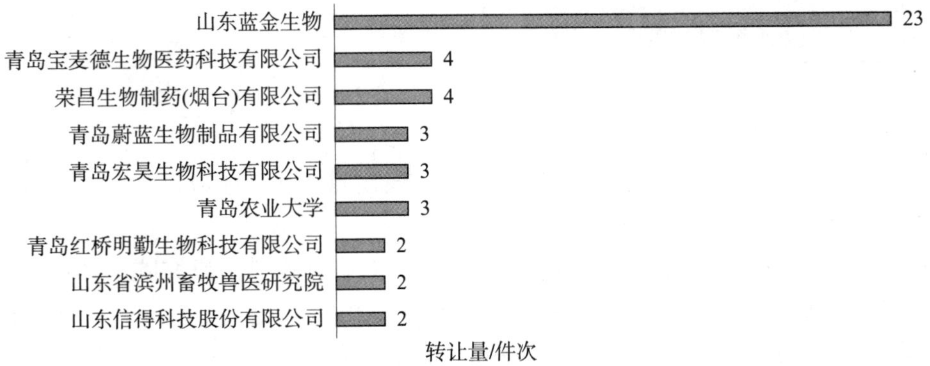

图4－15　山东省疫苗领域重点技术主要专利转让人

表 4-19 山东省疫苗领域重点技术主要专利受让人

受让人	专利数量/件次
达森生物药业有限公司	22
山东蓝金生物工程有限公司	1

2. 多肽蛋白药专利运营情况

统计山东省多肽蛋白药领域整体专利运营情况：该领域专利转让数量为 541 件次，专利许可数量为 56 件次，专利质押数量为 28 件次。

如图 4-16 所示，多肽蛋白药领域主要专利转让人是济南帅华医药科技有限公司，转让的专利数量为 18 件次。如表 4-20 所示，主要专利受让人是山东蓝金生物和达森生物药业有限公司。

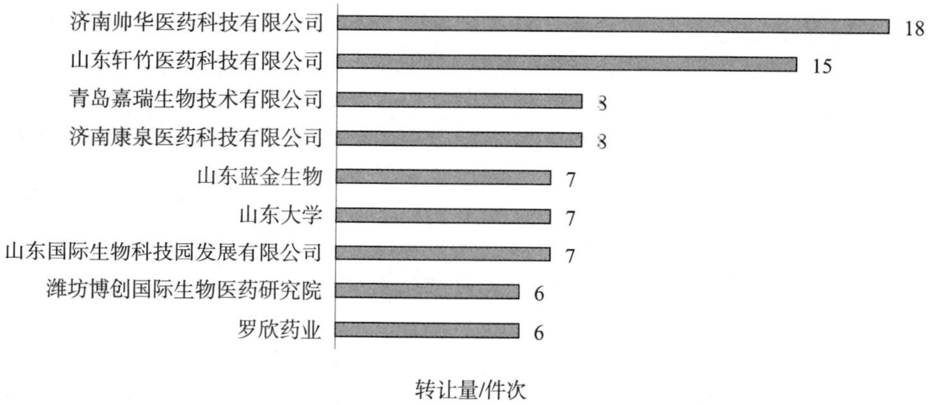

图 4-16 山东省多肽蛋白药领域重点技术主要专利转让人

表 4-20 山东省多肽蛋白药领域重点技术主要专利受让人

受让人	专利数量/件次
山东蓝金生物工程有限公司	10
达森生物药业有限公司	8

3. 农用药专利运营情况

统计山东省农用药领域整体专利运营情况：该领域专利转让数量为 241 件次，专利许可数量为 16 件次，专利质押数量为 33 件次。

如图 4-17 所示，该领域主要专利转让人是山东省林业科学研究院，其转让专利数量为 11 件次。如表 4-21 所示，主要专利受让人是山东农业大学，一共受让了山东省林业科学研究院的 8 件次专利，显示院校和科研单位之间合作紧密。

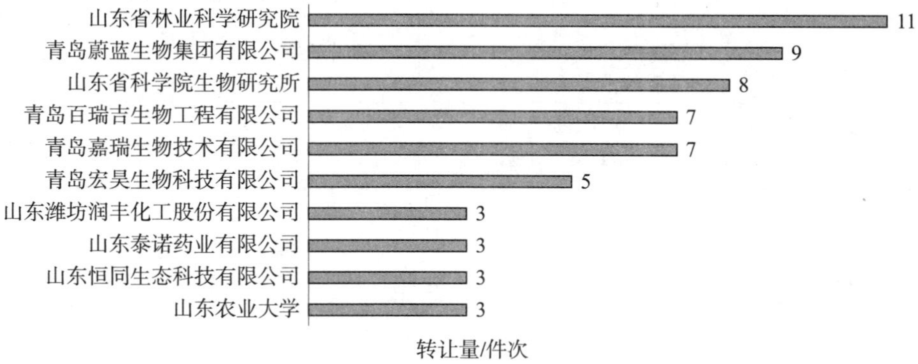

图 4－17　山东省农用药领域重点技术主要专利转让人

表 4－21　山东省农用药领域重点技术主要专利受让人

受让人	专利数量/件次
山东农业大学	8
宁国市百立德生物科技有限公司	3
金正大生态工程集团股份有限公司	2

4. 保健食品或用品专利运营情况

统计山东省保健食品或用品领域整体专利运营情况：该领域专利转让数量为 57 件次，专利许可数量为 8 件次，专利质押数量为 9 件次。

如图 4－18 所示，该领域主要专利转让人是青岛蔚蓝生物集团有限公司，专利转让数量为 6 件次。如表 4－22 所示，主要专利受让人是中科院天津工生所，一共受让了 4 件专利，二者建有蔚蓝生物集团—天津工业生物技术研究所联合实验室，在工业酶制剂开发和表达系统等领域合作密切。

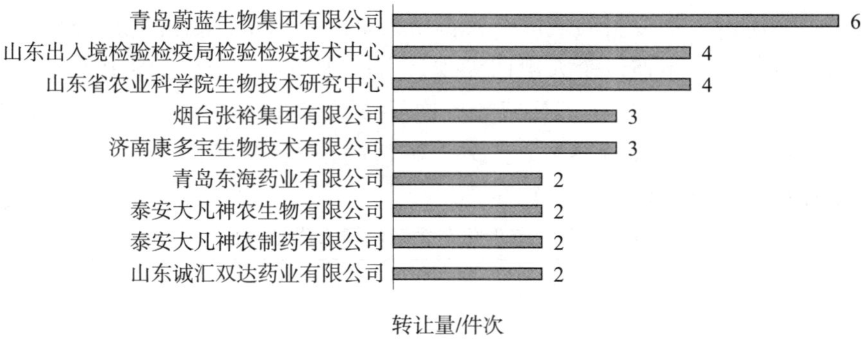

图 4－18　山东省保健食品或用品领域重点技术主要专利转让人

表 4-22　山东省保健食品或用品领域重点技术主要专利受让人

受让人	专利数量/件次
中国科学院天津工业生物技术研究所	4
山东中科生物创新产业园管理有限公司	1
潍坊康地恩生物科技有限公司	1

三、临沂市生物药重点技术产业定位

(一) 临沂市生物药重点技术产业创新情况

如表 4-23 所示，在生物药创新方面，临沂多肽蛋白药领域具有比较明显的专利申请量的优势，其他细分领域专利申请量与其他地市相比尚具有一定差距。

表 4-23　各地生物药重点技术产业专利申请量对比

地域	专利数量/件			
	疫苗	多肽蛋白药	农用药	保健食品或用品
全国	25832	390691	34462	12008
山东	1682	56340	3788	725
临沂	18	3862	169	39
济南	320	2305	546	181
青岛	709	2385	1638	271
烟台	57	533	252	54
淄博	26	251	35	14

(二) 临沂市生物药重点技术产业创新主体类型

如表 4-24 所示，从疫苗领域申请人类型在全国、山东、临沂的构成情况可知，临沂市的疫苗领域的专利申请以个人申请为主，占比达到 61.11%，而山东省的疫苗领域的申请以企业为主，个人占比仅 22.67%，这反映了临沂的创新主体不明显，个人专利申请较多可能是地方鼓励政策导致。此外，临沂疫苗领域科研单位的专利申请量为 0，说明临沂市在该领域创新研发能力较弱。

表 4-24　临沂疫苗领域申请人类型对比

地域	占比/%			
	企业	个人	大专院校	科研单位
全国	53.20	6.79	19.15	14.82
山东	40.77	22.67	17.11	15.88
临沂	16.67	61.11	22.22	0

如表 4－25 所示，从多肽蛋白药领域申请人类型在全国、山东、临沂的构成情况可知，临沂市的多肽蛋白药领域的专利申请以企业和个人为主，两者的申请量之和占比超过 88%，而山东省申请中企业和个人的申请量之和占比约 65%。该领域临沂市大专院校和科研单位专利申请较少，创新研发能力不足。

表 4－25　临沂多肽蛋白药领域申请人类型对比

地域	占比/%				
	企业	个人	大专院校	科研单位	机关单位
全国	54.07	10.73	20.27	9.23	5.70
山东	39.94	25.44	21.20	8.77	4.65
临沂	62.24	25.85	11.22	0	0.68

如表 4－26 所示，从农用药领域申请人类型在全国、山东、临沂的构成情况可知，临沂市在该领域个人专利申请占比较多，同时科研单位占比仅有 1.75%，这说明临沂科研单位的创新能力有待提高。

表 4－26　临沂农用药领域申请人类型对比

地域	占比/%			
	企业	个人	大专院校	科研单位
全国	49.98	11.74	21.87	14.40
山东	57.65	15.94	12.91	12.73
临沂	56.14	29.24	12.28	1.75

如表 4－27 所示，从保健食品或用品领域申请人类型在全国、山东、临沂的构成情况可知，临沂市在该领域的专利申请以企业为主，占比为 75.61%，而山东省企业的申请量占比约 40%，此外，山东科研单位和大专院校的申请量占比均远高于临沂。

表 4－27　临沂保健食品或用品领域申请人类型对比

地域	占比/%				
	企业	个人	大专院校	科研单位	机关单位
全国	40.64	9.64	36.45	11.23	2.04
山东	40.89	12.19	26.87	16.51	3.54
临沂	75.61	12.20	9.76	0	2.44

（三）临沂市生物药重点技术产业协同创新情况

如表 4－28 所示，对生物药重点技术产业协同创新情况进行统计，相较于山东省和全国的数据，临沂的生物药重点技术产业协同创新程度不高，各类主体在专利上的协同创新情况均较少。

表 4－28　临沂各细分领域重点技术产业协同创新情况对比

细分领域	协同情况	专利数量/件		
		全国	山东	临沂
疫苗	企业＋大专院校	722	8	0
	企业＋科研单位	445	7	0
	大专院校＋科研单位	208	8	0
多肽蛋白	企业＋大专院校	3927	39	4
	企业＋科研单位	2286	36	1
	大专院校＋科研单位	1399	15	0
农用药	企业＋大专院校	638	43	2
	企业＋科研单位	413	47	0
	大专院校＋科研单位	260	26	0
保健食品或用品	企业＋大专院校	332	17	1
	企业＋科研单位	128	11	0
	大专院校＋科研单位	81	4	0

（四）临沂市生物药重点技术产业专利法律状态

如表 4－29 所示，从临沂市疫苗领域专利的法律状态可知，与全国和山东省相比，临沂市该领域的专利未缴年费率高，有效率低，表明临沂在疫苗领域专利管理存在不足，且专利申请质量有待提高。

表 4－29　临沂疫苗领域专利法律状态对比

地域	占比/%					
	有效	未缴年费	实质审查	驳回	撤回	公开
全国	25.24	12.6	25.41	11.88	21.00	1.62
山东	34.41	19.89	21.98	9.98	12.19	0.96
临沂	16.67	38.89	22.22	5.56	16.67	0.00

如表 4－30 所示，从临沂市多肽蛋白药领域专利的法律状态可知，与全国和山东省相比，临沂该领域的专利有效率较高，表明临沂在该领域专利申请质量较好。

表 4－30　临沂多肽蛋白药领域专利法律状态对比

地域	占比/%					
	有效	未缴年费	实质审查	驳回	撤回	公开
全国	23.57	11.53	26.74	10.39	23.66	2.22
山东	22.77	10.75	23.34	11.29	29.42	2.07
临沂	39.66	6.21	22.41	9.66	11.72	9.66

如表 4－31 所示，从临沂市农用药领域专利的法律状态可知，与全国和山东省相

比，临沂该领域专利处于实质审查状态较多，表明近几年临沂在农用药方面发展较快。

表 4－31 临沂农用药领域专利法律状态对比

地域	占比/%					
	有效	未缴年费	实质审查	驳回	撤回	公开
全国	25.25	10.30	30.77	9.65	20.47	2.39
山东	25.45	6.57	26.35	9.90	28.91	2.75
临沂	21.89	5.33	43.20	11.83	15.98	1.78

如表 4－32 所示，从临沂市保健食品或用品领域专利的法律状态可知，与全国和山东省相比，临沂该领域的专利有效率低于全国及山东省，专利驳回和撤回率高于全国及山东省水平，表明临沂在保健食品或用品领域专利申请质量较低。

表 4－32 临沂保健食品或用品领域专利法律状态对比

地域	占比/%					
	有效	未缴年费	实质审查	驳回	撤回	公开
全国	29.12	14.43	32.08	8.34	14.91	1.91
山东	28.35	12.03	33.47	9.54	13.83	2.63
临沂	20.00	0.00	50.00	10.00	17.50	2.50

（五）临沂市生物药重点技术产业龙头企业创新状况

如图 4－19 所示，临沂市生物药重点技术龙头企业为鲁南制药集团，鲁南制药集团是以鲁南制药集团股份有限公司为核心的企业集团，其他成员企业有山东新时代药业有限公司、山东罗欣药业集团股份有限公司等。下文对各企业进行单独分析。

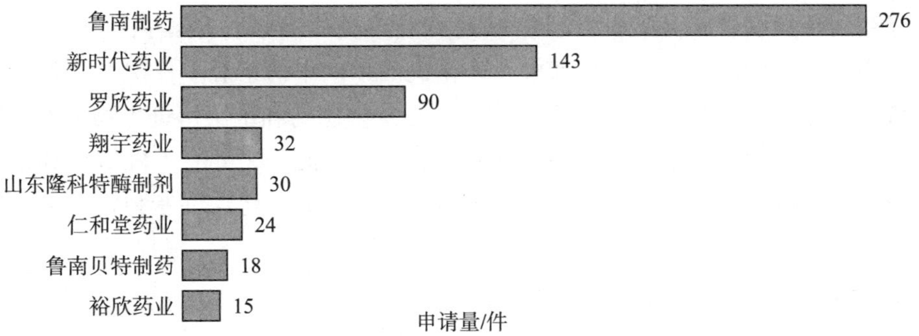

图 4－19 临沂市生物药领域主要专利申请人

1. 鲁南制药集团股份有限公司

如图 4－20 所示，统计分析鲁南制药的专利申请趋势，近 20 年专利申请量波动较大，这可能是因为鲁南制药申请的专利主要是化学药和中药，生物药部分研发能力稍弱，相关专利申请量波动大。

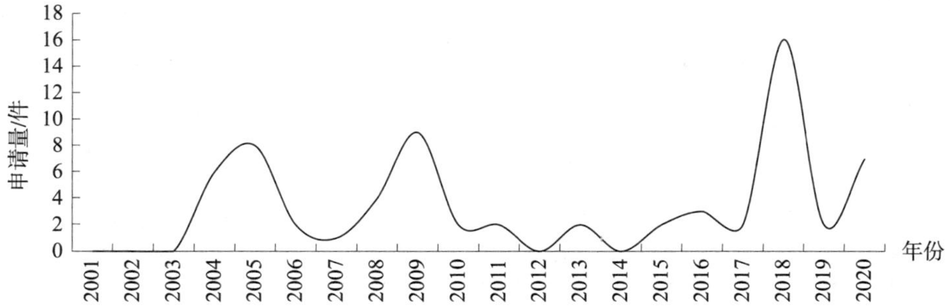

图 4-20　鲁南制药专利申请趋势

如表 4-33 所示，鲁南制药在生物药领域研发集中于 A61K9（以特殊物理形状为特征的医药配制品）和 A61K47（以非有效成分为特征的医用配制品）等。开发的产品主要涉及 A61P3（治疗代谢疾病的药物）和 A61P9（治疗心血管疾病的药物）。

表 4-33　鲁南制药创新技术分布

技术主题	IPC 分类	专利数量/件
以特殊物理形状为特征的医药配制品	A61K9	38
以所用的非有效成分为特征的医用配制品	A61K47	35
含有机有效成分的医药配制品	A61K31	34
治疗代谢疾病的药物	A61P3	20
治疗心血管系统疾病的药物	A61P9	19

从法律状态角度看，经统计，鲁南制药生物药领域专利申请中约 46% 获得授权，约 37% 处于公开或实质审查阶段，还有约 17% 的专利被驳回或撤回。

从专利运营角度看，经统计，鲁南制药专利申请中有多件集团内部专利转让或许可，可见鲁南制药的专利运营意识较强。鲁南制药专利申请中有 1 件次专利是受让自安源医药科技（上海）有限公司；有 2 件次专利是鲁南制药和重庆富进生物医药有限公司共同申请，之后专利转让给了鲁南制药和新时代药业；此外，还有 1 件次专利是由鲁南制药申请，后许可其子公司鲁南厚普制药独占使用，最后又将这件专利转让给了鲁南厚普制药。

2. 山东新时代药业有限公司

如图 4-21 所示，新时代药业从 2009 年开始有规模地申请专利，2013—2016 年该公司在生物药领域的专利申请量较高，之后申请量明显下降，经检索，新时代药业在 2018 年申请了近 30 件化学药相关的专利，可见该公司近几年的研发聚焦化学药，此外，2019 年和 2020 年的部分专利因未公开而无法查询，导致新时代药业近几年的专利申请量偏低。

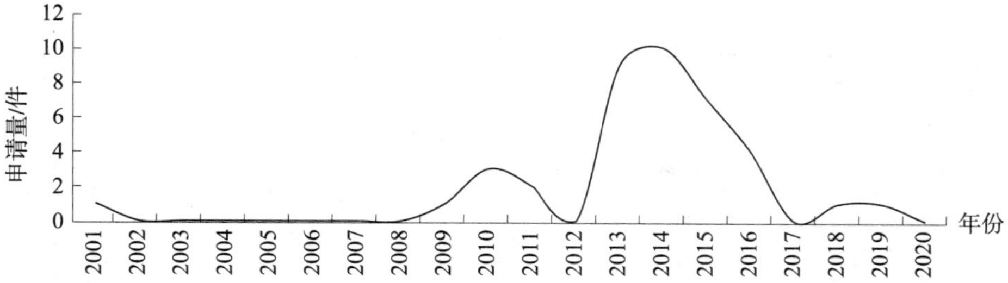

图 4-21　新时代药业专利申请趋势

如表 4-34 所示，新时代药业在生物药领域上的研发集中于 A61K9（以特殊物理形状为特征的医药配制品）和 A61K47（以非有效成分为特征的医用配制品）。

表 4-34　新时代药业创新技术分布

技术主题	IPC 分类	专利数量/件
以特殊物理形状为特征的医药配制品	A61K9	33
以非有效成分为特征的医用配制品	A61K47	29
含有机有效成分的医药配制品	A61K31	25
含肽的医药配制品	AA61K38	13
抗肿瘤药	A61P9	11

从法律状态角度看，经统计，新时代药业在生物药领域专利申请中有约 60% 获得授权，约 15% 正在实质审查中，还有约 13% 被驳回，可见新时代药业生物药领域专利质量较高，驳回率低。

从专利运营角度看，经统计，新时代药业专利申请中有 2 件次专利转让给了鲁南制药，还有 1 件次专利最初由重庆富进生物医药有限公司申请，随后将这件专利转让给了新时代药业，2014 年这件专利又转回重庆富进生物医药有限公司。

3. 山东罗欣药业集团股份有限公司

罗欣药业是集药品研发、生产、贸易及医疗健康服务于一体的大型医药企业集团，如图 4-22 所示，在生物药方面，罗欣药业 2003 年开始进行专利布局，2008 年、2009 年、2013 年、2015 年专利申请数量较多，整体上呈现上下波动趋势，这可能与生物药研发周期相关。

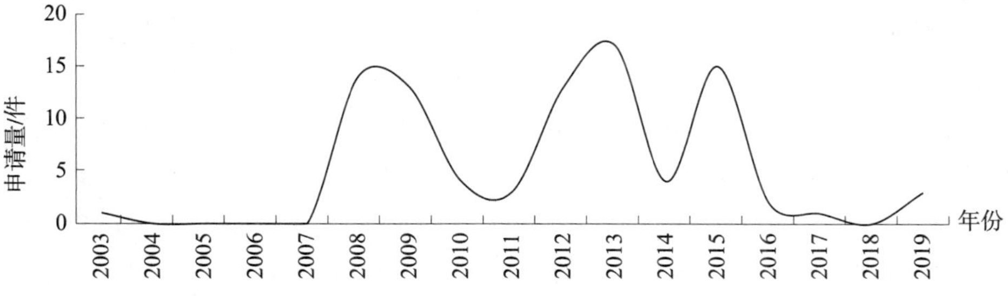

图 4-22　罗欣药业专利申请趋势

如表4-35所示，罗欣药业在生物药领域上的研发集中于A61K31（含有机有效成分的医药配制品）和A61K9（以特殊物理形状为特征的医药配制品），其生物药主要对应的适应症为A61P31（抗感染药）、A61P35（抗肿瘤药）。

表4-35　罗欣药业创新技术分布

技术主题	IPC分类	专利数量/件
含有机有效成分的医药配制品	A61K31	84
以特殊物理形状为特征的医药配制品	A61K9	72
以所用的非有效成分为特征的医用配制品	A61K47	48
抗感染药	A61P31	37
抗肿瘤药	A61P35	14

从法律状态角度看，经统计，罗欣药业生物药专利有效率达88.89%，还有4.44%处于实质审查中，说明该公司的专利申请质量较高，专利布局相对较早。

从专利运营方面来看，罗欣药业除内部转让外，有3件次专利转让给广州博济医药生物技术股份有限公司，主要涉及银杏内酯B组合物及制备方法。

（六）临沂市生物药重点专利分析

对鲁南制药集团（包括集团下属公司）在生物药方面重点专利进行列举分析。鲁南制药集团抗肿瘤生物药研发重点为PD-1、抗CD20单抗、CD47单抗类药物。此外，该公司在胰岛素原培养、肽类合成方面也进行了专利布局。

2021年5月，鲁南制药集团第一款创新生物药申力达（聚乙二醇化人粒细胞刺激因子注射液）成功上市，表明鲁南制药完成了生物药的产品攻关和人才梯队建设。鲁南制药围绕该药物共7项中国申请，除失效的1项（CN201010569604.X）外，其余6项（CN201010618757.9、CN201010618740.3、CN201510306601.X、CN201510309230.0、CN201510309290.2、CN201510306237.7）均获得了授权，其技术主题涉及基因工程菌的发酵培养方法、载体的构建及表达、冻干粉针制剂、多肽的纯化等。可见，鲁南制药集团在推出创新药产品的同时注重核心专利的布局，从多角度、多层次进行布局，保证核心产品的权利最大化。

在PD-1、PD-L1单抗药物和抑制剂方面，国外已上市产品包括：默沙东的Keytruda、BMS的Opdivo、赛诺菲的Libtayo、罗氏的Tecentriq、辉瑞和默克联合推出的Bavencio、阿斯利康的Imfinzi，国内上市的厂家有：上海君实生物（拓益）、信达生物（达伯舒）、百济神州、江苏恒瑞、中山康方/正大天晴、药明生物/哈尔滨誉衡，另外，丽珠医药、嘉和生物、复宏汉霖、鲁南制药等均在研发PD-1/PD-L1药物。在CD20单抗药物方面，目前国内市场上抗CD20单抗有罗氏的美罗华和复宏汉霖的国产生物类似药汉利康，此外，国外IMMU公司、诺华、加利福尼亚大学、朱诺医疗等均对抗CD20单抗进行深入研究可专利布局。罗氏的美罗华专利到期后，国内生物医药企业信达生物、海正药业、正大天晴等也争相布局，竞争十分激烈。在CD47单抗药物方面，目前全球超过30家药企在开发针对CD47靶点的药物，其中，近20款已进入临床研究阶段。此外吉利德、Trillium Therapeutics、Arch Oncology、ALX Oncology推进进展较快。国内目前申报临床的CD47药物已超过10款，涉及天境生物、信达生物、宜明昂科、翰思生物、恒瑞医药、再鼎医药、康方生物、长春金赛等多家公司。

临沂市医药企业特别是鲁南制药子公司新时代药业的PD－1抑制剂F520，于2020年8月已启动针对淋巴瘤的2项Ⅱ期临床试验，其核心专利为ZL201611198440.8（发明名称：抗PD－1抗体及其用途，其PCT国际申请为WO2018113258A1，目前也已进入美国、欧洲等国家阶段）。今后可加快生物药研发和专利布局，针对目前国内外PD－1、抗CD20单抗、CD47单抗类等抗肿瘤药核心专利进行深度挖掘和分析，除研发创新药外，还可以围绕竞争对手的专利进行改进，布局相应的外围专利，将生物药特别是抗肿瘤药做大做强。

事实上，鲁南制药围绕自己的PD－1抑制剂F520核心专利ZL201611198440.8，又提交了多项技术主题分别为抗PD－1单克隆抗体（CN202010160919.2）、无糖基化抗PD－1单克隆抗体的纯化方法（CN201810135757.X）、单克隆抗体的液体制剂（CN201810312128.X、CN202010235536.7）、单克隆抗体的冻干制剂（CN202010044092.9）、药物组合物（CN201980026022.6）的新专利申请。

罗欣药业也开始进行生物药方面的研发，专利布局较晚，其中，生物药重点围绕雌激素受体抑制剂、降解剂进行布局。在雌激素受体抑制剂、降解剂方面，默克公司、先灵公司、默沙东公司、诺瓦提斯公司专利布局较多。此外，诺华公司、赛诺菲公司也有相应药品申报临床试验。国内在此方面的研发较少，罗欣药业可重点关注以上跨国药企的研发和专利布局动向。

（七）临沂市生物药重点技术产业重要的研发创新团队

如表4－36所示，临沂市生物药重点技术产业的研发力量主要来自以临沂大学为代表的高校和鲁南制药为代表的企业。

表4－36　临沂市生物药重点技术产业重点研发团队

细分领域	发明人	发明人介绍	专利数量/件	具体研究方向
疫苗	孙培明	临沂大学副教授，主持山东省自然基金项目“结构型热休克蛋白70作为肉鸡热应激损伤标志物的研究”，先后在相关领域发表论文20余篇	3	热应激蛋白的生物学功能、家禽的热应激损伤与抗损伤、家禽传染病的诊断和防治
多肽蛋白药	张贵民	鲁南制药集团股份有限公司研究人员	163	抗肿瘤药、医药制剂技术领域
	杨献美	临沂草之美医药科技有限公司研究人员	52	抗肿瘤药

续表

细分领域	发明人	发明人介绍	专利数量/件	具体研究方向
农用药	王培磊	临沂大学副教授，承担过“沂河浮游生物多样性和生态湿地保护研究”项目，著有《盐生杜氏藻研究》与《海洋微藻研究》	8	现代海洋生物技术
	王怀欣	临沂中磷生物科技有限公司研究人员	8	微生物肥料
保健食品或用品	王兴吉	山东隆科特酶制剂有限公司研究人员	22	酶制剂研究

（八）临沂市生物药重点技术产业运营情况分析

1. 疫苗专利运营情况

统计临沂市疫苗领域整体专利运营情况：临沂在该领域无专利转让、许可、质押情况。

2. 多肽蛋白药专利运营情况

统计临沂市多肽蛋白药领域整体专利运营情况：该领域专利转让数量为 31 件次，专利许可数量为 15 件次，专利质押数量为 1 件次。

如图 4－23 所示，该领域主要专利转让人是罗欣药业，专利转让数量为 6 件次。如表 4－37 所示，主要专利受让人是裕欣药业，一共受让了 4 件次专利，裕欣药业为罗欣药业子公司，二者为关联公司。

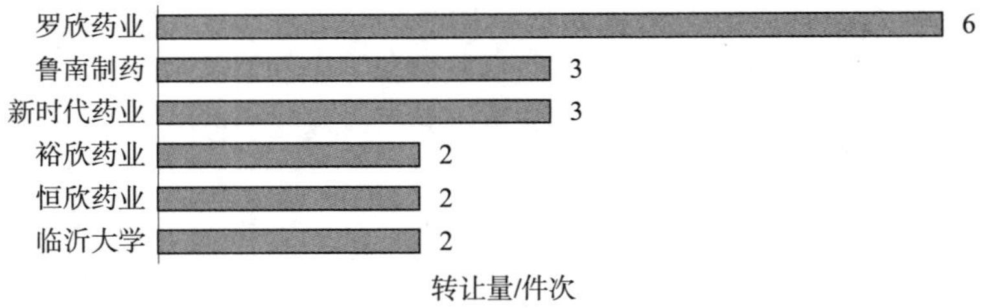

图 4－23　临沂市多肽蛋白药领域重点技术产业主要专利转让人

表 4－37　临沂市多肽蛋白药领域重点技术产业主要专利受让人

受让人	专利数量/件次
山东裕欣药业有限公司	4
广州博济医药生物技术股份有限公司	3
山东恒欣药业有限公司	2
山东罗欣药业集团恒欣药业有限公司	2

3. 农用药专利运营情况

统计临沂市农用药领域整体专利运营情况：该领域专利转让数量为 18 件次，专利许可数量为 1 件次，无专利质押情况。

如图 4－24 和表 4－38 所示，该领域专利转让人专利转让数量都较低，其中，临沂中磷生物科技有限公司专利转让数量为 2 件次，这 2 件专利先后转让给了临沂文一诺知识产权运营有限公司、山东天威生物科技有限公司、山东国正农业发展有限公司，最终受让人是山东国正农业发展有限公司。其中，山东天威生物科技有限公司与山东国正农业发展有限公司是同一企业家分别创办的 2 家企业。

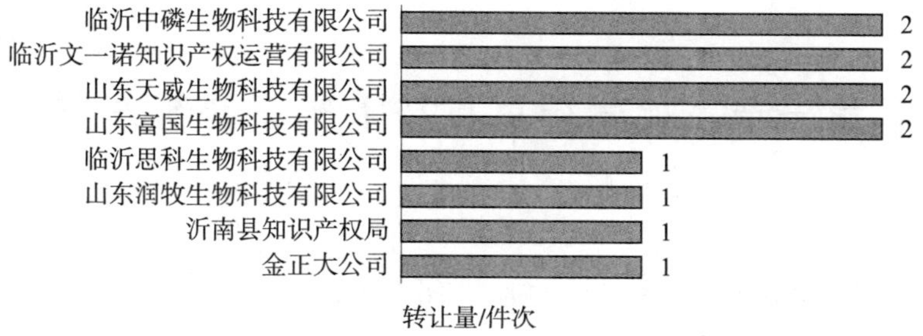

图 4－24　临沂市农用药领域重点技术产业主要专利转让人

表 4－38　临沂市农用药领域重点技术产业主要专利受让人

受让人	专利数量/件次
临沂文一诺知识产权运营有限公司	2
山东国正农业发展有限公司	2

4. 保健食品或用品专利运营情况

经统计，临沂市保健食品或用品生物药领域无专利转让和许可情况，专利质押数量为 1 件次。

第五章　化学药重点技术产业分析导航

根据生物医药产业整体专利态势分析结果，以及临沂市化学药领域政策调研梳理，对专利导航分析的关键细分领域进行提取：药物类、医用材料类、农用药物。

第一节　化学药重点技术产业创新方向

一、化学药重点技术产业全球专利布局

如表5－1所示，统计全球化学药领域的3个细分领域的专利布局情况，可以看出各国及农用药物类研发主体的专利申请数量普遍多于医用材料。

表5－1　化学药重点技术全球专利布局比例

地域	占比/%		
	药物类	医用材料	农用药物
全球	43.26	6.37	21.82
中国	25.83	6.72	27.33
美国	31.56	7.28	18.50
韩国	30.72	4.56	15.79
日本	37.25	8.76	24.43

如表5－2所示，对于全球化学药领域的3个细分领域的原创专利情况进行统计，可以看出美国的原创专利数最多，中国在农用药物领域上与美国的差距最小。

表5－2　化学药重点技术原创国家/地区专利申请量分布

地域	专利数量/件		
	药物类	医用材料	农用药
中国	346620	69104	279937
美国	1203223	191836	464118
韩国	104397	14903	35554
日本	485394	70402	215601

二、化学药重点技术产业全球专利申请趋势

如表 5－3 所示，对近 20 年的全球化学药领域专利申请趋势进行统计，可以看出，农用药物领域的全球专利申请量近几年涨幅明显，而药物类和医用材料领域的全球专利申请量总体平稳。

表 5－3　化学药重点技术产业全球专利申请趋势

申请年份	申请数量/件		
	药物类	医用材料	农用药物
2001	98669	19704	38879
2002	102321	19503	43076
2003	109051	20718	43565
2004	107364	18246	41919
2005	114083	16202	42401
2006	117956	14834	43771
2007	115372	15083	44668
2008	110699	13763	45923
2009	109551	14120	47617
2010	106820	14220	48766
2011	105612	14261	50813
2012	108133	14631	54854
2013	108601	15562	58573
2014	110970	16511	62488
2015	105895	17362	62971
2016	99820	20258	69282
2017	91198	21160	68232
2018	76622	19192	52557
2019	42786	13246	29116
2020	6877	2776	5238

三、化学药重点技术产业新入者指数

如图 5－1 所示，统计全球及中国化学药重点技术产业新入者指数，可以看出中国的新入者指数普遍高于全球，全球化学药药物类的新入者指数明显低于医用材料及农用药物的新入者指数。

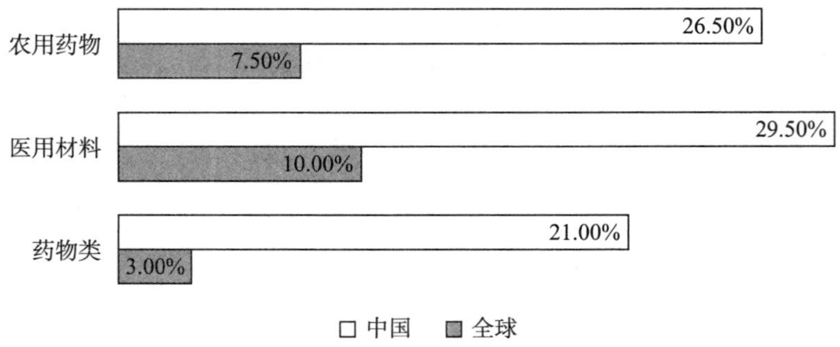

图 5－1 化学药重点技术产业新入者指数

第二节 区域化学药重点技术产业发展定位

一、全国化学药重点技术产业定位

（一）全国化学药重点技术产业创新情况

如表 5－4 所示，统计全国化学药各细分领域专利申请数量，可以看出，中国在药物类和农用药物领域专利申请数量较高，医用材料领域专利申请数量相对较少。

表 5－4 全国化学药重点技术专利申请量

细分领域	药物类	医用材料	农用药物
专利数量/件	243439	80059	266506

（二）全国化学药重点技术产业创新主体类型

如表 5－5 所示，化学药 3 个细分领域的专利申请均以企业申请比例最高，其中，药物类和农用药物的企业专利申请占比都超过了 50%。

表 5－5 全国化学药重点技术产业创新主体类型

创新主体类型	占比/%		
	药物类	医用材料	农用药物
企业	54.37	49.64	57.75
个人	19.01	24.83	19.56
大专院校	16.57	15.24	11.54
科研单位	6.08	4.00	7.70
机关团体	3.70	6.02	3.18

（三）全国化学药重点技术产业协同创新情况

如表 5－6 所示，全国范围内的药物类和农用药物领域，各类主体在专利申请上的合作相对较多，医用材料领域合作相对较少。

表 5－6　全国化学药重点技术产业协同创新情况

细分领域	专利数量/件		
	企业＋大专院校	企业＋科研单位	大专院校＋科研单位
药物类	2251	1344	709
医用材料	657	279	229
农用药物	2529	1902	765

（四）全国化学药重点技术产业专利法律状态

如表 5－7 所示，全国化学药各细分领域的有效率中，医用材料领域专利有效率最高，达到 31.42%，同时该领域的驳回率和撤回率在各领域中也是最低的。

表 5－7　全国化学药重点技术产业专利法律状态

细分领域	占比/%					
	有效	未缴年费	实质审查	驳回	撤回	公开
药物类	25.92	17.75	19.54	9.14	23.37	2.21
医用材料	31.42	22.31	20.24	6.76	14.94	1.88
农用药物	17.87	10.58	25.17	12.81	28.94	3.29

（五）全国化学药重点技术产业龙头企业创新状况

如图 5－2 所示，从全国化学药创新主体专利排名情况来看，国内高校院所在化学药领域研发能力较强，浙江大学以 4982 件位列专利申请量首位，宝洁公司、巴斯夫公司等国外企业也非常重视中国市场。

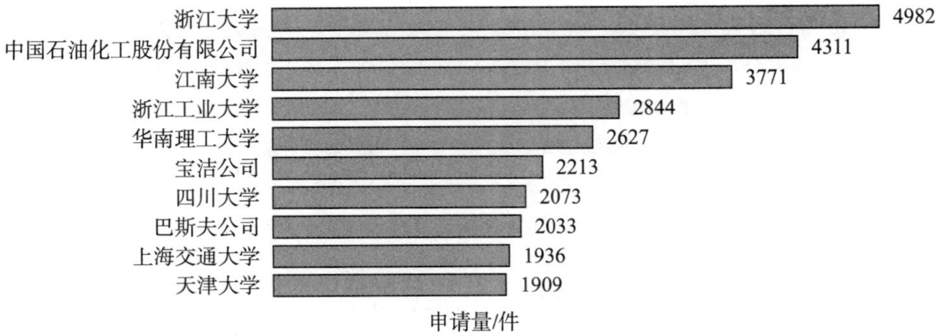

图 5－2　全国化学药领域主要专利申请人

（六）全国化学药重点技术产业重要的研发创新团队

如表5－8所示，对全国化学药重点技术发明人进行统计分析，化学药重点技术团队包括浙江大学、中国药科大学等高校研发队伍，以及重庆润泽医药有限公司等企业类创新主体研发团队。

表5－8 全国化学药重点技术重要研发团队

细分领域	发明人	发明人介绍	专利数量/件	具体研究方向
药物类	胡永洲	浙江大学教授，博士生导师，获省医药科学技术创新奖一等奖，省科学技术奖二等奖	102	抗肿瘤、老年退行性疾病治疗药物
	尤启冬	中国药科大学教授，博士生导师，国家“万人计划”教学名师	79	药物分子设计与合成
医用材料	叶雷	重庆润泽医药有限公司研究人员，第三批国家“万人计划”领军人物，国家科学技术进步奖二等奖获得者	551	骨植入物、人工关节、种植牙
农用药物	陈佛祥	广东中讯农科股份有限公司研究人员，研究成果获国家科技进步奖二等奖	923	农药制剂、杀虫剂
	冯建雄	陕西上格之路生物科学有限公司研究人员	354	杀虫剂、杀菌组合物

（七）全国化学药重点技术产业运营情况分析

1. 药物类专利运营情况

统计全国药物类领域整体专利运营情况：该领域专利转让数量为21847件次，专利许可数量为2365件次，专利质押数量为1214件次。

如图5－3所示，药物类领域专利转让数量最多的是南京广康协生物公司，专利转让数量为135件次。如表5－9所示，主要专利受让人是温州成桥科技有限公司，一共受让了29件次专利，这些专利大部分都是由南京广康协生物公司最初申请，并经历多次专利转让，可见南京广康协生物公司申请的专利具有较强的应用价值。

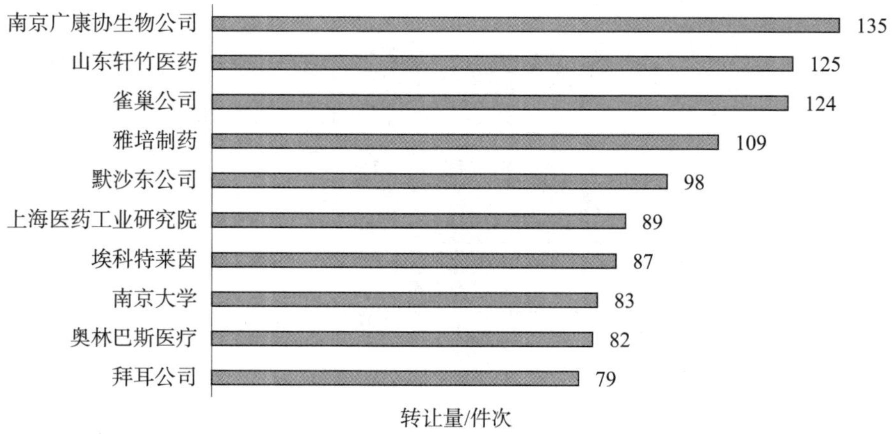

图5－3 全国药物类领域重点技术产业主要专利转让人

表 5－9 全国药物类领域重点技术产业主要专利受让人

受让人	专利数量/件次
温州成桥科技有限公司	29
蚌埠永源电子科技有限公司	14
北海市韩能生物科技有限公司	12

2. 医用材料专利运营情况

统计全国医用材料领域整体专利运营情况：该领域专利转让数量为 5293 件次，专利许可数量为 430 件次，专利质押数量为 242 件次。

如图 5－4 所示，医用材料领域专利转让数量最多的是东南大学，专利转让数量为 37 件次。如表 5－10 所示，主要专利受让人是江苏广达医材集团有限公司，一共受让了 11 件次专利，该公司是一家中外合资公司，主要面向国外市场。

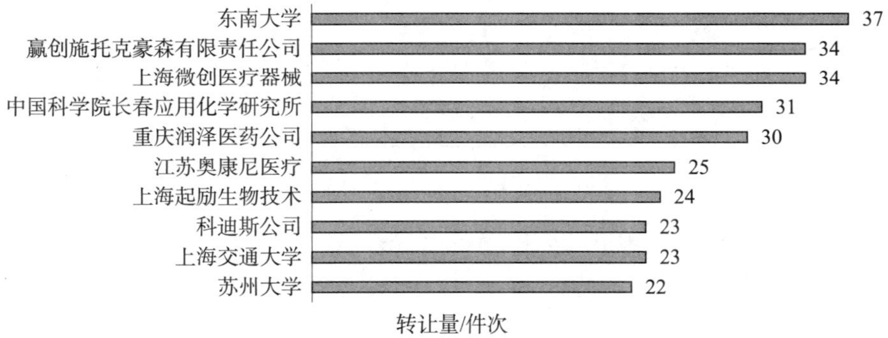

图 5－4 全国医用材料领域重点技术产业主要专利转让人

表 5－10 全国医用材料领域重点技术产业主要专利受让人

受让人	专利数量/件次
江苏广达医材集团有限公司	11
江苏海建股份有限公司	10

3. 农用药专利运营情况

统计全国农用药物领域整体专利运营情况：该领域专利转让数量为 15019 件次，专利许可数量为 1514 件次，专利质押数量为 1101 件次。

如图 5－5 所示，转让人中沈阳化工研究院有限公司排名靠前，专利转让数量为 256 件次。如表 5－11 所示，主要专利受让人是沈阳中化农药化工研发有限公司，一共受让了 227 件次专利，其与沈阳化工研究院有限公司为关联公司。

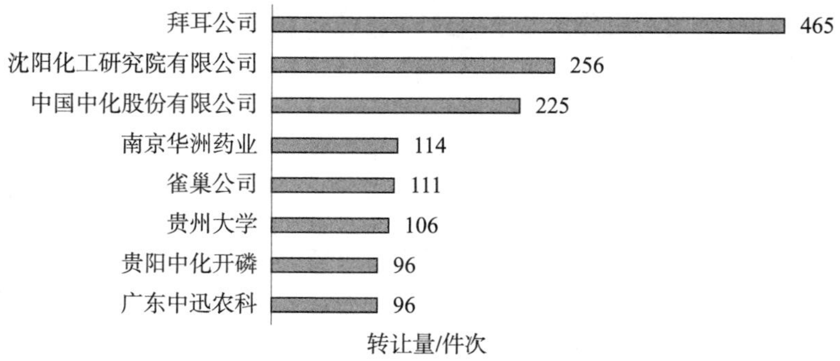

图 5-5　全国农用药物领域重点技术产业主要专利转让人

表 5-11　全国农用药物领域重点技术产业主要专利受让人

受让人	专利数量/件次
沈阳中化农药化工研发有限公司	227
中国中化股份有限公司	83
沈阳化工研究院	29
中国中化集团公司	28

二、山东省化学药重点技术产业定位

（一）山东省化学药重点技术产业创新情况

如表 5-12 所示，对山东省化学药 3 个细分领域专利申请数量进行统计可以看出，山东省在药物类和农用药物领域专利申请数量较高，医用材料领域专利申请数量相对较少。

表 5-12　山东省化学药重点技术产业专利申请量

细分领域	药物类	医用材料	农用药物
专利数量/件	24627	6938	26668

（二）山东省化学药重点技术产业创新主体类型

如表 5-13 所示，农用药物领域企业专利申请比例最高，达到 55.19%，医用材料领域的个人专利申请比例最高，达到 54.79%。3 个细分领域的大专院校、科研单位类主体申请比例均较低。

表 5-13 山东省化学药重点技术产业创新主体类型

创新主体类型	占比/%		
	药物类	医用材料	农用药物
企业	40.04	28.04	55.19
个人	40.36	54.79	27.80
大专院校	11.78	8.42	8.49
科研单位	4.38	2.59	6.99
机关团体	3.32	6.07	1.43

(三) 山东省化学药重点技术产业协同创新情况

如表 5-14 所示，山东省内的药物类领域和农用药物领域，各类主体合作相对较多，医用材料领域各类主体专利创新合作相对较少。

表 5-14 山东省化学药重点技术产业协同创新情况

细分领域	专利数量/件		
	企业+大专院校	企业+科研单位	大专院校+科研单位
药物类	116	99	39
医用材料	23	21	5
农用药物	139	135	30

(四) 山东省化学药重点技术产业专利法律状态

如表 5-15 所示，统计分析山东省化学药 3 个细分领域的法律状态，山东省药物类和医用材料领域未缴年费状态的专利占比均高于全国水平近 10 个百分点，农用药物领域专利撤回率高达 41.61%。

表 5-15 山东省化学药重点技术产业专利法律状态

细分领域	占比/%					
	有效	未缴年费	实质审查	驳回	撤回	公开
药物类	22.08	27.16	14.44	7.73	25.49	2.39
医用材料	30.10	31.47	16.41	6.61	12.77	1.53
农用药物	16.86	8.51	17.48	10.56	41.61	4.53

(五) 山东省化学药重点技术产业龙头企业创新状况

如图 5-6 所示，山东省化学药专利申请量排在前 5 位的是鲁南制药、新时代药业、罗欣药业、新华制药、山东轩竹医药。

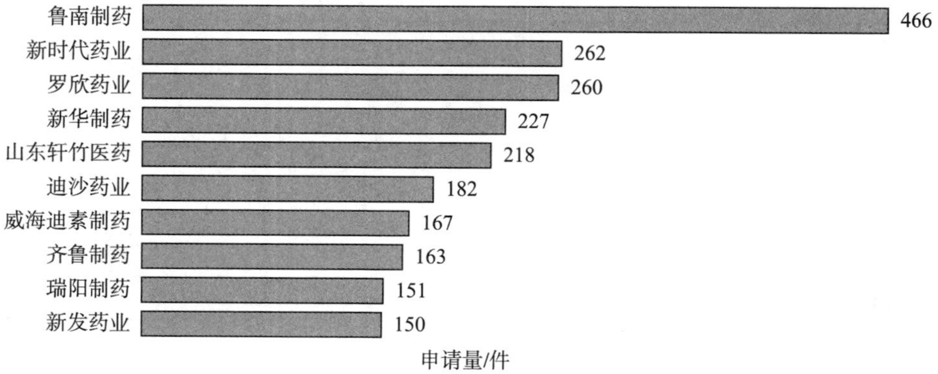

图5－6　山东省化学药领域主要专利申请人

（六）山东省化学药重点技术产业重要的研发创新团队

如表5－16所示，对山东省化学药重点技术发明人进行统计分析，山东省化学药重点技术团队包括山东大学、山东农业大学等高校研发队伍，以及正大制药（青岛）公司等企业类创新主体研发团队。

表5－16　山东省化学药重点技术重要研发团队

细分领域	发明人	发明人介绍	专利数量/件	具体研究方向
药物类	王明刚	正大制药（青岛）有限公司研究人员，青岛市拔尖人才，获得省级科技奖4项、市级科技奖2项	226	原料药、片剂、软胶囊剂、颗粒剂等
	刘新泳	山东大学教授，博士生导师，享受国务院政府特殊津贴，现任山东大学药学院院长	97	基于靶点的抗病毒药物的设计、合成
医用材料	张海军	山东百多安医疗器械有限公司董事长，国家“863”和重点研发计划首席科学家，泰山学者，海外特聘专家	45	医用导管、医用假体材料
农用药物	黄河	山东新希望六和集团有限公司研发人员	251	饲料及其添加剂
	张民	山东农业大学教授，博士生导师，研究成果获国家科技进步奖二等奖，中国专利优秀奖3项	48	土壤肥料学，新型肥料研发与应用

（七）山东省化学药重点技术产业运营情况分析

1. 药物类专利运营情况

统计山东省药物类领域整体专利运营情况：该领域专利转让数量为2158件次，专利许可数量为212件次，专利质押数量为114件次。

如图5－7和表5－17所示，该领域主要专利转让人是山东轩竹医药，其在药物类领域一共转让了125件次专利，其中一部分专利转让给了海南轩竹医药科技有限公司和北京澳合药物研究院有限公司，这两家公司和山东轩竹医药都是四环集团旗下子公司；另一部分专利转让至海安苏师技术转移中心有限公司，该公司由江苏理工学院全资控股，可见山东轩竹医药与江苏理工学院间存在一定的合作。

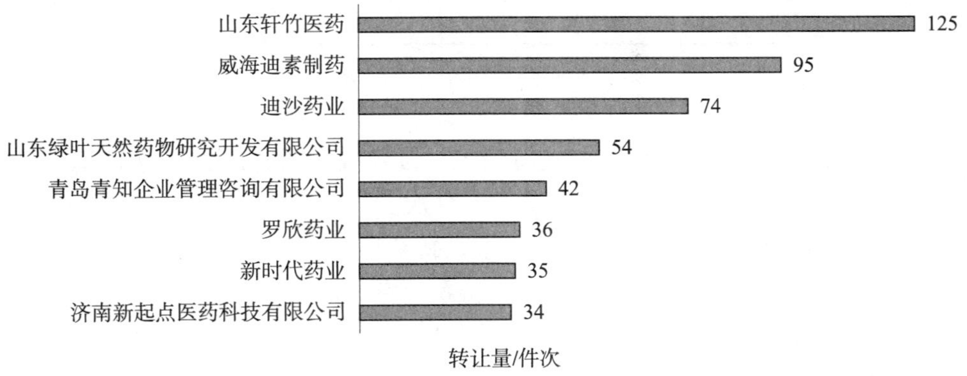

图 5-7 山东省药物类领域重点技术产业主要专利转让人

表 5-17 山东省药物类领域重点技术产业主要专利受让人

受让人	专利数量/件次
海南轩竹医药科技有限公司	52
北京澳合药物研究院有限公司	37
廊坊高博京邦制药有限公司	20
海南四环医药有限公司	16

2. 医用材料专利运营情况

统计山东省医用材料领域整体专利运营情况：该领域专利转让数量为 407 件次，专利许可数量为 28 件次，专利质押数量为 10 件次。

如图 5-8 所示，该领域主要专利转让人是海尔集团公司，专利转让数量为 12 件次。如表 5-18 所示，主要专利受让人是青岛海尔洗衣机有限公司，一共受让了 9 件次专利，青岛海尔洗衣机有限公司为海尔集团公司的子公司，二者为关联公司。

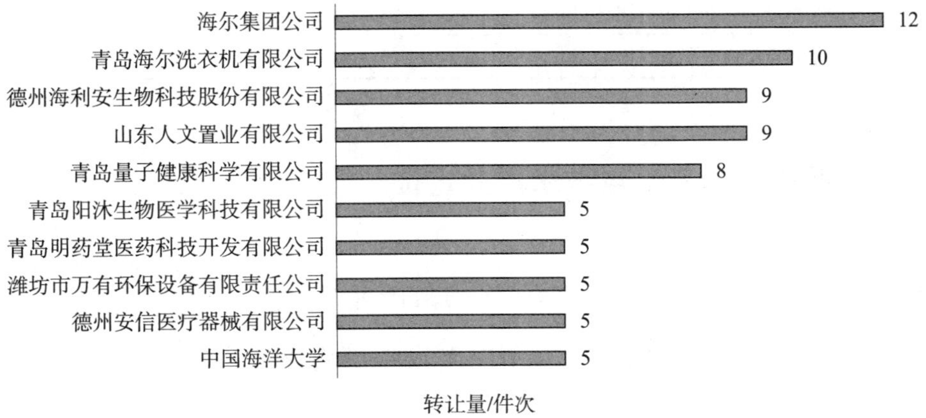

图 5-8 山东省医用材料领域重点技术产业主要专利转让人

表5-18 山东省医用材料领域重点技术产业主要专利受让人

受让人	专利数量/件次
青岛海尔洗衣机有限公司	9
青岛海尔滚筒洗衣机有限公司	2

3. 农用药专利运营情况

统计山东省农用药领域整体专利运营情况：该领域专利转让数量为1472件次，专利许可数量为158件次，专利质押数量为156件次。

如图5-9所示，该领域主要专利转让人是新希望六和集团，专利转让数量为56件次。如表5-19所示，主要专利受让人是潍坊新希望六和饲料科技有限公司，一共受让了19件次专利，潍坊新希望六和饲料科技有限公司为新希望六和集团的子公司，二者为关联公司。

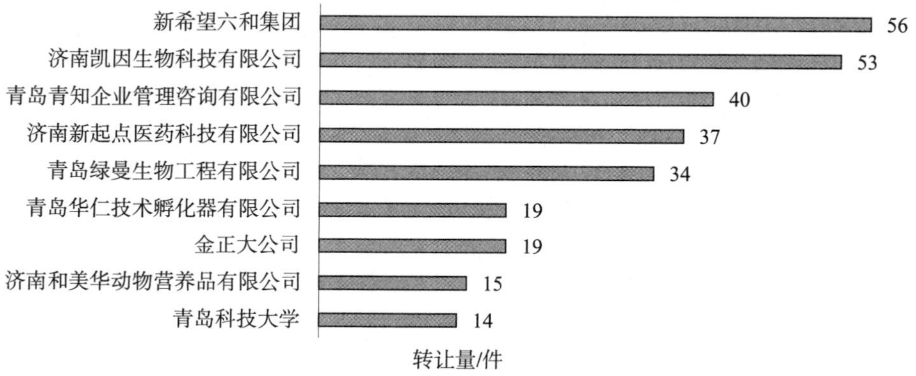

图5-9 山东省农用药物领域重点技术产业主要专利转让人

表5-19 山东省农用药物领域重点技术产业主要专利受让人

受让人	专利数量/件次
潍坊新希望六和饲料科技有限公司	19
山东新希望六和集团有限公司	7
贵阳新希望农业科技有限公司	6

三、临沂市化学药重点技术产业定位

（一）临沂市化学药重点技术产业创新情况

如图5-10所示，从整体来看，临沂在3个细分领域的专利申请量与全国主要城市及山东青岛、济南等城市相比均有较大差距，与烟台、淄博在该领域创新程度基本持平，其中，农用药物领域专利申请量高于淄博市。

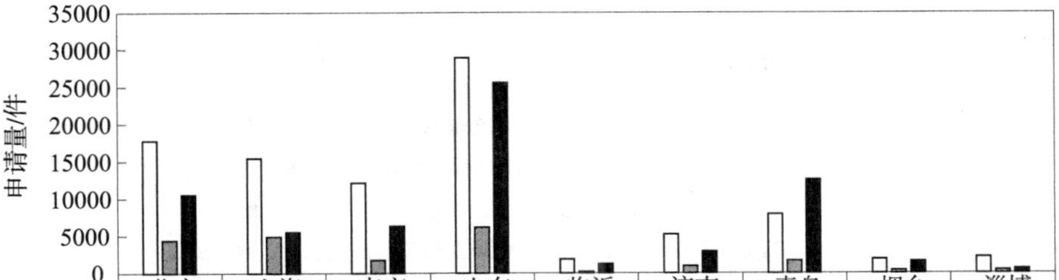

	北京	上海	南京	山东	临沂	济南	青岛	烟台	淄博
□ 药物类	17865	15510	12184	28965	1876	5246	7974	1881	2170
▨ 医用材料	4443	4951	1769	6203	187	958	1648	355	400
■ 农用药物	10603	5560	6356	25667	1260	2941	12609	1575	559

图 5－10　临沂市化学药重点技术产业创新对比情况

（二）临沂市化学药重点技术产业创新主体类型

如图 5－11 所示，从药物类领域专利申请人类型在全国、山东以及其他城市的构成可知，临沂市企业专利申请比例（55.12%）超过全国多数城市，说明临沂市的企业创新能力较强；临沂市药物类领域个人申请比例偏高（41.79%），远高于全国水平（19.01%）和多数城市，且科研院所申请比例偏低，科研机构创新能力不强。

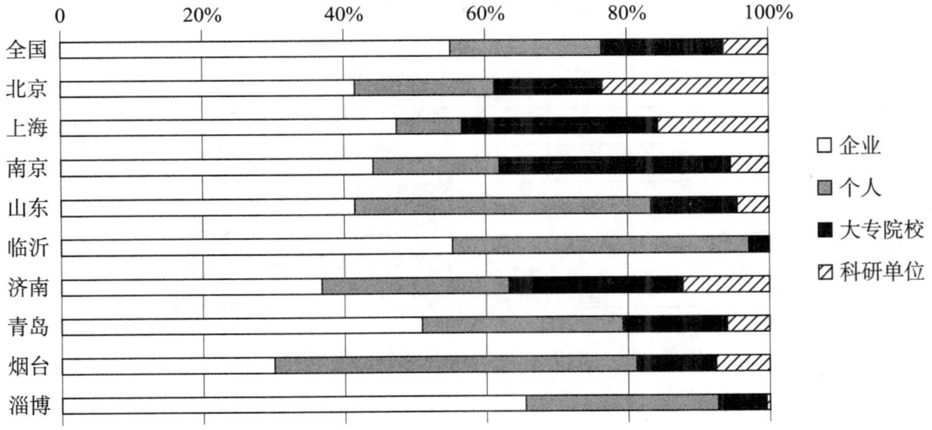

图 5－11　临沂药物类领域申请人类型对比

如图 5－12 所示，从医用材料领域专利申请人类型在全国、山东以及其他城市的构成可知，临沂市企业专利申请比例（15.3%）远低于全国企业申请人占比（49.64%）及多数城市，说明临沂市在该领域的企业创新能力不强；临沂市医用材料领域个人申请比例（74.32%）远高于全国水平（24.83%）和多数城市，且科研院所申请比例偏低，临沂创新主体不明显，个人申请较多可能由于地方鼓励政策导致。

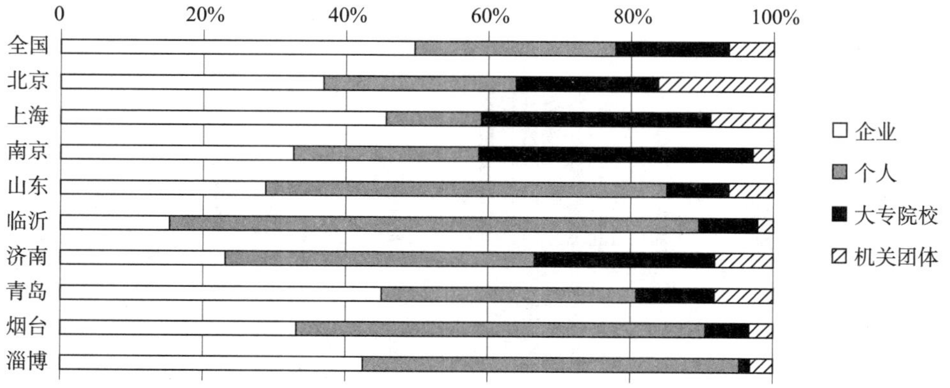

图 5－12　临沂医用材料领域申请人类型对比

如图 5－13 所示，从农用药物领域专利申请人类型在全国、山东以及其他城市的构成可知，临沂市企业专利申请比例（69.42%）超过全国企业申请人占比（57.75%）及多数城市，个人专利申请比例达到 21.49%，科研院所申请比例偏低，这表明临沂企业创新能力高于山东整体水平，而大专院校和科研单位创新能力稍弱。

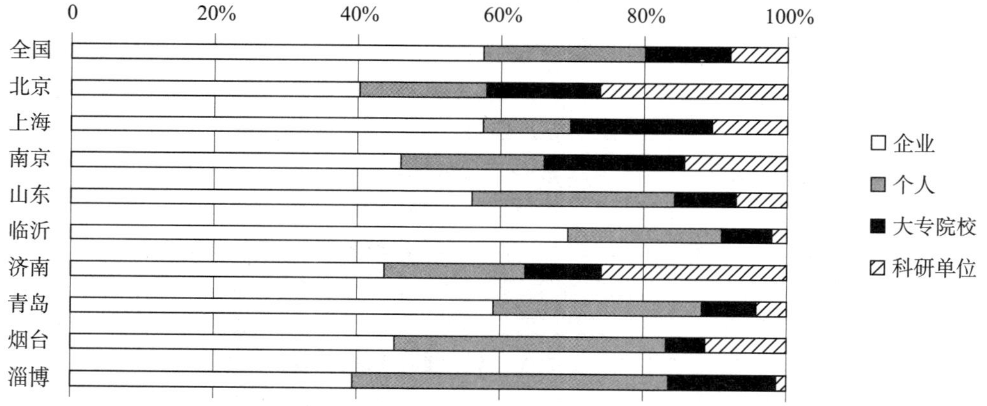

图 5－13　临沂农用药物领域申请人类型对比

（三）临沂市化学药重点技术产业协同创新情况

如表 5－20、表 5－21、表 5－22 所示，对化学药重点技术产业协同创新情况进行统计，相较于全国、国内主要地市、山东省其他地市的数据可以看出，临沂协同创新程度不高，各类主体专利协同创新情况均较少，与其情况类似的地市为山东淄博。

表 5－20　临沂药物类领域重点技术产业协同创新情况

协同主体	专利数量/件									
	全国	北京	上海	南京	山东	临沂	济南	青岛	烟台	淄博
企业＋大专院校	2251	123	229	182	116	0	24	36	5	1
企业＋科研单位	1344	299	282	46	99	1	43	19	10	2
大专院校＋科研单位	709	95	141	42	39	0	14	14	1	0

表 5－21　临沂医用材料领域重点技术产业协同创新情况

协同主体	专利数量/件									
	全国	北京	上海	南京	山东	临沂	济南	青岛	烟台	淄博
企业＋大专院校	657	45	37	4	23	0	1	3	2	1
企业＋科研单位	279	39	23	17	21	0	5	2	2	0
大专院校＋科研单位	229	65	16	1	5	0	3	2	0	0

表 5－22　临沂农用药物领域重点技术产业协同创新情况

协同主体	专利数量/件									
	全国	北京	上海	南京	山东	临沂	济南	青岛	烟台	淄博
企业＋大专院校	2529	87	75	78	139	8	23	46	7	5
企业＋科研单位	1902	248	83	40	135	2	43	3	14	3
大专院校＋科研单位	765	59	21	30	30	0	8	12	3	0

（四）临沂市化学药重点技术产业专利法律状态

如图 5－14 所示，统计临沂市药物类领域专利的法律状态，临沂市药物类领域的专利申请的有效率占比较高，达到 36.42%，超过全国及山东平均水平。

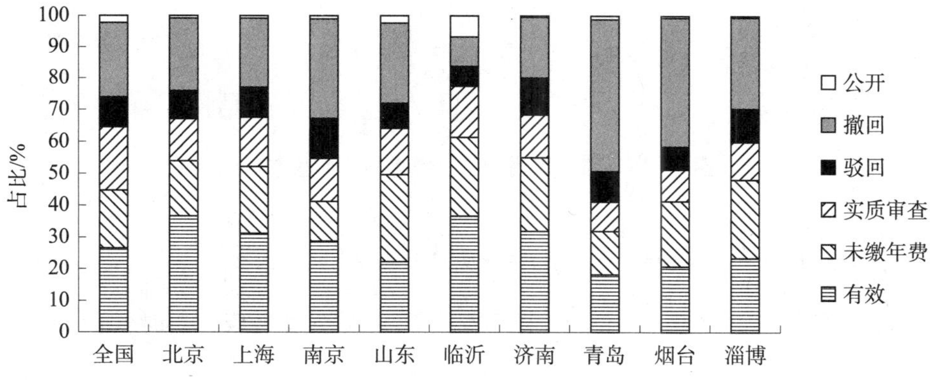

图 5－14　临沂药物类领域专利法律状态对比

如图 5－15 所示，统计临沂市医用材料领域专利的法律状态，临沂市医用材料领域的专利申请的有效率较低，低于全国和山东平均水平，未缴年费而失效的比例较高，达到 41.53%，说明临沂市在医用材料领域专利维持水平低于其他地区。

如图 5－16 所示，统计临沂市农用药物领域专利的法律状态，临沂市农用药物领域的专利申请有效率高于全国及山东平均水平，且处于在审状态中的专利占比较高，超过了 30%，说明临沂市在农用药物领域的创新不断加强，创新热情较高。

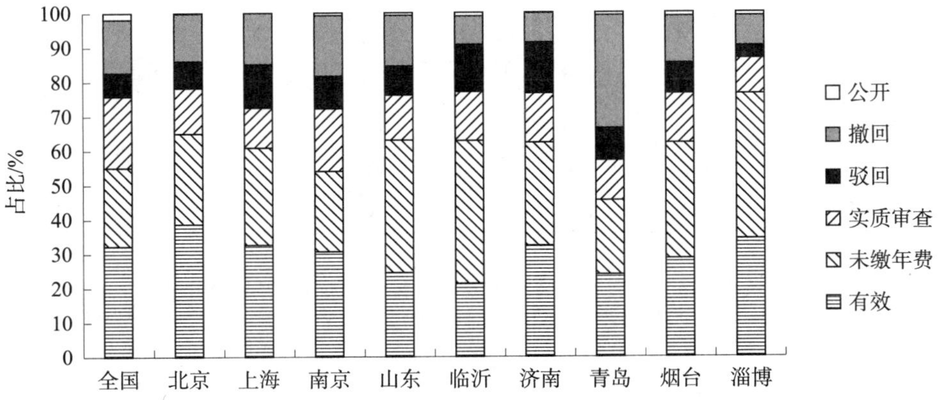

图 5－15 临沂医用材料领域专利法律状态对比

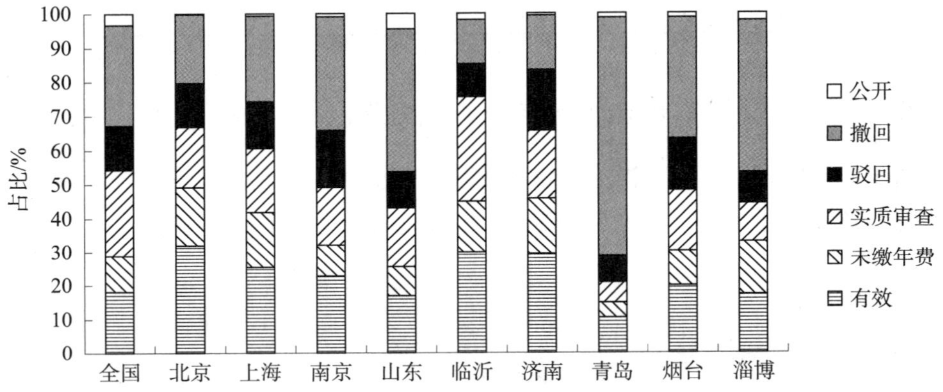

图 5－16 临沂农用药物领域专利法律状态对比

（五）临沂市化学药重点技术产业龙头企业创新状况

如图 5－17 所示，临沂市化学药重点龙头企业为鲁南制药、新时代药业、罗欣药业等。

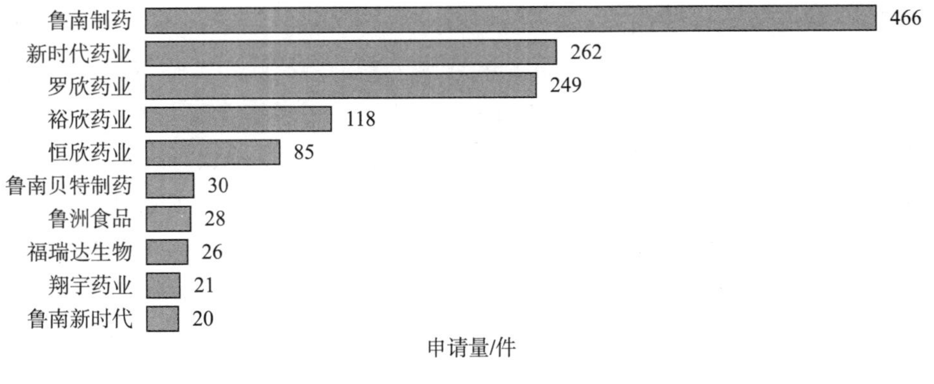

图 5－17 临沂市化学药领域主要专利申请人

1. 鲁南制药集团股份有限公司

如图 5 – 18 所示，鲁南制药近 20 年在化学药领域专利申请量波动较大，在 2011—2014 年申请量较低，从 2015 年开始，专利申请量持续增加，2019 年申请的专利部分尚未公开，因此该年度的数据偏低。

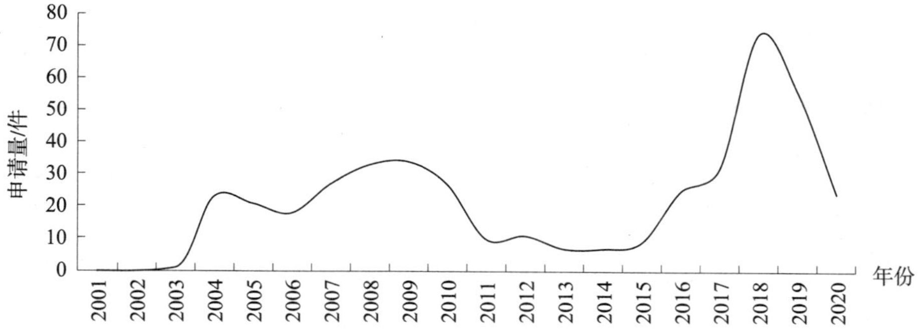

图 5 – 18　鲁南制药专利申请趋势

如表 5 – 23 所示，鲁南制药在化学药领域研发集中于 A61K31（含有机有效成分的药物）和 A61K9（特殊物理形状的药物）。

表 5 – 23　鲁南制药创新技术分布

技术主题	IPC 分类	专利数量/件
含有机有效成分	A61K31	265
特殊物理形状	A61K9	122
治疗心血管疾病	A61P9	84
非有效成分	A61K47	62
治疗代谢类疾病	A61P3	54

从法律状态角度看，经统计，鲁南制药申请的 400 余件化学药领域专利中有约 200 件已获得授权，有 155 件专利尚处于公开或审查阶段，有 35 件专利为驳回或撤回，有 3 件专利期满，只有 1 件专利因未缴年费而失效，可见鲁南制药在该领域专利有效率较高，创新实力较强。

2. 山东罗欣药业集团股份有限公司

如图 5 – 19 所示，罗欣药业自 2008 年开始申请化学药领域相关专利，2015 年专利申请量达到高峰，但之后专利申请量大幅降低，近两年专利申请量稍有恢复。

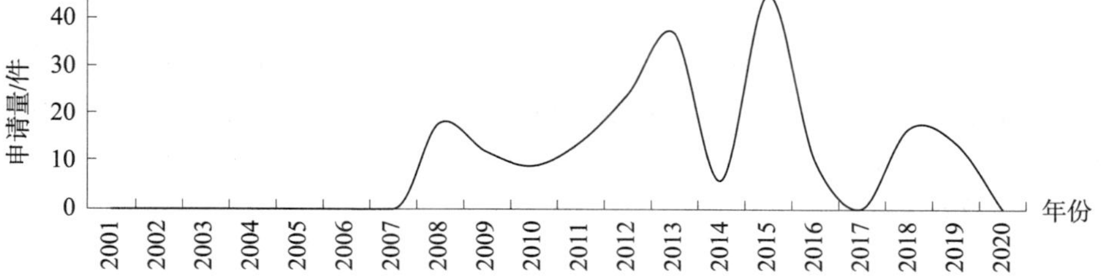

图 5 – 19　罗欣药业专利申请趋势

如表 5-24 所示，罗欣药业在化学药领域上的研发集中于 A61K31（含有机有效成分的医药配制品）和 A61K9（以特殊物理形状为特征的医药配制品）的开发，此外，A61P31（抗感染药）也是研发的重点。

表 5-24　罗欣药业创新技术分布

技术主题	IPC 分类	专利数量/件
含有机有效成分的医药配制品	A61K31	139
以特殊物理形状为特征的医药配制品	A61K9	116
抗感染药，即抗生素、抗菌剂、化疗剂	A61P31	76
以所用的非有效成分为特征的医用配制品	A61K47	60
含杂环化合物	C07D501	51

从法律状态角度看，经统计，罗欣药业在化学药领域共申请 204 件专利，其中，172 件专利获得授权，17 件专利正在实质审查，14 件专利被驳回，另有 1 件专利因未缴年费而失效。可见罗欣药业专利申请质量较高，但是处于审查阶段的专利占比较小，这说明该公司最近几年在化学药领域上创新热情有所下降。

从专利运营角度看，经统计，罗欣药业专利申请中有较大比例为集团内多家公司联合申请，这表明罗欣药业集团内部公司间技术交流和合作频繁。集团内部专利转让情况较多，集团内部有约 40 件次专利发生了专利转让。

3. 山东新时代药业有限公司

如图 5-20 所示，新时代药业在 2004 年和 2005 年分别申请了 2 件和 1 件专利，之后连续几年一直没有再申请专利，从 2009 年开始该公司在化学药领域的专利申请量整体呈增加趋势，2015 年专利申请量达到高峰。

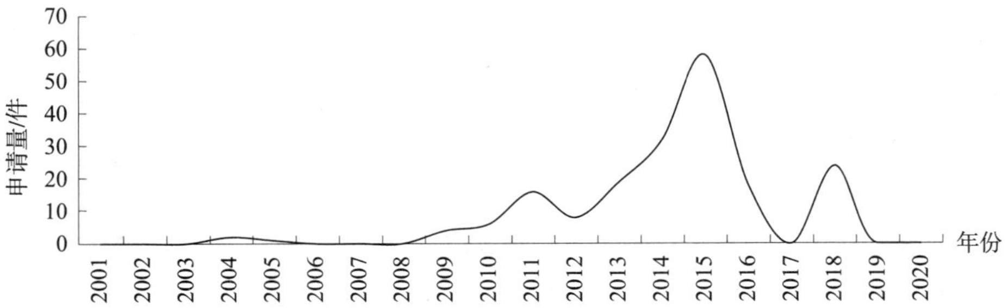

图 5-20　新时代药业专利申请趋势

如表 5-25 所示，新时代药业在化学药领域上的研发集中于 A61K31（含有机有效成分的医药配制品）和 A61K9（以特殊物理形状为特征的医药配制品），主要研发的药品涉及 A61P35（抗肿瘤药）和 A61P3（治疗代谢疾病的药物）等。

表 5－25　新时代药业创新技术分布

技术主题	IPC 分类	专利数量/件
含有机有效成分的医药配制品	A61K31	142
以特殊物理形状为特征的医药配制品	A61K9	116
以所用的非有效成分为特征的医用配制品	A61K47	90
抗肿瘤药	A61P35	36
治疗代谢疾病的药物	A61P3	27

从法律状态角度看，经统计，新时代药业在化学药领域共申请 188 件专利，其中 111 件专利获得授权，45 件专利正在实质审查，12 件专利被驳回。

从专利运营角度看，经统计，新时代药业专利申请中有 32 件次专利发生了专利转让，其中有 29 件次专利由新时代药业转让至鲁南制药，剩余 3 件次专利转让也是在集团内部进行。

（六）临沂市化学药重点专利分析

临沂市化学药方面，重点专利集中于抗肿瘤药、抗感染药、治疗免疫或过敏性疾病药物、治疗神经系统疾病药物、治疗呼吸疾病药物、治疗心血管疾病药物等方面。临沂市抗肿瘤化学药主要集中于鲁南制药集团和罗欣药业集团两个集团公司，包括其子公司。此部分主要针对重点专利进行分析，为临沂市进一步寻找国内及国际可借鉴及可合作的机会。

如表 5－26 所示，鲁南制药集团抗肿瘤药主要围绕其核心产品如替吉奥胶囊、注射用磷酸氟达拉滨、注射用盐酸表柔比星、注射用盐酸吉西他滨、注射用地西他滨等进行专利布局，此外还有在研药品的专利布局（含环咪唑衍生物），从重点专利清单中可以看出，鲁南制药对于核心药品从药物本身、剂型、制备方法等进行了全方位的专利布局。

在咪唑衍生物抗肿瘤药研究方面，阿斯利康、辉瑞公司、赛诺菲公司、阿文蒂斯、默沙东公司、先灵公司等跨国药企均有研究并进行了专利布局，国内南京大学、中国药科大学、鲁南制药、解放军南京总医院均进行了研究。因此，在咪唑衍生物抗肿瘤药方面，鲁南制药可以深度分析以上跨国企业相关产品研发情况和专利布局情况，同时还可以与上述国内高校、医院等进行合作，加速相应药物的研发。

表 5－26　鲁南制药化学药重点专利

专利名称	申请号	法律状态
一种注射用阿扎胞苷冻干制剂	CN201710245641.7	实质审查
一种注射用阿扎胞苷冻干粉	CN201710244527.2	有效
含四元环的咪唑衍生物	CN201610510373.2	实质审查
含桥环的咪唑衍生物	CN201610510930.0	实质审查
含桥环的咪唑醇衍生物	CN201610424991.5	实质审查

续表

专利名称	申请号	法律状态
含二环的咪唑醇衍生物	CN201610326530.4	实质审查
一种马来酸阿法替尼片及其制备方法	CN201610006272.1	有效
一种快速溶出的吉非替尼片剂及其制备方法	CN201511003124.6	有效
一种依维莫司片	CN201510924102.7	实质审查
一种卡培他滨片剂	CN201510067970.8	有效
一种注射用硼替佐米冻干粉针及其制备方法	CN201410840518.6	有效
一种吉非替尼片剂及其制备方法	CN201410273136.X	有效
一种替吉奥胶囊剂及其制备方法	CN201410105459.8	有效
一种磷酸氟达拉滨冻干粉针剂	CN201410010241.4	有效
一种硼替佐米冻干粉针剂及其制备方法	CN201310383198.1	有效
一种二盐酸组胺注射液及其制备方法	CN201310334704.8	有效
一种替吉奥胶囊制剂的制备方法	CN201310122555.9	有效
一种盐酸表柔比星冻干粉针及其制备方法	CN201210594744.1	有效
一种含依维莫司的片剂及其制备方法	CN201210292909.X	有效
一种含替加氟、吉美嘧啶和奥替拉西钾的胶囊制剂	CN201110194373.3	有效
一种含依维莫司的片剂及其制备方法	CN201110356001.6	有效
一种注射用坦西莫司及其制备方法	CN201110356683.0	有效
一种硼替佐米冻干粉针及其制备方法	CN201110134281.6	有效
一种地西他滨冻干粉针剂	CN201010576337.9	有效
二盐酸组胺的制备方法	CN201010576353.8	有效
一种替吉奥颗粒剂及其制备方法	CN200910266511.7	有效
一种含有替加氟、吉美嘧啶和奥替拉西钾的分散片	CN200910211359.2	有效
一种用于胃癌治疗的替加氟复方胃内漂浮胶囊	CN200910176346.6	有效
一种含替加氟、吉美斯他和氧嗪酸钾的胶囊制剂及其制备方法	CN200910127355.6	有效
含有替加氟、吉莫斯特和氧嗪酸钾的口腔崩解片	CN200410075803.X	有效
去氧氟尿苷的分散片剂型	CN200410090727.X	有效

如表5－27所示，罗欣药业抗肿瘤药主要围绕其核心产品如奥沙利铂、盐酸吉西他滨、斑蝥酸钠等进行专利布局，此外在喹唑啉酮类化合物、雌激素受体抑制剂、嘧啶类药物方面进行了核心专利的布局，从重点专利清单中可以看出，罗欣药业对于核心药品从药物本身、制备方法等进行了专利布局，但是在剂型方面大部分为冻干粉针剂、注射剂，在其他剂型方面较为欠缺，这也表明罗欣药业在口服抗癌药方面还有较大发展空间。

在喹唑啉酮类抗肿瘤药研究方面，细胞基因公司、默克公司、葛兰素公司、阿斯利康等跨国公司专利布局较多，国内公司山东蓝金生物、康普生物医药等有相关专利，罗欣药业可与国内相关企业进行研发合作。

表 5－27　罗欣制药重点专利

专利名称	申请号	法律状态
喹唑啉酮类化合物及其应用	CN201880073589.4	实质审查
五元杂环并嘧啶类化合物及其用途	CN201811075655.X	公开
一种含氮大环类化合物、其制备方法、药物组合物及应用	CN201711108023.4	实质审查
抗肿瘤药阿法替尼的合成方法	CN201610565359.2	有效
一种奥沙利铂水合物晶体及其冻干粉针剂	CN201510226732.7	有效
一种治疗脑水肿的药物组合物及其制剂	CN201510166608.6	有效
一种奈拉滨注射液组合物及其制备方法	CN201310105280.8	有效
吡啶并嘧啶或嘧啶并嘧啶类化合物、其制备方法、药物组合物及其用途	CN201310068888.8	有效
一种盐酸吉西他滨组合物及制备方法	CN200910305291.4	有效
一种奥沙利铂药物组合物及其制备方法及原料药奥沙利铂的合成方法	CN200910304674.X	有效
一种多西他赛药物组合物注射剂及其制备方法	CN200910304453.2	有效
一种氯法拉滨药物组合物冻干粉针剂及其制备方法	CN200910304482.9	有效
一种注射用去甲斑蝥酸钠冻干粉及其制备方法	CN200810001183.3	有效

（七）临沂市化学药重点技术产业重要的研发创新团队

如表 5－28 所示，对临沂市化学药重点技术发明人进行统计，临沂市化学药重点技术团队包括以临沂大学为代表的高校研发队伍，以及鲁南制药、罗欣药业等企业类创新主体研发团队。

表 5－28　临沂市化学药重点技术产业重要的研发创新团队

细分领域	发明人	发明人介绍	专利数量/件	具体研究方向
药物类	张贵民	鲁南制药集团股份有限公司研究人员	163	抗肿瘤药、医药制剂技术领域
	李明杰	山东罗欣药业股份有限公司副总经理，高级工程师，获得过临沂科技最高奖，国家科技进步奖二等奖	36	头孢类药物、冻干粉针剂药物制备
医用材料	郑秀文	临沂大学教授，博士生导师，主持国家自然科学基金 3 项，山东省自然科学基金 1 项，山东省重点研发计划项目 1 项，发表 SCI 论文 30 余篇	5	无机功能纳米材料的制备与应用
农用药物	高进华	史丹利农业集团股份有限公司研究人员	84	高塔复合肥、高浓度复合肥研发
	解学仕	史丹利农业集团股份有限公司工程师，临沂市有突出贡献的中青年专家，所参与的项目获得了国家技术发明奖	63	高塔复合肥、生物肥等新型肥研发

（八）临沂市化学药重点技术产业运营情况分析

1. 药物类专利运营情况

统计临沂市药物类领域整体专利运营情况：该领域专利转让数量为264件，专利许可数量为96件次，专利质押数量为8件次。

如图5－21所示，该领域主要专利转让人是罗欣药业，专利转让数量为44件次。如表5－29所示，主要专利受让人是罗欣生物科技（上海）有限公司，一共受让了19件次专利，其为罗欣药业的子公司，二者为关联公司。

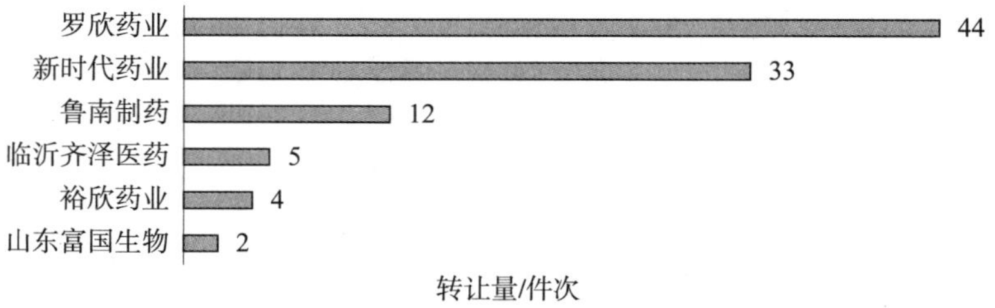

图5－21　临沂市药物类领域重点技术产业主要专利转让人

表5－29　临沂市药物类领域重点技术产业主要专利受让人

受让人	专利数量/件次
罗欣生物科技（上海）有限公司	19
山东裕欣药业有限公司	18
山东罗欣药业集团恒欣药业有限公司	12

2. 医用材料专利运营情况

统计临沂市医用材料领域整体专利运营情况：该领域专利转让数量为9件次，专利许可数量为2件次，无专利质押情况。

主要专利转让人都是个人申请，其中，邱发龙排名第1位，专利转让数量为2件，主要专利受让人是天新福（北京）医疗器材股份有限公司和青岛市中心医院，分别受让了1件专利。

3. 农用药专利运营情况

统计临沂市农用药领域整体专利运营情况：该领域专利转让数量为115件次，专利许可数量为18件次，专利质押数量为8件次。

如图5－22所示，该领域主要专利转让人是山东茂施生态肥料有限公司，专利转让数量为9件次，主要专利受让人是平原县释乐补农业科技有限公司和茂施农业科技有限公司（曾用名：青阳县茂施农业科技有限公司），这两家公司都是山东茂施生态肥料有限公司的子公司，均受让了3件次专利，三者为关联公司。

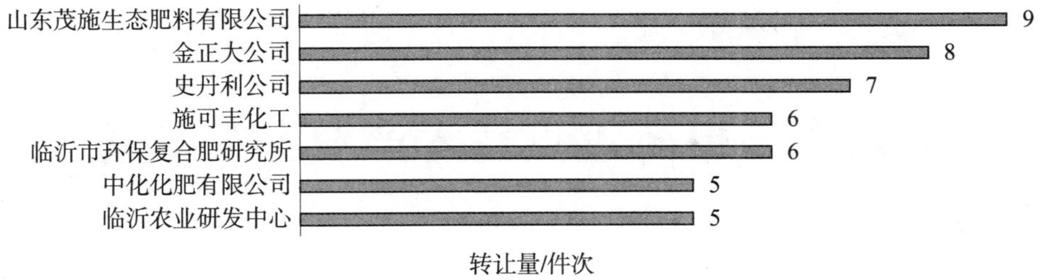

图5－22　临沂市农用药物领域重点技术产业主要专利转让人

第六章　中药重点技术产业分析导航

根据生物医药产业整体专利态势分析结果，以及临沂市中药产业政策调研梳理，对专利导航分析的关键细分领域进行提取：植物源中药、动物源中药、保健食品或用品。

第一节　中药重点技术产业创新方向

一、中药重点技术产业全球专利布局情况

如表6-1所示，对于全球中药领域3个细分领域的专利布局情况进行统计，可以看出，在植物源中药、动物源中药领域的专利申请数量，中国占比较高，保健食品或用品领域的专利申请数量，韩国略领先中国，日本在该领域的布局量也较高。与中国、韩国和日本相比，美国在中药领域的专利布局较少。

表6-1　中药重点技术全球专利布局比例

地域	占比/%		
	植物源中药	动物源中药	保健食品或用品
全球	15.46	10.15	17.06
中国	23.40	15.25	20.71
美国	3.31	2.69	7.02
韩国	6.10	2.45	20.95
日本	5.77	6.42	15.58

如表6-2所示，对于全球中药领域的3个细分领域的原创专利情况进行统计，可以看出，中国的原创专利数最多，远远超过其他国家/地区。

表6-2　中药重点技术原创国家/地区专利申请量分布

地域	专利数量/件		
	植物源中药	动物源中药	保健食品或用品
中国	150772	97956	132018
美国	4536	5136	12698
韩国	6733	2049	21658
日本	1655	1677	5625

二、中药重点技术产业全球专利申请趋势

如表 6－3 所示，对近 20 年的全球中药领域专利申请趋势进行统计，可以看出，植物源中药、动物源中药、保健食品或用品 3 个细分领域的全球专利申请量在 2012—2017 年涨幅明显，而近 3 年的全球专利申请量均有所下降。

表 6－3　全球专利申请趋势

申请年	申请数量/件		
	植物源中药	动物源中药	保健食品或用品
2001	466	3680	2888
2002	786	3492	3638
2003	1536	4496	4172
2004	2495	3973	3886
2005	5044	3171	4454
2006	5224	2524	4640
2007	5920	2881	5184
2008	6457	3096	6502
2009	5524	2779	6429
2010	5946	3011	6752
2011	7110	3680	8294
2012	11246	3985	10829
2013	13434	6886	17084
2014	20357	9405	21939
2015	21237	13454	23668
2016	18678	12296	24814
2017	16638	8122	20752
2018	12031	6213	15832
2019	6243	3452	7634
2020	1708	852	1383

三、中药重点技术产业新入者指数

如图 6－1 所示，统计全球及中国中药重点技术产业新入者指数，可以看出，在植物源中药领域，全球和中国的新入者指数相当，说明全球和中国在植物源中药领域的发展速度相当。此外，在动物源中药领域，中国的新入者指数略高于全球；在保健食品或用品领域，中国的新入者指数明显高于全球，说明中国在动物源中药、保健食品或用品领域技术发展较快。

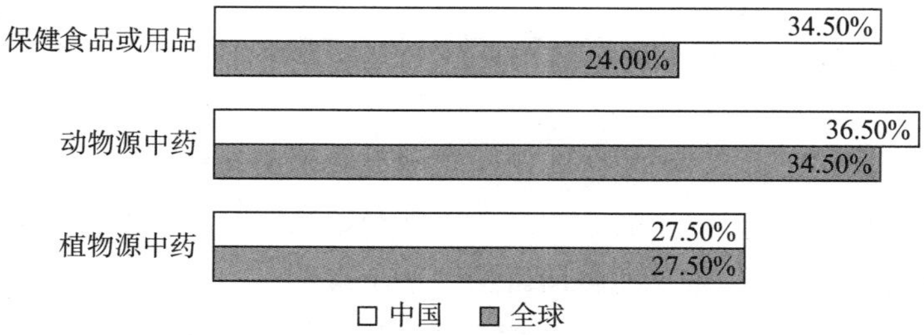

图 6－1　中药重点技术产业新入者指数

第二节　区域中药重点技术产业发展定位

一、全国中药重点技术产业定位

（一）全国中药重点技术产业创新情况

如表 6－4 所示，统计全国中药 3 个细分领域的专利申请数量，可以看出，中国在植物源中药、保健食品或用品领域的专利申请数量较高，动物源中药领域的专利申请数量相对其他 2 个细分领域较少。

表 6－4　全国中药重点技术专利申请量

细分领域	植物源中药	动物源中药	保健食品或用品
专利数量/件	149799	97606	132717

（二）全国中药重点技术产业创新主体类型

如表 6－5 所示，动物源中药和植物源中药的专利申请均以个人申请比例最高，其中，动物源中药的个人专利申请占比达到了 64.89%，3 个细分领域的大专院校和科研单位的专利申请占比均较低。

表 6－5　全国中药重点技术产业创新主体类型

创新主体类型	占比/%		
	植物源中药	动物源中药	保健食品或用品
企业	34.16	24.72	47.58
个人	50.15	64.89	38.09
大专院校	7.51	3.55	7.8
科研单位	4.44	3.18	3.33
机关团体	3.73	3.64	3.04

(三) 全国中药重点技术产业协同创新情况

如表6-6所示，全国中药重点技术产业协同创新项目与专利整体产出相比较少，在3个细分领域中，企业与大专院校、科研单位的合作创新情况较多，大专院校与科研单位合作相对较少。

表6-6　全国中药重点技术产业协同创新情况

细分领域	专利数量/件		
	企业+大专院校	企业+科研单位	大专院校+科研单位
植物源中药	706	475	226
动物源中药	204	164	51
保健食品或用品	885	619	152

(四) 全国中药重点技术产业专利法律状态

如表6-7所示，统计分析全国中药3个细分领域的法律状态，全国中药专利整体上有效率均较低（10%左右），且撤回率高（40%左右），表明虽然近些年我国中药专利申请数量较大，但整体上专利质量较低，各医药相关企业需更加重视专利质量的提升与管理。

表6-7　全国中药重点技术产业专利法律状态

细分领域	占比/%					
	有效	未缴年费	实质审查	驳回	撤回	公开
植物源中药	13.11	10.83	12.68	16.57	45.52	0.98
动物源中药	10.01	18.13	10.14	16.95	42.99	0.68
保健食品或用品	11.27	9.95	16.46	20.94	39.58	1.21

(五) 全国中药重点技术产业龙头企业创新状况

如图6-2所示，统计全国中药创新主体专利，国内企业优势明显，排在前5位的是天士力集团、新希望六和集团、江苏康缘药业、以岭药业及广州药业。

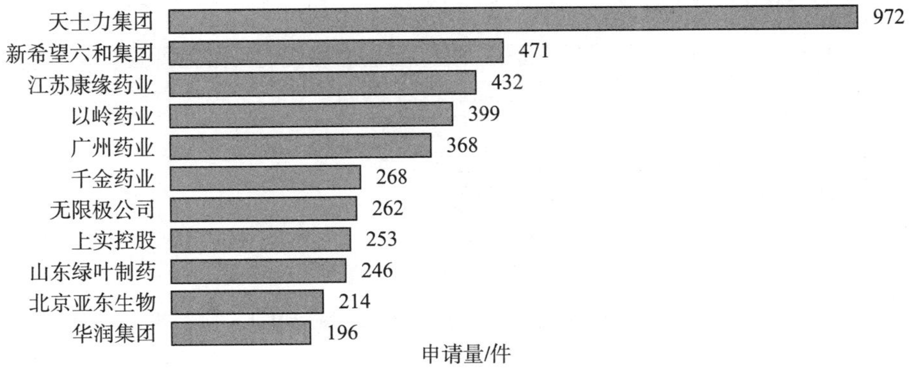

图6-2　全国中药领域主要专利申请人

（六）全国中药重点技术产业重要的研发创新团队

如表6－8所示，对全国中药重点技术发明人进行统计分析，重点技术团队包括上海中医药大学等高校研发队伍，以及天士力集团、以岭药业、步长制药等企业类创新主体研发团队。

表6－8　全国中药重点技术产业重要研发团队

细分领域	发明人	发明人介绍	专利数量/件	具体研究方向
植物源中药	郑永锋	天士力医药集团股份有限公司	401	主要从事心血管疾病的中药研究
	付立家	北京亚东生物药（安国）有限公司	201	主要从事疾病的检测方法
动物源中药	李向军	石家庄以岭药业股份有限公司	223	主要从事治疗糖尿病药物的制剂的研究
	赵涛	陕西步长制药有限公司	186	主要从事中药组合物的研究
	肖伟	江苏康缘药业股份有限公司	156	主要从事免疫系统类药物研究
保健食品或用品	董书阁	青岛嘉瑞生物技术有限公司	265	主要从事复合发酵领域的保健制品研究
	王峥涛	上海中医药大学教授	203	主要从事改性食品的营养性质的研究

（七）全国中药重点技术产业运营情况分析

1. 植物源中药专利运营情况

统计全国植物源中药领域整体专利运营情况：该领域专利转让数量为10078件次，专利许可数量为805件次，专利质押数量为443件次。

如图6－3所示，植物源中药领域主要专利转让人是山东轩竹医药和天津天士力公司，其中，山东轩竹医药专利转让数量最高为78件次。如表6－9所示，主要专利受让人是山东轩竹医药和天津天士力，分别受让了115件次和66件次专利。

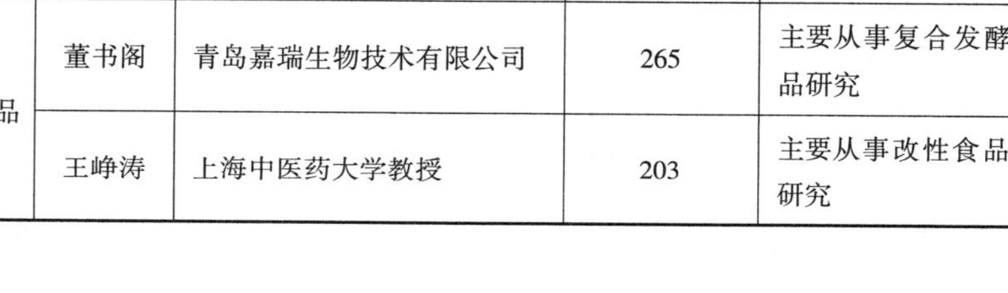

图6－3　全国植物源中药主要专利转让人

表 6-9　全国植物源中药主要专利受让人

受让人	专利数量/件次
山东轩竹医药科技有限公司	115
天津天士力制药股份有限公司	66
青岛市市立医院	61
南通宏慈药业有限公司	60
江阴天江药业有限公司	56
青岛市中心医院	56

2. 动物源中药专利运营情况

统计全国动物源中药领域整体专利运营情况：该领域专利转让数量为 6237 件次，专利许可数量为 587 件次，专利质押数量为 274 件次。

如图 6-4 所示，该领域主要专利转让人靠前的是咸阳步长医药和北京正大绿洲，其中，咸阳步长医药专利转让数量最高为 48 件次。如表 6-10 所示，主要专利受让人是青岛市市立医院和南通宏慈药业有限公司，分别受让了 51 件次和 36 件次专利。

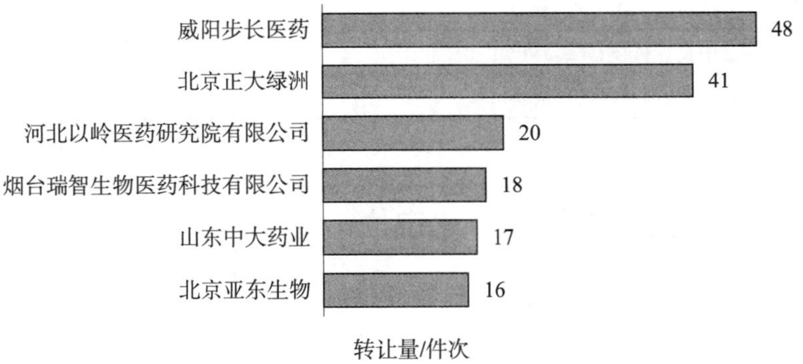

图 6-4　全国动物源中药主要专利转让人

表 6-10　全国动物源中药主要专利受让人

受让人	专利数量/件次
青岛市市立医院	51
南通宏慈药业有限公司	36
四川好医生攀西药业有限责任公司	35
青岛市中心医院	32
江苏苏中药业集团股份有限公司	26

3. 保健食品或用品专利运营情况

统计全国保健食品或用品领域整体专利运营情况：该领域专利转让数量为 11661 件次，专利许可数量为 801 件次，专利质押数量为 713 件次。

如图 6－5 所示，该领域主要专利转让人是青岛市市立医院、南通宏慈药业有限公司，其中青岛市市立医院专利转让数量为 51 件次。如表 6－11 所示，主要专利受让人是雀巢产品有限公司和江西江中制药，分别受让了 32 件次和 25 件次专利。

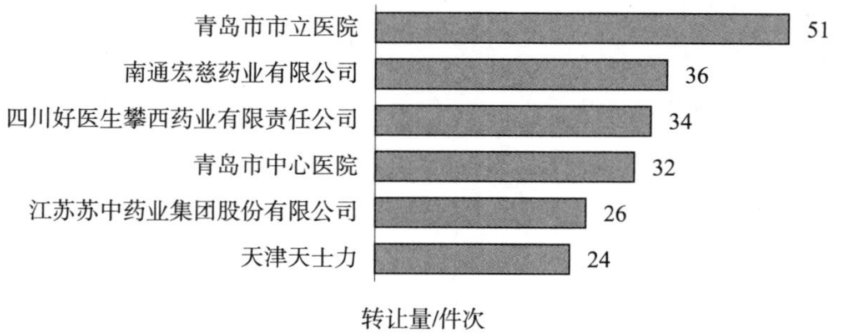

图 6－5　全国保健食品或用品中药主要专利转让人

表 6－11　全国保健食品或用品中药主要专利受让人

受让人	专利数量/件次
雀巢产品有限公司	32
江西江中制药（集团）有限公司	25
江西江中食疗科技有限公司	23
潍坊新希望六和饲料科技有限公司	19

二、山东省中药重点技术产业定位

（一）山东省中药重点技术产业创新情况

如表 6－12 所示，对山东中药 3 个细分领域的专利申请数量进行统计，可以看出，山东在植物源中药领域和动物源中药领域的专利申请数量较高，保健食品或用品领域的专利申请数量相对其他 2 个细分领域较少。

表 6－12　山东中药重点技术产业专利申请量

细分领域	植物源中药	动物源中药	保健食品或用品
专利数量/件	31345	22595	11836

（二）山东省中药重点技术产业创新主体类型

如表 6－13 所示，山东植物源中药和动物源中药领域的个人专利申请比例最高，达到 71.14% 和 75.83%，个人申请较多可能是地方出台相关鼓励政策所致。

表 6－13　山东省中药重点技术产业创新主体类型

创新主体类型	占比/%		
	植物源中药	动物源中药	保健食品或用品
企业	21.74	16.74	46.39
个人	71.14	75.83	42.71
大专院校	1.97	1.35	5.78
科研单位	1.89	1.90	3.79
机关团体	3.26	4.19	1.34

（三）山东省中药重点技术产业协同创新情况

如表 6－14 所示，山东中药重点技术产业协同创新项目较全国范围少，3 个细分领域，企业与大专院校或科研单位的协同创新情况较多，大专院校与科研单位合作相对较少。保健食品或用品领域的协同创新情况较其他 2 个领域多。

表 6－14　山东省中药重点技术产业协同创新情况

细分领域	专利数量/件		
	企业＋大专院校	企业＋科研单位	大专院校＋科研单位
植物源中药	36	19	2
动物源中药	10	16	0
保健食品或用品	66	47	4

（四）山东省中药重点技术产业专利法律状态

如表 6－15 所示，统计分析山东省中药 3 个细分领域的法律状态，3 个领域的专利驳回率和撤回率均较高，有效率均较低，说明山东省中药领域的专利数量虽高，但质量尚有待提高。

表 6－15　山东省中药重点技术产业专利法律状态

细分领域	占比/%					
	有效	未缴年费	实质审查	驳回	撤回	公开
植物源中药	7.77	14.33	9.20	18.73	46.71	2.92
动物源中药	7.17	18.88	5.47	24.12	43.84	0.22
保健食品或用品	11.46	11.04	10.23	15.90	50.21	0.80

（五）山东省中药重点技术产业龙头企业创新状况

如图 6－6 所示，山东省中药专利主要申请人排在前 5 位的是新希望六和集团、济南伟传信息、鲁南制药、青岛华仁技术孵化器有限公司、青岛嘉瑞生物。

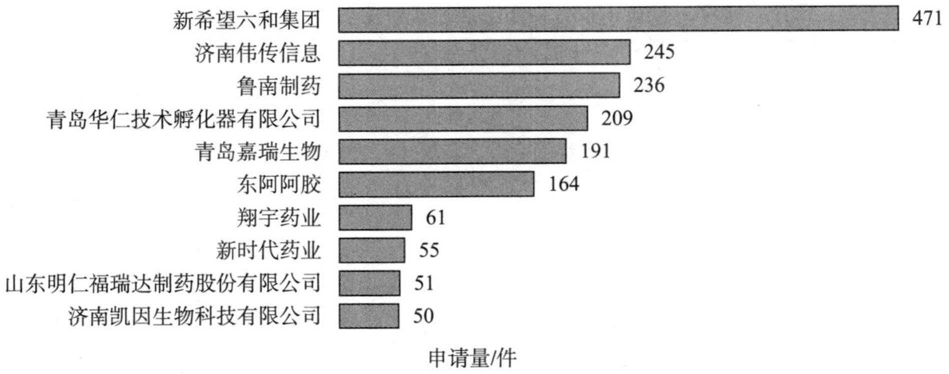

图 6-6　山东省中药领域主要专利申请人

(六) 山东省中药重点技术产业重要的研发创新团队

如表 6-16 所示，对山东省中药重点技术发明人进行统计分析，重点技术团队包括青岛农业大学、山东大学、山东省农业科学院农产品研究所等科研队伍，东阿阿胶等企业类创新主体研发团队，还有青岛市市立医院等医疗体系的医疗研发队伍。

表 6-16　山东中药重点技术产业重要的研发创新团队

细分领域	发明人	发明人介绍	专利数量/件	具体研究方向
植物源中药	王桐	烟台新时代健康产业有限公司	236	主要从事治疗肝病药的研究
	秦志华	青岛农业大学	153	主要从事抗菌抗病毒药的研究
动物源中药	曲海霞	青岛市市立医院	146	传统中草药，特殊物理形状或含不明结构的医药制品
	周祥山	东阿阿胶股份有限公司	124	主要从事补血制剂的研究
	王红	山东宝来利来生物工程股份有限公司	65	主要从事益生菌制剂的研究
保健食品或用品	董书阁	青岛嘉瑞生物技术有限公司	177	保健中药制品，酒精饮料，治疗消化学药物
	张崇禧	山东大学（威海）	43	主要从事保健酒领域研究
	杜方岭	山东省农业科学院农产品研究所	67	主要从事保健营养食品领域研究
	刘昌衡	山东省科学院生物研究所	34	主要从事保健饮料领域研究

(七) 山东省中药重点技术产业运营情况分析

1. 植物源中药专利运营情况

统计山东省植物源中药领域整体专利运营情况：该领域专利转让数量为 3613 件次，专利许可数量为 60 件次，专利质押数量为 22 件次。

如图 6-7 所示，主要专利转让人是山东轩竹医药、山东中大药业，其中，山东轩竹医药该领域专利转让数量为 78 件次。如表 6-17 所示，主要专利受让人是山东轩竹医药和青岛市市立医院，分别受让了 115 件次和 61 件次专利。

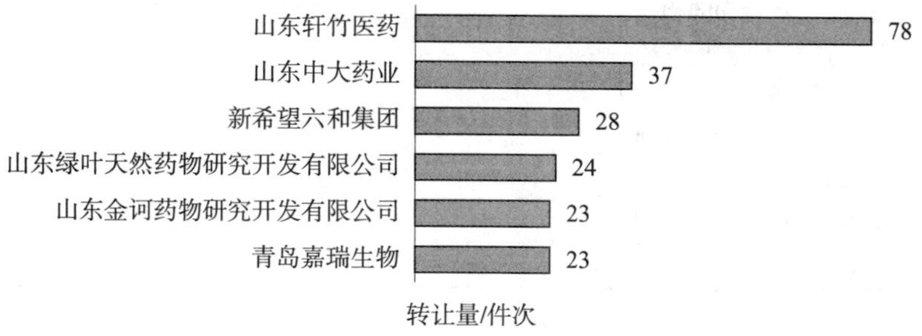

图 6-7　山东植物源中药主要专利转让人

表 6-17　山东植物源中药主要专利受让人

受让人	专利数量/件次
山东轩竹医药科技有限公司	115
青岛市市立医院	61
青岛市中心医院	53
青岛金智高新技术有限公司	27
山东大学齐鲁医院	25
山东绿叶制药有限公司	21

2. 动物源中药专利运营情况

统计山东省动物源中药领域整体专利运营情况：该领域专利转让数量为 2380 件次，专利许可数量为 55 件次，专利质押数量为 30 件次。

如图 6-8 所示，主要专利转让人是烟台瑞智生物医药和山东中大药业，其中，烟台瑞智生物医药专利转让数量为 19 件次。如表 6-18 所示，主要专利受让人是青岛市市立医院和青岛市中心医院，分别受让了 51 件次和 32 件次专利。

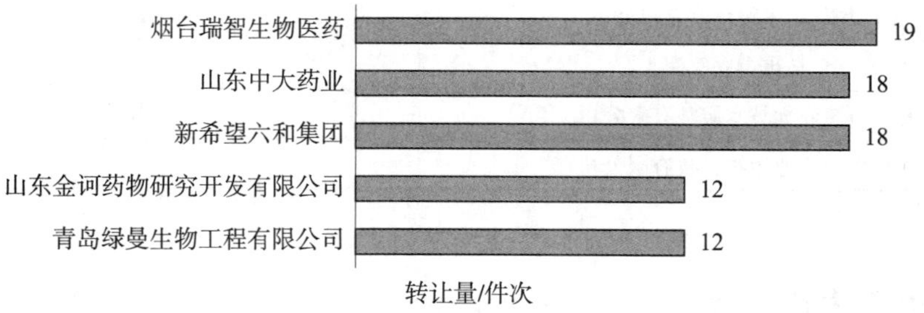

图 6-8　山东动物源中药主要专利转让人

表 6－18　山东动物源中药主要专利受让人

受让人	专利数量/件次
青岛市市立医院	51
青岛市中心医院	32
烟台瑞智生物医药科技有限公司	15
山东大学齐鲁医院	12
济南高瑞生物科技有限公司	12
金诃藏药股份有限公司	12

3. 保健食品或用品专利运营情况

统计山东省保健食品或用品领域整体专利运营情况：该领域专利转让数量为 772 件次，专利许可数量为 17 件次，专利质押数量为 41 件次。

如图 6－9 所示，主要专利转让人是新希望六和集团和青岛嘉瑞生物，其中，新希望六和集团专利转让数量为 55 件次。如表 6－19 所示，主要专利受让人是新希望六和集团和青岛华仁技术孵化器有限公司，分别受让了 13 件次和 10 件次专利。新希望六和集团是以动物保健营养产品、中草药组合物营养添加剂等为主的中药保健品研发单位。

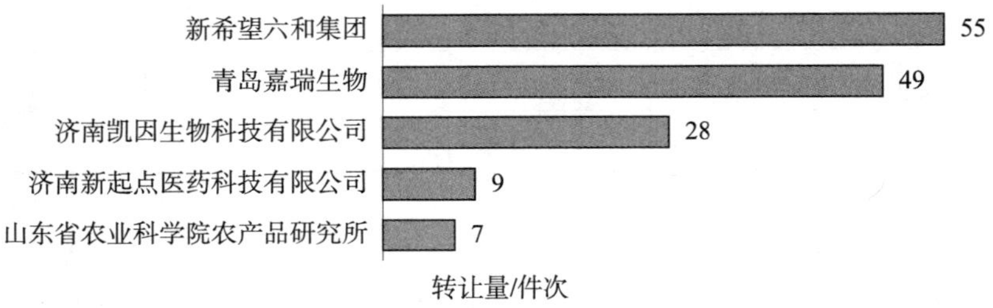

图 6－9　山东保健食品与用品主要专利转让人

表 6－19　山东保健食品与用品主要专利受让人

受让人	专利数量/件次
山东新希望六和集团有限公司	13
青岛华仁技术孵化器有限公司	10
青岛市市立医院	9
青岛智慧农大技术服务有限公司	8
青岛百慧智业生物科技有限公司	8

三、临沂市中药重点技术产业定位

（一）临沂市中药重点技术产业创新情况

如图 6－10 所示，临沂在 3 个细分领域的专利申请量从整体来看与国内和山东几个其他城市相比均有较大差距，整体数量略高于淄博市。多数地区 3 个细分领域专利申请的整体分布基本一致。

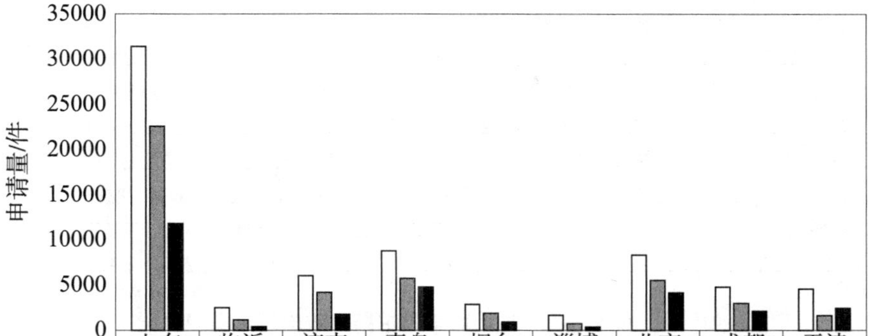

	山东	临沂	济南	青岛	烟台	淄博	北京	成都	天津
□植物源中药	31435	2500	6036	8778	2863	1657	8325	4771	4555
■动物源中药	22595	1166	4191	5749	1875	736	5536	2980	1649
■保健食品或用品	11836	418	1744	4788	923	367	4150	2111	2443

图 6－10　各地中药重点技术产业专利申请量对比

（二）临沂市中药重点技术产业创新主体类型

如图 6－11 所示，从植物源中药领域申请人类型在全国、山东以及其他城市的构成可知，临沂市企业申请比例（9.93%）远低于全国和山东平均水平，且临沂市该领域个人申请比例相当高（87.99%）。这反映了临沂和山东的创新主体不明显，个人申请较多可能由于地方鼓励政策导致，大专院校和科研单位申请量过少，说明临沂市的创新研发能力较弱。

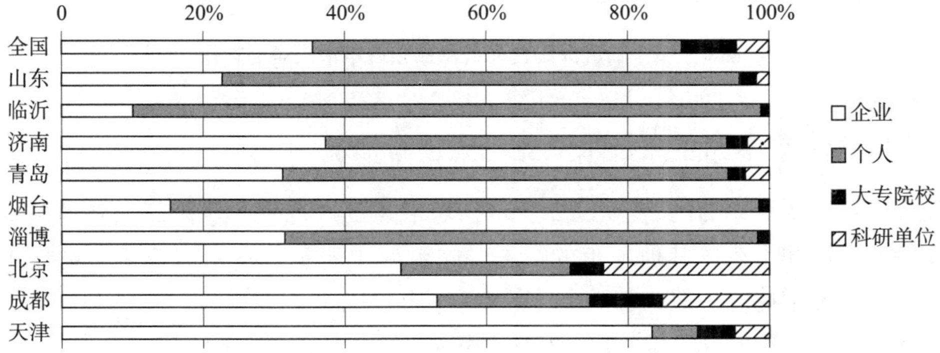

图 6－11　临沂植物源中药领域申请人类型对比

如图 6－12 所示，临沂市动物源中药专利申请人类型情况与植物源中药类似，以个人专利申请为主（88.3%），企业、大专院校和科研单位申请量过少，整体动物源中药领域创新能力不强。

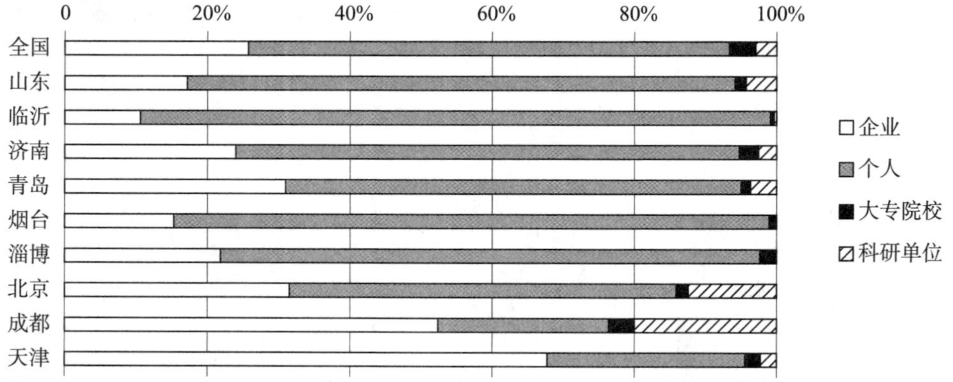

图 6－12　临沂动物源中药领域申请人类型对比

如图 6－13 所示，临沂市个人专利申请比例过高、企业及科研院所创新较少的情况在保健食品或用品领域有所缓解，个人申请比例（51.79%）仍为最高，其次是企业（35.8%），临沂市在该领域的创新研发能力仍然较弱。

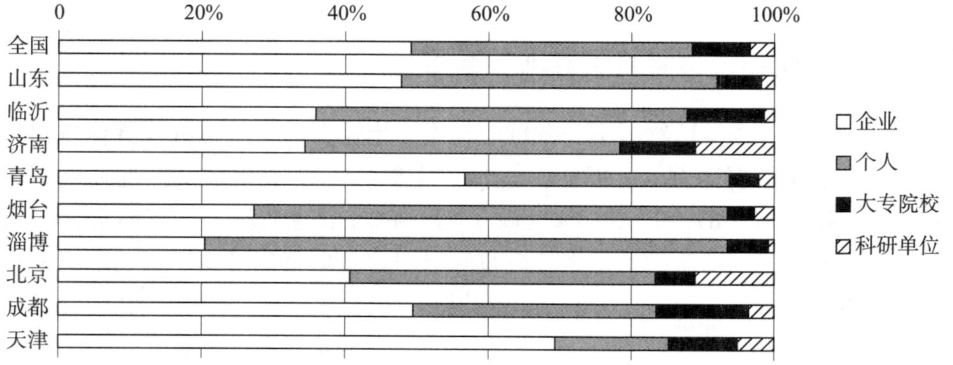

图 6－13　临沂保健食品或用品领域申请人类型对比

（三）临沂市中药重点技术产业协同创新情况

如表 6－20、表 6－21、表 6－22 所示，对中药重点技术产业协同创新情况进行统计，相较于全国和山东省其他地市的数据，临沂的中药重点技术产业协同创新程度不高，与省内淄博市情况近似，各类主体的专利协同创新情况均较少。

表 6－20　临沂植物源中药领域重点技术产业协同创新情况

协同主体	专利数量/件									
	全国	山东	临沂	济南	青岛	烟台	淄博	北京	成都	天津
企业＋大专院校	706	36	0	9	10	3	0	43	26	6
企业＋科研单位	475	19	0	6	2	4	0	40	12	6
大专院校＋科研单位	226	2	2	1	0	0	0	28	2	1

表 6－21　临沂动物源中药领域重点技术产业协同创新情况

协同主体	专利数量/件									
	全国	山东	临沂	济南	青岛	烟台	淄博	北京	成都	天津
企业＋大专院校	204	10	0	0	0	2	0	19	3	1
企业＋科研单位	164	16	0	1	1	1	0	11	5	3
大专院校＋科研单位	51	0	0	0	0	0	0	4	2	0

表 6－22　临沂保健食品或用品领域重点技术产业协同创新情况

协同主体	专利数量/件									
	全国	山东	临沂	济南	青岛	烟台	淄博	北京	成都	天津
企业＋大专院校	885	66	1	14	27	4	0	12	21	9
企业＋科研单位	619	47	1	8	3	9	1	42	12	10
大专院校＋科研单位	152	4	0	0	0	0	0	7	2	2

（四）临沂市中药重点技术产业专利法律状态

如图 6－14 所示，统计临沂市植物源中药领域专利的法律状态，临沂市有效率占比超过全国及山东平均水平，不及天津、北京等地区。处于在审状态中的专利占比较高，说明临沂市在植物源中药领域的创新还在不断加强，创新热情较高。

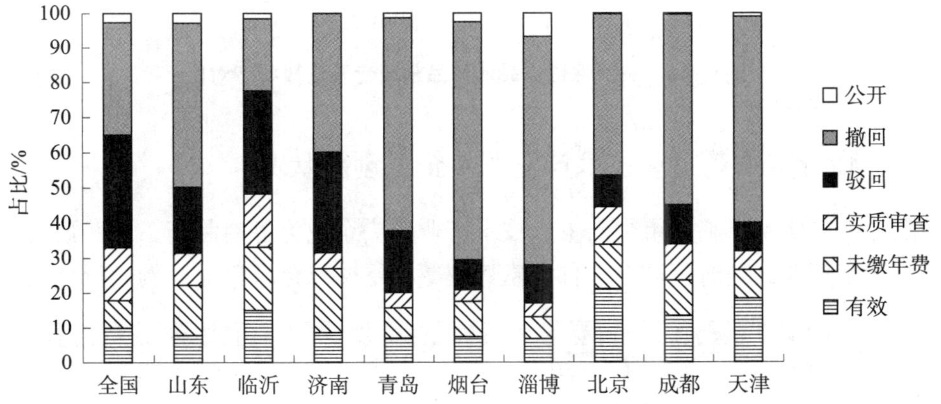

图 6－14　临沂植物源中药领域专利法律状态对比

如图 6－15 所示，统计临沂市动物源中药领域专利的法律状态，临沂市有效率占比超过全国及山东平均水平，超过省内几个城市，处于在审中的专利占比较高。

如图 6－16 所示，统计临沂市保健食品或用品专利的法律状态，临沂市专利申请的有效率较低，低于全国和山东平均水平。处于公开状态尚未审查的专利占比相当高，说明临沂市在该领域的创新热情较高。

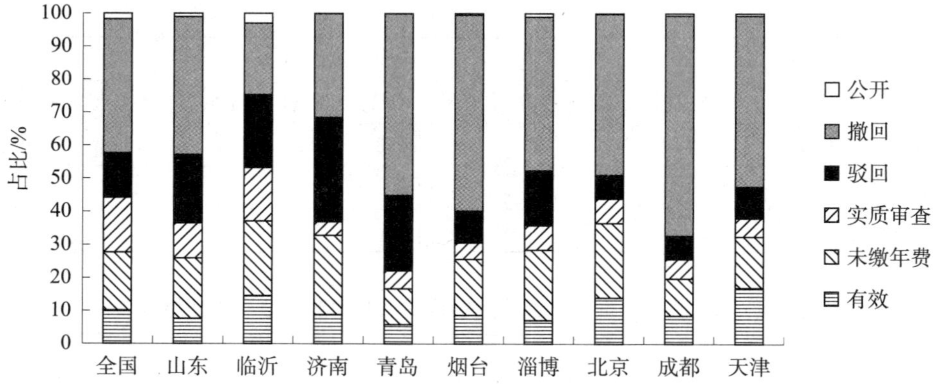

图 6-15　临沂动物源中药领域专利法律状态对比

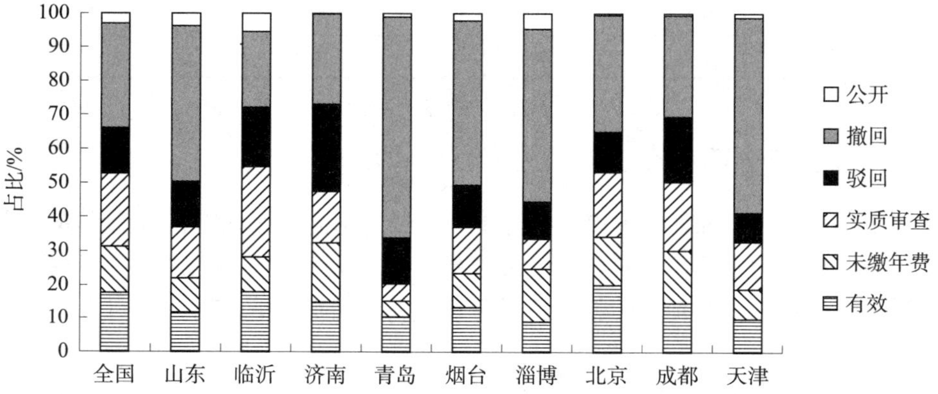

图 6-16　临沂保健食品或用品领域专利法律状态对比

(五) 临沂市中药重点技术产业龙头企业创新状况

如图 6-17 所示，临沂市中药重点技术产业龙头企业为鲁南制药，中药研发较多的企业还有翔宇药业、新时代药业、仁和堂药业等。下文以翔宇药业为例进行介绍。

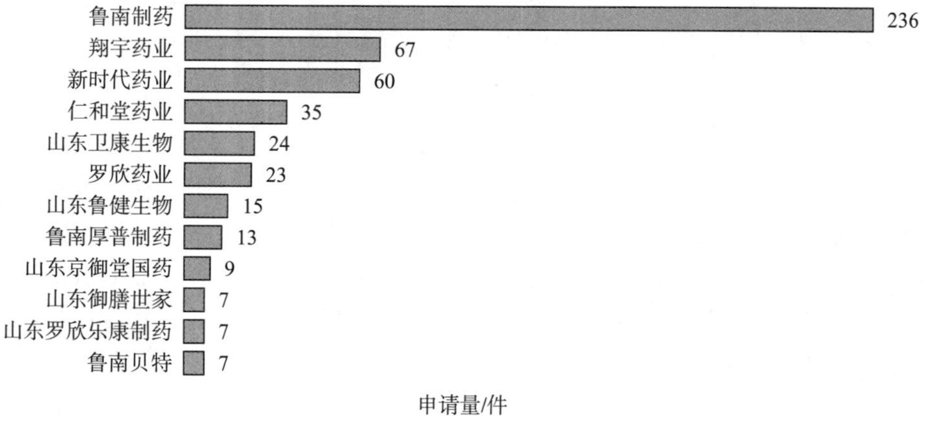

图 6-17　临沂市中药重点技术领域主要专利申请人

如图 6-18 所示，虽然在中药领域研发实力与鲁南制药存在明显差距，但翔宇药业也是临沂中药研发相对积极的企业，其与旗下的全资子公司“山东仁和堂药业有限公司”从 2012 年开始提高了对知识产权的重视程度，每年有不断的中药专利输出，在 2015 年达到申请量高峰。

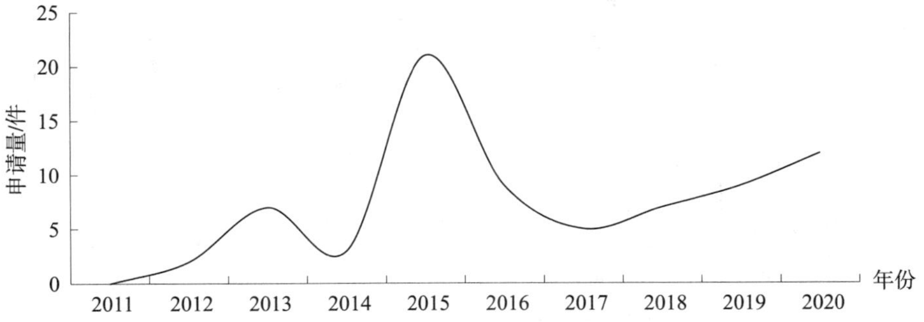

图 6-18　翔宇药业专利申请趋势

如表 6-23 所示，翔宇药业创新技术研发集中于中药的制备工艺和中药的新剂型，重点研发领域集中在 A61K36（含有来自藻类、苔藓、真菌或植物或其派生物）、A61K9（以特殊物理形状配制的医药配制品）。其中，在植物中草药领域的专利申请量最高，达 49 件。

表 6-23　翔宇药业股份有限公司创新技术分布

技术主题	IPC 分类	申请数量/件
含有来自藻类、苔藓、真菌或植物或其派生物	A61K36	49
以特殊物理形状配制的医药配制品	A61K9	29
治疗生殖系统疾病的药物	A61P15	22
抗感染药	A61P31	10
治疗血液疾病的药物	A61P7	7
治疗泌尿系统的药物	A61P13	6

此外，山东罗欣乐康制药是罗欣药业的全资子公司，主要负责中成药、中药提取物、中药饮片、中药颗粒等生产和研发。目前，已申请 8 件专利，涉及治疗肝炎、感冒、咽炎、腹泻等疾病中药的制备工艺。除了治疗感冒的 2 件专利获得授权外，其余专利还在审查中。

（六）临沂市中药重点技术产业重要的研发创新团队

如表 6-24 所示，对临沂市中药重点技术发明人进行统计，重点技术团队包括以临沂大学为代表的高校研发队伍，以及翔宇药业、山东鲁健生物等企业类创新主体研发团队。

表 6-24　临沂市中药重点技术产业重要的研发创新团队

细分领域	发明人	发明人介绍	专利数量/件	具体研究方向
植物源中药	林凡儒	翔宇药业股份有限公司研究人员	46	治疗生殖系统疾病的药物组合领域，以及有机成分及特殊物理形状的医药配制品领域
	史晓委	临沂大学	28	以非有效成分为特征的医药配制品，如治疗糖尿病的药物
	林凡儒	山东仁和堂药业有限公司	18	姜黄属药物，丸剂
	郝贵峰	沂南县众友中药材种植专业合作社	14	治疗皮肤类等疾病的药物
动物源中药	张贵民	鲁南制药集团股份有限公司	41	治疗消化系统、心血管系统的药物领域
	焦念强	山东鲁健检测技术服务有限公司	30	辅助治疗目的的营养保健品领域
	史晓委	临沂大学	8	以非有效成分为特征的医药配制品，如治疗糖尿病的药物
	林凡儒	翔宇药业股份有限公司研究人员	7	治疗生殖系统疾病的药物组合领域，以及有机成分及特殊物理形状的医药配制品领域
	王宗继	山东鲁健生物医药科技有限公司	5	动植物提取物
保健食品或用品	王宗继	山东卫康生物医药科技有限公司	13	辅助治疗目的的营养保健品领域，如保健粥、营养配方食品
	于军香	临沂大学副教授，《有机化学》《果蔬加工工艺学》等教学，农产品、食品、生物化学等领域	47	保健食品，饮料领域
	高俊安	山东世纪春食品有限公司	23	营养保健品领域
	王宗继	山东鲁健生物医药科技有限公司	13	治疗小儿厌食疾病的保健食品

（七）临沂市中药重点技术产业运营情况分析

1. 植物源中药专利运营情况

统计临沂市植物源中药领域整体专利运营情况：该领域专利转让数量为 454 件次，专利许可数量为 21 件次，专利质押数量为 1 件次。

如图 6－19 所示，临沂市该领域的主要专利转让人是仁和堂药业和鲁南制药，其中，仁和堂药业专利转让数量为 12 件次。如表 6－25 所示，主要专利受让人是山东翔宇健康制药和仁和堂药业，分别受让了 14 件次和 13 件次专利。

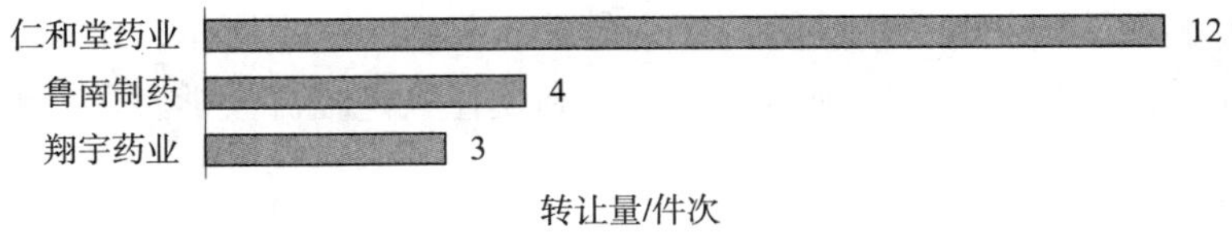

图 6－19　临沂植物源中药主要专利转让人

表 6－25　临沂植物源中药主要专利受让人

受让人	专利数量/件次
山东翔宇健康制药有限公司	14
仁和堂药业有限公司	13
青岛市中心医院	6
临沂大学	4
鲁南厚普制药有限公司	4

此外，临沂市转让主体排名前 50 位的均以个人为主，企业转让的专利数量较少，说明其生产科研成果转化程度低。

2. 动物源中药专利运营情况

统计临沂市动物源中药领域整体专利运营情况：该领域专利转让数量为 209 件次，专利许可数量为 27 件次，无专利质押情况。

如图 6－20 所示，主要专利转让人是鲁南制药、仁和堂药业，其中，鲁南制药转让量排名第 1，其转让的动物源中药专利数量为 9 件次。如表 6－26 所示，主要专利受让人是鲁南厚普制药和临沂大学，分别受让了 6 件次和 4 件次专利。

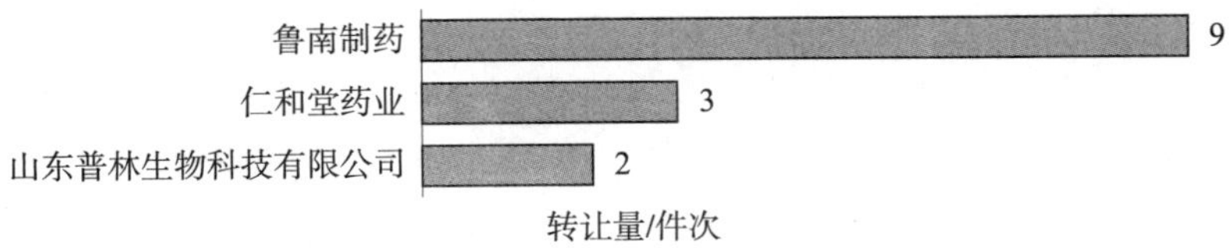

图 6－20　临沂动物源中药主要专利转让人

表 6－26　临沂动物源中药主要专利受让人

受让人	专利数量/件次
鲁南厚普制药有限公司	6
临沂大学	4
鲁南制药集团股份有限公司	4
仁和堂药业有限公司	4

3. 保健食品或用品专利运营情况

统计临沂市保健食品或用品领域整体专利运营情况：该领域专利转让数量为 43 件次，无专利许可和质押情况。

该领域专利转让数量较多的主要为个人转让，如图 6－21 所示，山东卫康生物专利转让数量为 4 件次。如表 6－27 所示，主要专利受让人是临沂大学及莒南和信食品有限公司，分别受让了 3 件次和 2 件次专利。

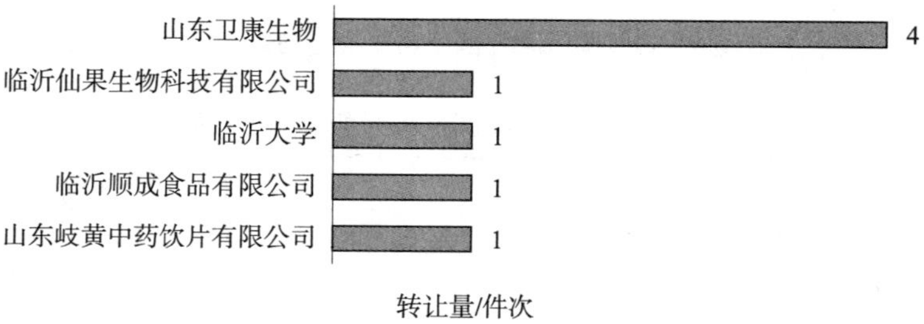

图 6－21　临沂保健食品或用品主要专利转让人

表 6－27　临沂保健食品或用品主要专利受让人

受让人	专利数量/件次
临沂大学	3
莒南和信食品有限公司	2

第七章　医疗器械重点技术产业分析导航

根据生物医药产业整体专利态势分析结果，以及临沂市医疗器械产业政策调研梳理，对专利导航分析的关键细分领域进行提取：诊断治疗类、基础类、体外诊断试剂类。

第一节　医疗器械重点技术产业创新方向

一、医疗器械重点技术全球专利布局情况

如表7－1所示，从医疗器械领域的全球专利布局情况来看，诊断治疗类在各国专利申请占据份额最多，而基础类占比较少，均不足5%。

表7－1　医疗器械重点技术全球专利布局比例

地域	占比/%		
	诊断治疗类	基础类	体外诊断试剂类
全球	59.84	3.43	22.04
中国	64.87	4.98	12.41
美国	57.06	2.12	22.60
韩国	45.53	3.18	15.58
日本	63.50	3.21	17.97

如表7－2所示，对全球医疗器械领域3个细分领域的原创专利情况进行统计，可以看出美国在各个领域都位居前列，中国在基础类领域更胜一筹。

表7－2　医疗器械重点技术原创国家/地区专利申请量分布

地域	专利数量/件		
	诊断治疗类	基础类	体外诊断试剂类
中国	980781	79029	172740
美国	1580239	63856	772242
韩国	157806	9832	52343
日本	791873	39790	207201

二、医疗器械重点技术全球专利申请趋势

如表 7－3 所示，对近 20 年的全球医疗器械领域专利申请趋势进行统计，可以看出诊断治疗类与基础类领域的全球专利申请量在近几年增长较快。

表 7－3　医疗器械重点技术产业全球专利申请趋势

申请年份	申请数量/件		
	诊断治疗类	基础类	体外诊断试剂类
2001	113844	7019	85066
2002	118742	7583	84628
2003	133091	8057	80547
2004	132814	6793	67628
2005	136000	6547	60775
2006	138934	5831	57085
2007	144282	6042	57710
2008	141016	5967	58773
2009	150155	6784	55714
2010	162207	7445	57324
2011	176555	8352	58706
2012	191626	8369	59719
2013	200040	8875	60920
2014	214304	8837	63229
2015	232727	11721	63056
2016	232700	14536	65706
2017	237203	16620	62961
2018	237889	17522	53963
2019	176274	14877	33387
2020	18882	2006	6268

三、医疗器械重点技术产业新入者指数

如图 7－1 所示，统计全球及中国医疗器械重点技术产业新入者指数，可以看出，中国在各个领域的新入者指数都高于全球平均水平，说明中国近年来在这些领域技术发展很快。

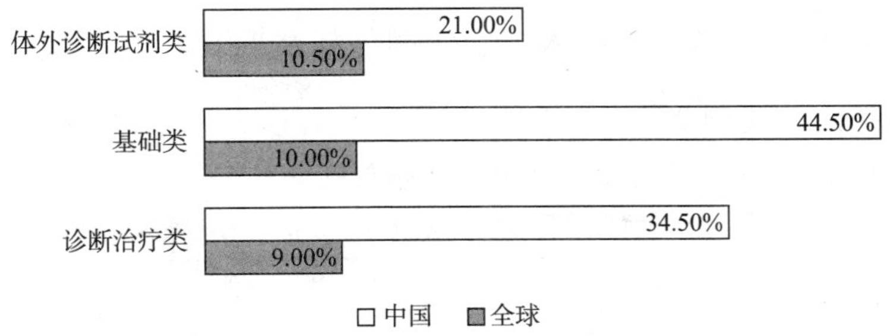

图 7－1　医疗器械重点技术产业新入者指数

第二节　区域医疗器械重点技术产业发展定位

一、全国医疗器械重点技术产业定位

（一）全国医疗器械重点技术产业创新情况

如表 7－4 所示，统计全国医疗器械 3 个细分领域的专利申请数量，可以看出，中国在诊断治疗类领域的专利申请数量较高，在其他 2 个领域专利申请相对较少。

表 7－4　全国医疗器械重点技术专利申请量

细分领域	诊断治疗类	基础类	体外诊断试剂类
专利数量/件	1093287	82464	156071

（二）全国医疗器械重点技术产业创新主体类型

如表 7－5 所示，医疗器械 3 个细分领域都是企业申请比例最高，均超过了 40%。诊断治疗类和基础类领域的个人申请比例较高，超过了 37%。体外诊断试剂类领域中，大专院校和科研单位申请比例较高，两类申请比例和超过了 37%，说明该领域科研能力较强。

表 7－5　全国医疗器械重点技术产业创新主体类型

创新主体类型	占比/%		
	诊断治疗类	基础类	体外诊断试剂类
企业	41.47	45.35	46.86
个人	37.23	38.86	7.20
大专院校	7.29	4.83	22.88
科研单位	2.16	1.08	14.80
机关团体	11.64	9.71	7.86

（三）全国医疗器械重点技术产业协同创新情况

如表7－6所示，全国范围内的诊断治疗类和体外诊断试剂类领域，各类主体专利创新合作相对较多。基础类领域各类主体合作相对较少。

表7－6　全国医疗器械重点技术产业协同创新情况

细分领域	专利数量/件		
	企业＋大专院校	企业＋科研单位	大专院校＋科研单位
诊断治疗类	3606	1680	938
基础类	109	85	24
体外诊断试剂类	3949	2690	1618

（四）全国医疗器械重点技术产业专利法律状态

如表7－7所示，统计分析全国医疗器械3个细分领域的专利法律状态，诊断治疗类和基础类领域的专利未缴年费而失效的比例均较高，都超过了33%，说明我国上述领域专利维持情况尚不乐观。

表7－7　全国医疗器械重点技术产业专利法律状态

细分领域	占比/%					
	有效	未缴年费	实质审查	驳回	撤回	公开
诊断治疗类	33.52	33.52	11.26	2.43	6.75	1.29
基础类	40.03	33.62	12.04	2.31	7.14	1.93
体外诊断试剂类	27.26	12.23	29.13	9.04	18.71	1.92

（五）全国医疗器械重点技术产业龙头企业创新状况

如图7－2所示，统计全国医疗器械创新主体，专利申请量排在前5位的是强生公司、奥林巴斯、飞利浦公司、西门子公司和通用电气，国内企业上海联影医疗和重庆润泽医药公司分别排名第7、第10位，可见国外医药企业在中国的优势地位较为明显，但中国企业也有较强的创新潜力。

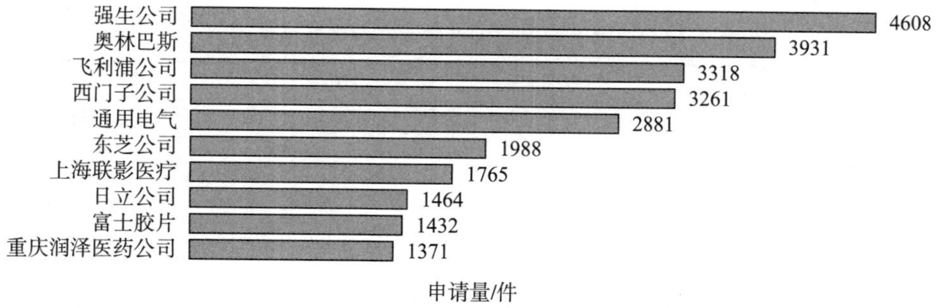

图7－2　全国医疗器械领域主要专利申请人

（六）全国医疗器械重点技术产业重要的研发创新团队

如表7－8所示，对全国医疗器械重点技术发明人进行统计分析，重点技术团队包括江南大学等高校研发队伍，以及微创医疗科学有限公司、北京博辉瑞进生物科技有限公司等企业类创新主体研发团队。

表7－8　全国医疗器械重点技术产业重要的研发创新团队

细分领域	发明人	发明人介绍	专利数量/件	具体研究方向
诊断治疗类	罗七一	微创医疗科学有限公司首席技术官，GMC、CEC和ICC委员	253	支架、磁液悬浮式血泵
	李学军	北京博辉瑞进生物科技有限公司研究人员，国家科技进步奖二等奖获得者之一、天津市科技发明一等奖	167	医用外科器械
基础类	柏轲	成都杰仕德科技有限公司研究人员	115	配药装置
体外诊断试剂类	何方洋	北京勤邦生物技术有限公司研究人员，全国优秀科技工作者，获国家科技进步奖二等奖	291	单克隆抗体的制备和应用
	胥传来	江南大学教授，博士生导师，国务院政府特殊津贴专家，“万人计划”科技创新领军人才	281	生物界面与生物检测

（七）全国医疗器械重点技术产业运营情况分析

1. 诊断治疗类专利运营情况

统计全国诊断治疗类领域整体专利运营情况：该领域专利转让数量为67652件次，专利许可数量为5866件次，专利质押数量为2820件次。

如图7－3所示，主要专利转让人是国外企业，其中，株式会社东芝专利转让数量为2151件次。如表7－9所示，主要专利受让人是东芝医疗系统株式会社，一共受让了1104件次专利，其为株式会社东芝的关联公司。

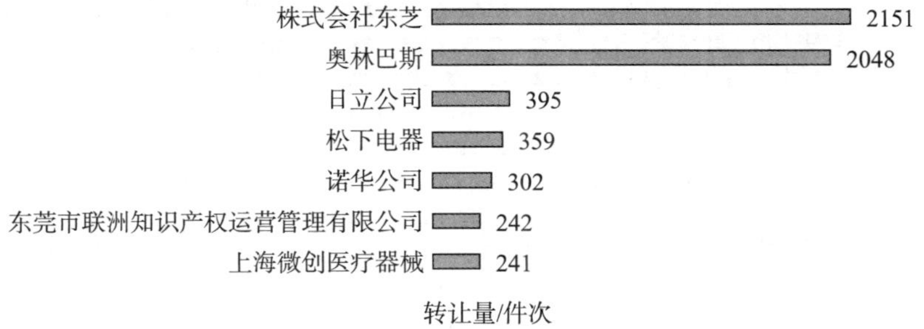

图7－3　全国诊断治疗类领域重点技术产业主要专利转让人

表 7-9 全国诊断治疗类领域重点技术产业主要专利受让人

受让人	专利数量/件次
东芝医疗系统株式会社	1104
东芝电子管器件株式会社	10
东芝能源系统株式会社	6

2. 基础类专利运营情况

统计全国基础类领域整体专利运营情况：该领域专利转让数量为 3268 件次，专利许可数量为 526 件次，专利质押数量为 230 件次。

如图 7-4 所示，该领域主要专利转让人是浙江飞云科技有限公司，专利转让数量为 43 件次，主要专利受让人是楚天飞云制药装备（长沙）有限公司，一共受让了 43 件次专利。浙江飞云科技有限公司已注销，其部分原股东为楚天飞云制药装备（长沙）有限公司的股东，二者为关联企业。

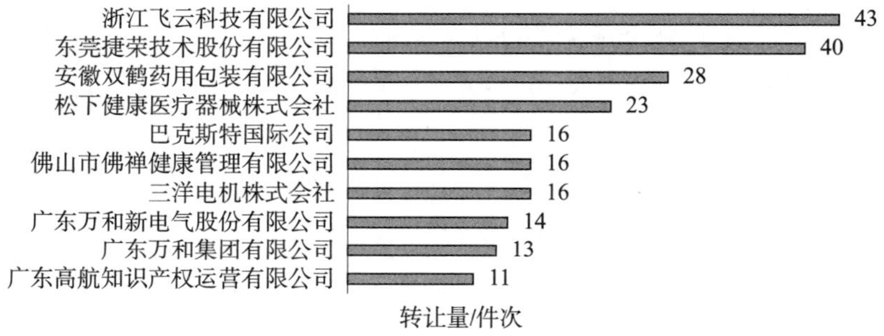

图 7-4 全国基础类领域重点技术产业主要专利转让人

3. 体外诊断试剂专利运营情况

统计全国体外诊断试剂领域整体专利运营情况：该领域专利转让数量为 10240 件次，专利许可数量为 907 件次，专利质押数量为 495 件次。

如图 7-5 所示，该领域主要专利转让人是北京泱深生物，其同时也是全国多肽蛋白药领域转让专利最多的企业。如表 7-10 所示，主要专利受让人是中国科学院各学科创新中心及研究院。

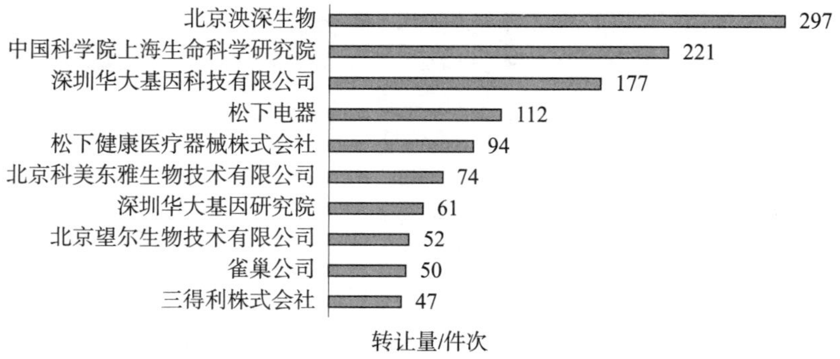

图 7-5 全国体外诊断试剂类领域重点技术产业主要专利转让人

表 7－10　全国体外诊断试剂类领域重点技术产业主要专利受让人

受让人	专利数量/件次
中国科学院分子细胞科学卓越创新中心	124
中国科学院分子植物科学卓越创新中心	60
中国科学院脑科学与智能技术卓越创新中心	16
中国科学院生物化学与细胞生物学研究所苏州研究院	5

二、山东省医疗器械重点技术产业定位

（一）山东省医疗器械重点技术产业创新情况

如表 7－11 所示，对山东省医疗器械 3 个细分领域的专利申请数量进行统计，可以看出，山东省在诊断治疗类领域的专利申请数量较高，在体外诊断试剂类领域的专利申请数量相对较少。

表 7－11　山东省医疗器械重点技术产业专利申请量

细分领域	诊断治疗类	基础类	体外诊断试剂类
专利数量/件	162636	13788	7384

（二）山东省医疗器械重点技术产业创新主体类型

如表 7－12 所示，医疗器械 3 个细分领域的企业申请比例都不高，为 10%～23%；诊断治疗类和基础类领域个人专利申请比例都很高，超出了 75%；体外诊断试剂类领域的科研院校专利占比较多，说明该领域科研创新能力较强。

表 7－12　山东省医疗器械重点技术产业创新主体类型

创新主体类型	占比/%		
	诊断治疗类	基础类	体外诊断试剂类
企业	10. 24	15. 92	22. 66
个人	78. 97	75. 73	19. 56
大专院校	2. 47	1. 65	28. 43
科研单位	0. 87	0. 63	18. 30
机关团体	7. 25	5. 78	11. 01

（三）山东省医疗器械重点技术产业协同创新情况

如表 7－13 所示，山东省内的诊断治疗类领域和体外诊断试剂类领域的各类主体合作相对较多，基础类领域专利合作创新相对较少。

表 7-13 山东省医疗器械重点技术产业协同创新情况

细分领域	专利数量/件		
	企业+大专院校	企业+科研单位	大专院校+科研单位
诊断治疗类	97	89	25
基础类	5	17	1
体外诊断试剂类	47	44	38

(四) 山东省医疗器械重点技术产业专利法律状态

如表 7-14 所示，统计分析山东省医疗器械 3 个细分领域的法律状态，山东省诊断治疗类和基础类领域未缴年费而失效的比例很高，超过了 67%，说明上述领域专利授权后维持情况较差。

表 7-14 山东省医疗器械重点技术产业专利法律状态

细分领域	占比/%					
	有效	未缴年费	实质审查	驳回	撤回	公开
诊断治疗类	15.58	69.12	5.77	2.74	5.53	0.19
基础类	17.92	67.05	5.87	2.51	5.08	0.22
体外诊断试剂类	31.90	20.36	20.84	12	14.31	0.18

(五) 山东省医疗器械重点技术产业龙头企业创新状况

如图 7-6 所示，山东省医疗器械专利主要申请人主要是山东新华医疗器械、威高集团、山东博科生物产业有限公司等。

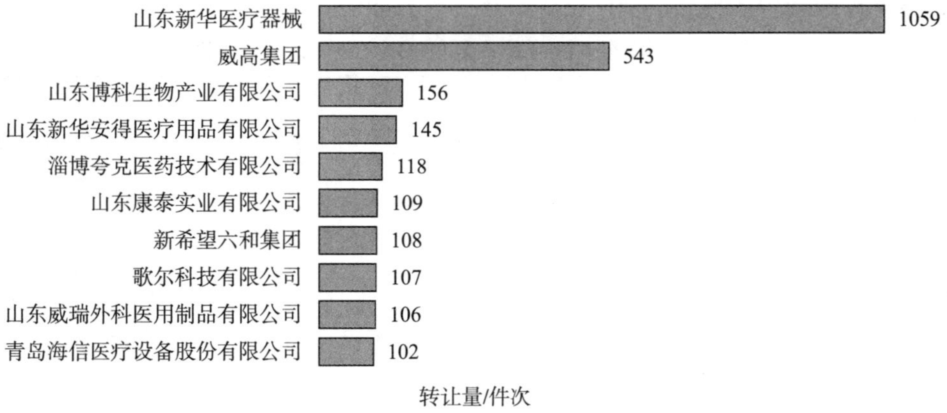

图 7-6 山东省医疗器械领域主要专利申请人

(六) 山东省医疗器械重点技术产业重要的研发创新团队

如表 7-15 所示，对山东省医疗器械重点技术发明人进行统计分析，重点技术团队包括济南大学等高校研发队伍，以及威高集团、山东新华医疗器械等企业类创新主体研发团队。

表 7－15　山东省医疗器械重点技术产业重要的研发创新团队

细分领域	发明人	发明人介绍	专利数量/件	具体研究方向
诊断治疗类	马才	山东威高集团医用高分子制品股份有限公司研究人员	194	注射器、导尿管
	成希革	山东新华医疗器械股份有限公司技术中心主任、副总工程师，第六批淄博市有突出贡献的中青年专家	61	放射治疗设备
基础类	王涛	青岛海尔智慧厨房电器有限公司研究人员	95	消毒柜
体外诊断试剂类	魏琴	济南大学教授、博士生导师、“万人计划”人才，泰山学者，2011 年山东高等学校优秀科研成果奖一等奖	147	生物传感分析、免疫传感器
	甘宜梧	山东博科生物产业有限公司研究人员，第三批国家“万人计划”科技创业领军人才	94	蛋白质检测试剂盒

（七）山东省医疗器械重点技术产业运营情况分析

1. 诊断治疗类专利运营情况

统计山东省诊断治疗类领域整体专利运营情况：该领域专利转让数量为 4728 件次，专利许可数量为 143 件次，专利质押数量为 189 件次。

如图 7－7 所示，山东省诊断治疗类领域的专利转让人以个人为主，主要专利转让的非个人主体是潍坊护理职业学院，专利转让数量为 20 件次。主要专利受让人是东莞市金越信息科技有限公司，一共受让了 7 件次专利。

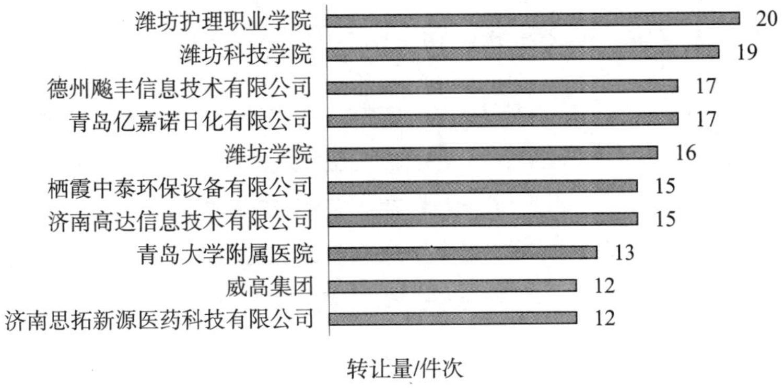

图 7－7　山东省诊断治疗类领域重点技术产业主要专利转让人

2. 基础类专利运营情况

统计山东省基础类领域整体专利运营情况：该领域专利转让数量为374件次，专利许可数量为15件次，专利质押数量为12件次。

如图7－8所示，该领域主要专利转让人是山东艾博康生物科技有限公司，专利转让数量为9件次。如表7－16所示，主要专利受让人包括青岛大学附属医院、青岛市市立医院等。

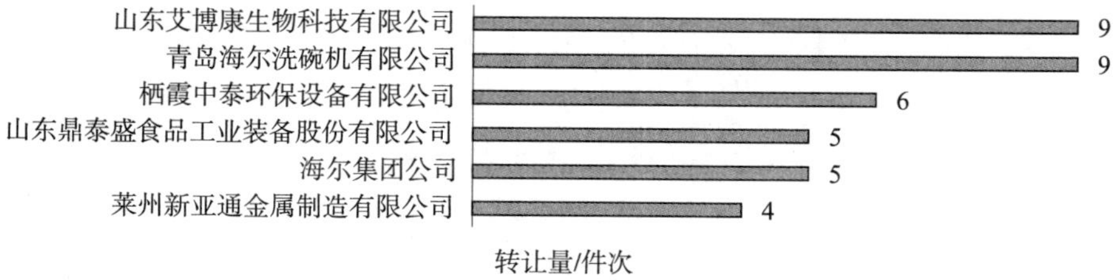

图7－8　山东省基础类领域重点技术产业主要专利转让人

表7－16　山东省基础类领域重点技术产业主要专利受让人

受让人	专利数量/件次
青岛大学附属医院	14
青岛市市立医院	14
青岛海尔智慧厨房电器有限公司	9
青岛市中心医院	8
山东大学齐鲁医院（青岛）	6

3. 体外诊断试剂专利运营情况

统计山东省体外诊断试剂领域整体专利运营情况：该领域专利转让数量为356件次，专利许可数量为23件次，专利质押数量为16件次。

如图7－9所示，该领域主要专利转让人是青岛科技大学，其次是山东出入境检验检疫局检验检疫技术中心，其转让的专利数量分别为13件次、10件次。如表7－17所示，主要专利受让人是青岛泱深生物医药有限公司、青岛精普生物科技有限公司。

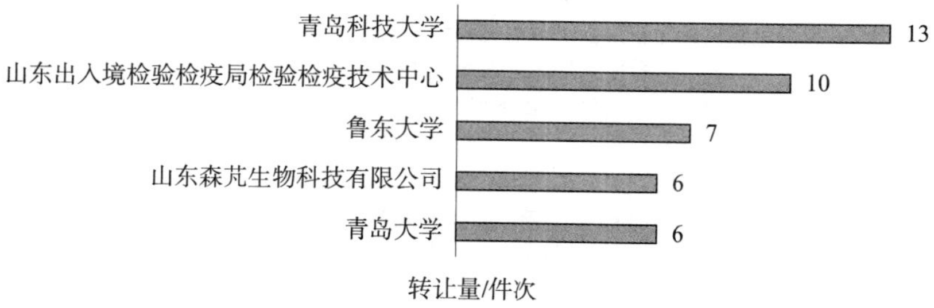

图7－9　山东体外诊断试剂类领域重点技术产业主要专利转让人

表 7－17　山东体外诊断试剂类领域重点技术产业主要专利受让人

受让人	专利数量/件次
青岛泱深生物医药有限公司	16
青岛精普生物科技有限公司	10
青岛农业大学	7
山东众合天成检验有限公司	6
青岛市妇女儿童医院	6

三、临沂市医疗器械重点技术产业定位

（一）临沂市医疗器械重点技术产业创新情况

如图 7－10 所示，临沂在医疗器械 3 个细分领域的专利申请量从整体来看与全国主要城市和山东几个城市相比均有较大差距，整体情况与烟台市近似。

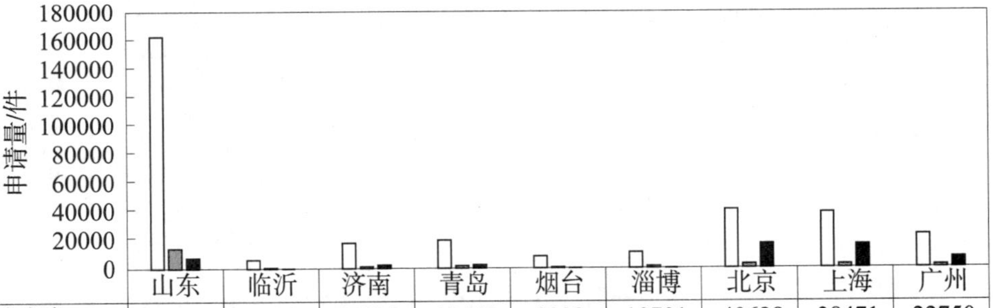

	山东	临沂	济南	青岛	烟台	淄博	北京	上海	广州
□ 诊断治疗类	162636	6038	17384	19468	8098	10701	40628	38471	22750
■ 基础类	13788	603	1289	1696	575	1180	2541	2386	1658
■ 体外诊断试剂类	7384	159	2241	2378	386	149	16554	15844	7052

图 7－10　临沂市医疗器械重点技术产业创新情况

（二）临沂市医疗器械重点技术产业创新主体类型

如图 7－11 所示，从诊断治疗类领域申请人类型构成可知，临沂诊断治疗类领域专利申请中，其企业申请比例（7.84%）远低于全国平均水平，而个人申请比例相当高（90.16%），这种情况在山东省普遍存在，但临沂较为突出。临沂市该领域大专院校和科研单位申请量均非常少，反映出临沂和山东的创新主体不明显，个人申请较多可能由于地方鼓励政策导致，大专院校和科研单位申请量过少，说明临沂市的创新研发能力较弱。

如图 7－12 所示，临沂市基础类领域申请人类型情况与诊断治疗类领域类似，以个人专利申请为主，占比 89.89%，企业、大专院校和科研单位申请量过少，基础类领域整体创新能力不强。

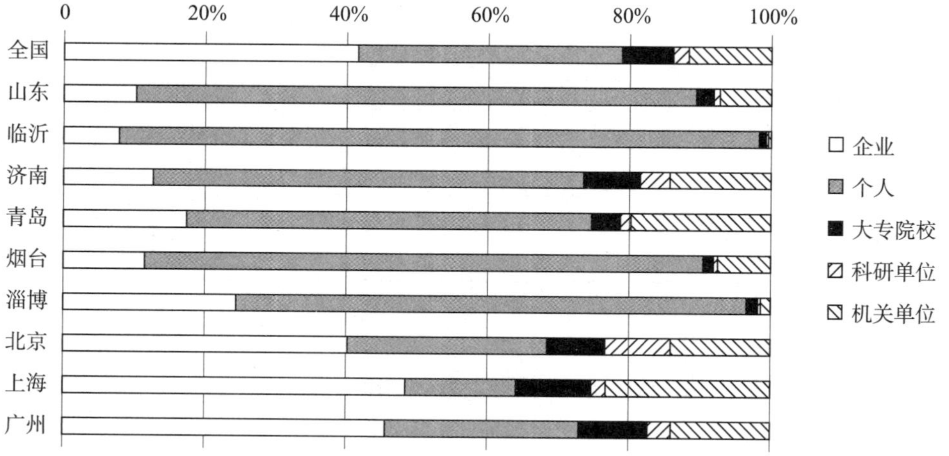

图 7－11　临沂诊断治疗类领域申请人类型对比

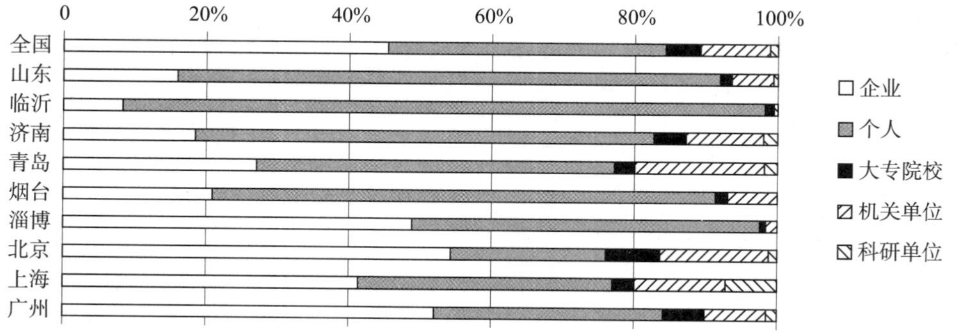

图 7－12　临沂基础类领域申请人类型对比

如图 7－13 所示，临沂市体外诊断试剂类领域申请人中，大专院校所占比例最高，达到 40.63%，超过全国及山东平均水平，也超过了临沂自身企业和个人研发申请人所占比例，说明高校是临沂在该领域较为重要的研发队伍。

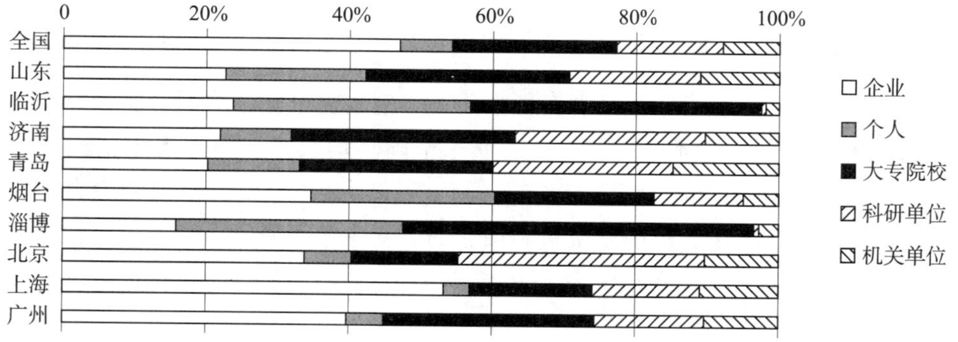

图 7－13　临沂体外诊断试剂类领域申请人类型对比

（三）临沂市医疗器械重点技术产业协同创新情况

如表7－18、表7－19、表7－20所示，对医疗器械重点技术产业协同创新情况进行统计，相较于山东省和全国，临沂的医疗器械重点技术产业协同创新程度不高，各类主体专利协同创新情况均较少。

表7－18　临沂诊断治疗类领域重点技术产业协同创新情况

协同主体	专利数量/件									
	全国	山东	临沂	济南	青岛	烟台	淄博	北京	上海	广州
企业＋大专院校	3606	97	0	26	29	7	3	328	163	99
企业＋科研单位	1680	89	2	26	26	0	1	252	77	167
大专院校＋科研单位	938	25	0	2	2	1	0	104	3	69

表7－19　临沂基础类领域重点技术产业协同创新情况

协同主体	专利数量/件									
	全国	山东	临沂	济南	青岛	烟台	淄博	北京	上海	广州
企业＋大专院校	109	5	0	2	0	0	0	7	8	0
企业＋科研单位	85	17	0	1	1	0	0	17	4	0
大专院校＋科研单位	24	1	0	0	0	0	0	2	0	0

表7－20　临沂体外诊断试剂类领域重点技术产业协同创新情况

协同主体	专利数量/件									
	全国	山东	临沂	济南	青岛	烟台	淄博	北京	上海	广州
企业＋大专院校	3949	47	2	11	10	2	0	255	427	151
企业＋科研单位	2690	44	0	21	11	6	0	304	259	119
大专院校＋科研单位	1618	38	0	1	1	1	0	108	9	52

（四）临沂市医疗器械重点技术产业专利法律状态

如图7－14所示，统计临沂市诊断治疗类领域专利法律状态，专利申请有效率远低于全国和山东平均水平以及其他城市，另外，临沂市在诊断治疗类领域未缴年费而失效的比例较高，说明临沂市在该领域专利维持水平较低。

如图7－15所示，统计临沂市基础类领域专利的法律状态，与诊断治疗类领域类似，临沂市基础类领域的专利有效率较低、专利维持情况较差。

如图7－16所示，统计临沂市体外诊断试剂类领域专利的法律状态，临沂市该领域专利有效率低于全国及山东平均水平，且处于在审状态中的专利占比较高，说明临沂市在体外诊断试剂类领域的创新还在不断加强，创新热情较高。

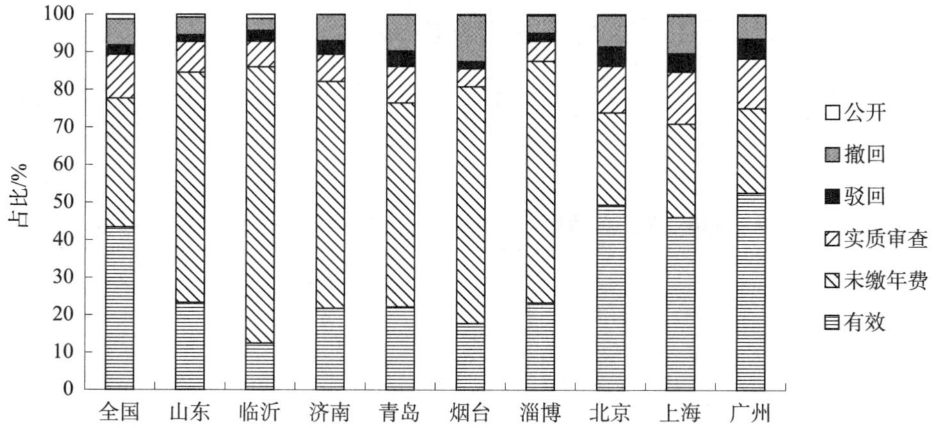

图 7－14　临沂诊断治疗类领域专利法律状态对比

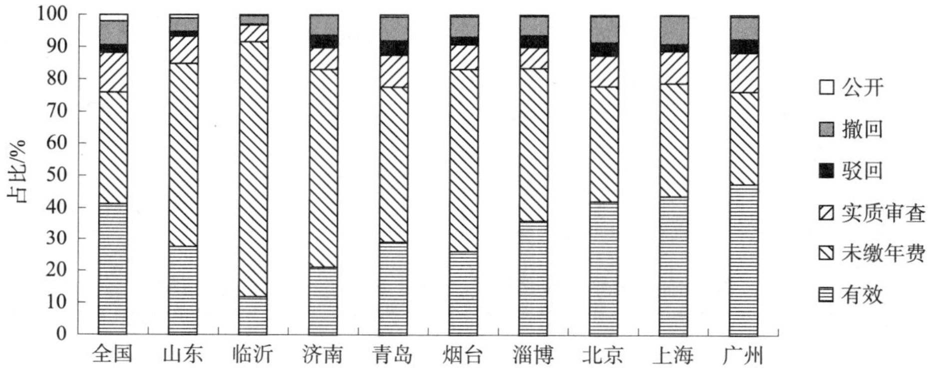

图 7－15　临沂基础类领域专利法律状态对比

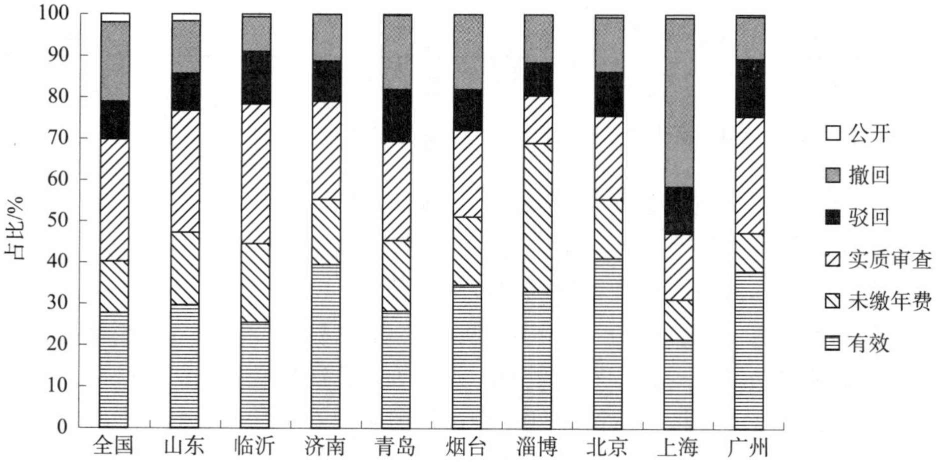

图 7－16　临沂体外诊断试剂类领域专利法律状态对比

（五）临沂市医疗器械重点技术产业龙头企业创新状况

如图 7－17 所示，临沂市医疗器械重点技术产业龙头企业为鲁南制药，医疗器械专利申请量较多的企业还有山东诺为制药、新时代药业、临沂市兴华医用器材和山东卡蕾兰健康科技等。

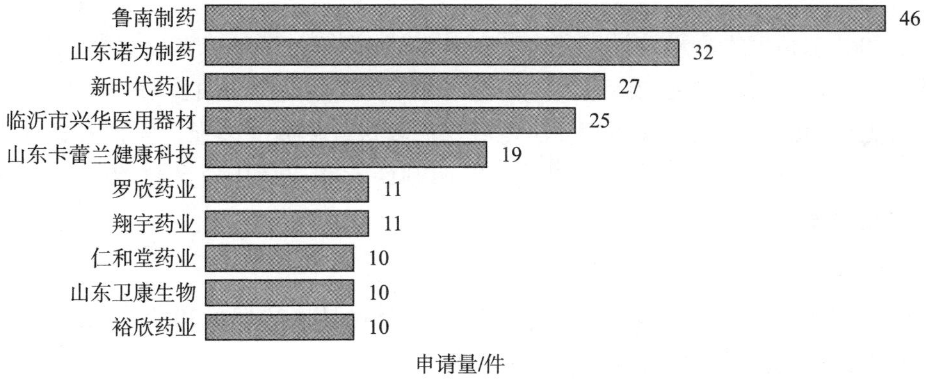

图 7－17　临沂市医疗器械重点技术产业龙头企业主要专利申请人

1. 鲁南制药集团股份有限公司

如图 7－18 所示，鲁南制药近 20 年在医疗器械领域专利申请量起起伏伏，在 2017 年专利申请量达到峰值，专利申请量为 11 件。

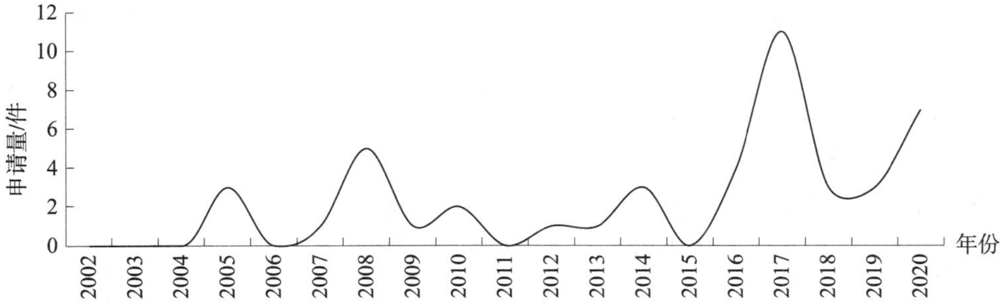

图 7－18　鲁南制药专利申请趋势

如表 7－21 所示，鲁南制药的医疗器械技术研发分布较广，主要的研发方向有 A61K9（以特殊物理形状为特征的医药配制品）、A61K31（含有机有效成分的医药配制品）等。

表 7－21　鲁南制药创新技术分布

技术主题	IPC 分类	专利数量/件
以特殊物理形状为特征的医药配制品	A61K9	12
含有机有效成分的医药配制品	A61K31	9
含有来自藻类、苔藓、真菌或植物或其派生物	A61K36	8

续表

技术主题	IPC 分类	专利数量/件
香精油；香料	C11B9	7
以所用的非有效成分为特征的医用配制品	A61K47	5
治疗消化道或消化系统疾病的药物	A61P1	5

从法律状态角度看，经统计，鲁南制药共申请45件医疗器械领域专利，其中24件已经获得授权，另有20件正在审查中。已经获得授权的专利中有多件专利发生转让或许可，可见鲁南制药近几年在医疗器械领域发展较快，创新能力强，而且有良好的专利运营意识。从专利运营角度看，经统计，鲁南制药专利申请中有7件次发生过专利转让，主要是集团内部的转让。

2. 山东诺为制药流体系统有限公司

如图7－19所示，山东诺为制药自2017年开始申请医疗器械相关专利，于2019年达到专利申请量的高峰，整体来看为上升趋势。

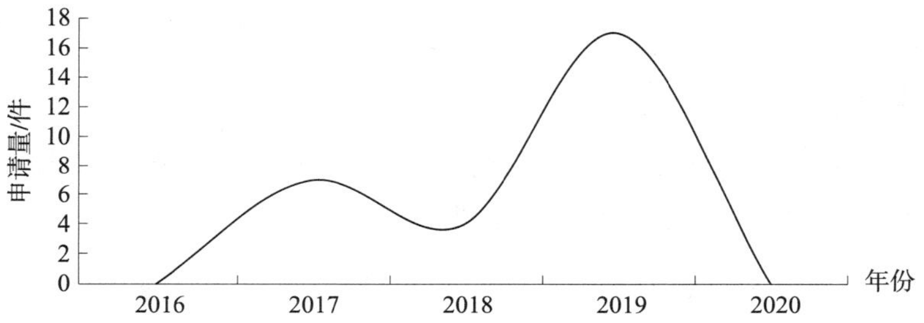

图7－19　山东诺为制药专利申请趋势

如表7－22所示，山东诺为制药在该领域的专利申请集中在2个技术方向，分别为B01J19（化工制药设备）和B01J8（反应设备或系统）。

表7－22　山东诺为制药创新技术分布

技术主题	IPC 分类	专利数量/件
化工制药设备	B01J19	20
反应设备或系统	B01J8	11

从法律状态角度看，经统计，山东诺为制药申请的31件专利中，有27件已经获得授权，3件正在审查中，只有1件实用新型因与发明为同日申请而放弃专利权，可见该公司在制药设备和反应设备领域的创新能力较强。

3. 临沂市兴华医用器材有限公司

如图7－20所示，临沂市兴华医用器材在医疗器械领域的专利申请集中于2017年和2018年，此外，在2013年也有少量申请。

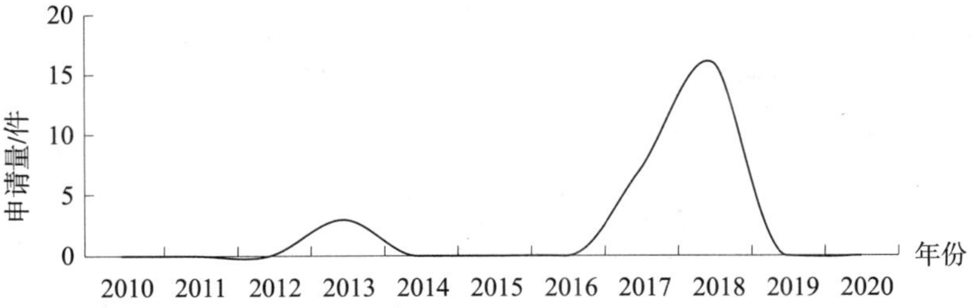

图 7－20　临沂市兴华医用器材专利申请趋势

如表 7－23 所示，临沂市兴华医用器材的技术创新主要为 A61M25（导管和空心探针）等。

表 7－23　临沂市兴华医用器材创新技术分布

技术主题	IPC 分类	专利数量/件
导管；空心探针	A61M25	12
医用管、联接管、耦合管、阀、分流接管或类似物	A61M39	7
局部麻醉的器具	A61M19	6
用于皮下注射、静脉注射的器械	A61M5	3
导管或被覆导管的材料	A61L29	2

从法律状态角度看，经统计，临沂市兴华医用器材申请的 26 件专利中，20 件获得了授权，其余 6 件正在审查中，表明该公司专利质量较高，结合该企业的技术分布可知，该公司专注于医用导管领域的技术研发，创新实力强。

（六）临沂市医疗器械重点技术产业重要的研发创新团队

如表 7－24 所示，对临沂市医疗器械重点技术发明人进行统计分析，重点技术团队包括以临沂大学为代表的高校研发队伍，以及山东卡蕾兰健康科技、临沂市兴华医用器材等企业类研发团队。

表 7－24　临沂市医疗器械重点技术产业重要的研发创新团队

细分领域	发明人	发明人介绍	专利数量/件	具体研究方向
诊断治疗类	宋波	山东卡蕾兰健康科技有限公司研究人员	31	美容养生仪器
	兰天星	临沂市兴华医用器材有限公司研究人员，获得过临沂市专利奖二等奖和山东省第三届发明创业奖	28	医用介入导管等高值医疗器械耗材
基础类	吴满春	山东省临沭县中医医院医生，在相关领域发表过多篇论文	6	医疗用具研发、急性心肌梗死

续表

细分领域	发明人	发明人介绍	专利数量/件	具体研究方向
体外诊断试剂类	张书圣	临沂大学副校长、博士生导师、泰山学者，教育部新世纪优秀人才，国务院政府特殊津贴专家，山东省有突出贡献的中青年专家	21	糖苷配合物与 DNA 作用机理及 DNA 生物传感器的研究
	刘安娜	中拓生物有限公司研究人员，先后开发了上百种体外诊断试剂测定试剂盒，其主导的项目获得了山东省企业技术创新奖	15	体外诊断试剂测定试剂盒的制备和应用

（七）临沂市医疗器械重点技术产业运营情况分析

1. 诊断治疗类专利运营情况

统计临沂市诊断治疗类领域整体专利运营情况：该领域专利转让数量为 227 件次，专利许可数量为 7 件次，专利质押数量为 4 件次。

如图 7－21 所示，临沂市诊断治疗类领域主要专利转让人是三禾永佳动力有限公司，专利转让数量为 5 件次。主要专利受让人为上海世鉴生物科技有限公司、山东卫康医学检验有限公司，受让数量均为 1 件次。

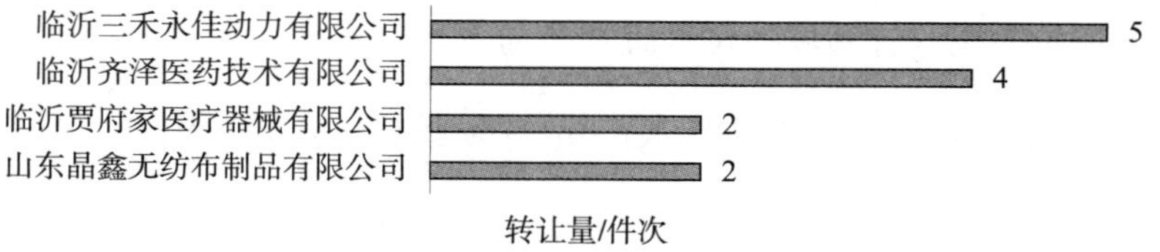

图 7－21　临沂市诊断治疗类领域重点技术产业主要专利转让人

2. 基础类专利运营情况

统计临沂市基础类领域整体专利运营情况：该领域专利转让数量为 13 件次，专利许可数量为 2 件次，无专利质押情况。

转让人中临沂景煜家纺有限公司、新时代药业、罗欣药业，转让数量均为 1 件次。主要专利受让人为恒欣药业、罗欣药业、山东翔宇健康制药、裕欣药业，受让数量均为 1 件次。

3. 体外诊断试剂专利运营情况

统计临沂市体外诊断试剂领域整体专利运营情况：该领域专利转让数量为 12 件次，专利许可数量为 2 件次，专利质押数量为 2 件次。

排除个人申请的专利后，转让人主要是临沂大学、鲁南制药，转让专利数量均为 2 件次。

第八章　重点专利分析

第一节　生物药重点专利分析

一、专利分级

根据 IP7 + 专利分级管理系统及对专利评分的定义，对生物药领域中多肽蛋白药、疫苗、农用药、保健品或食品 4 个细分领域的授权或在审的中国专利进行分级。由于前期经过人工初筛，因此重点专利占比相对于直接利用 IP7 + 分级管理系统分级结果要高一些，具体分级结果如表 8 – 1 所示。生物药中农用药领域低价值专利占比大于多肽蛋白药和疫苗，这可能是由于农用药技术研发难度相对低，仿制药较多；保健食品或用品领域中重要专利占比在 4 个细分领域中最低，低价值专利也占比最高，这说明保健食品或用品领域专利价值普遍相对较低。

表 8 – 1　生物药领域专利数据基本情况

专利分级情况	多肽蛋白药		疫苗		农用药		保健品或食品	
	专利数量/件	占比/%	专利数量/件	占比/%	专利数量/件	占比/%	专利数量/件	占比/%
初筛前	332688	—	20961	—	33673	—	11678	—
初筛后	47270	100	7649	100	11263	100	4224	100
重点专利	10637	22. 50	1647	21. 53	2279	20. 23	838	19. 84
重要专利	6014	12. 72	1221	15. 96	984	8. 74	220	5. 21
一般价值专利	18888	39. 96	3066	40. 08	3586	31. 84	1289	30. 52
低价值专利	11731	24. 82	1715	22. 42	4414	39. 19	1877	44. 44

二、重点专利分析

基于专利分级结果，分别针对生物药中多肽蛋白药、疫苗、农用药、保健食品或用品 4 个细分领域中筛选出的重点专利，就申请人国别、主要申请人、技术主题分布等方面进行统计分析。

（一）多肽蛋白

多肽蛋白药领域重点专利数量最多的为中国申请人，这表明随着国内生物医药领域近些年快速发展，国内专利申请人已经能够自研多种世界领先的多肽蛋白药，专利申请的质量也处于领先地位。

如图8－1所示，美国、瑞士、日本、德国和韩国是排名前5位的国外申请来源国，其中，美国在多肽蛋白药领域布局的重点专利1122件，远远超过其他国家申请人，这表明与其他国家相比，美国在多肽蛋白药领域处于绝对优势地位。

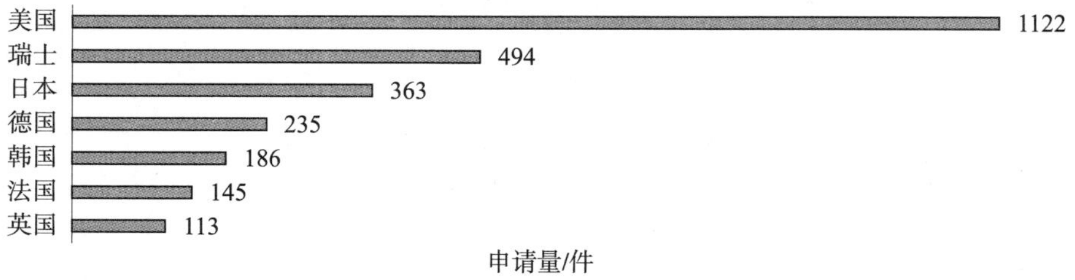

图8－1 多肽蛋白药领域重点专利申请人国别

如图8－2所示，多肽蛋白药领域重点专利数量排在前5位的申请人为罗氏公司、中科院所、诺华公司、雀巢公司和北京泱深生物公司，前5位中有3位为国外大型药企，这说明以上药企在多肽蛋白药甚至是生物药领域将中国作为其重要的目标市场，在中国专利布局较为紧密。除此之外，像人民解放军军医大学、苏州大学榜上有名，说明国内高校在多肽蛋白药研发上也有较大突破。北京泱深生物公司成立于2011年，基于“专利布局＋专利转化”研发创新产品的独特模式，目前，已经成长为我国生物医药领域知名的研发创新公司之一，并得到多名投资人认可。

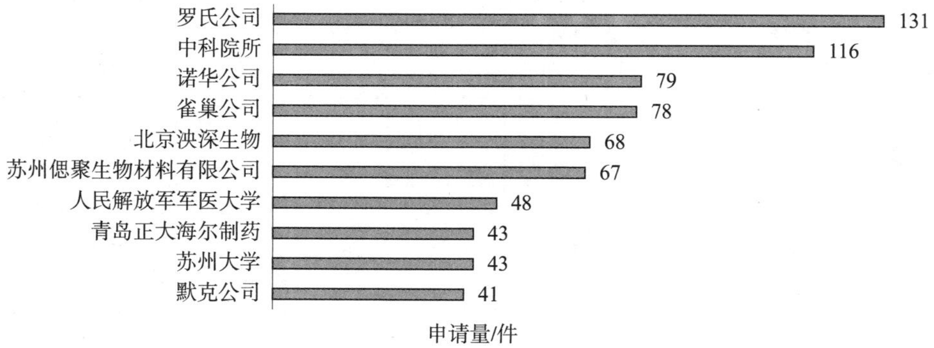

图8－2 多肽蛋白药领域重点专利主要申请人

如表8－2所示，在技术主题分布方面，排在前5位的为C07K16/28（抗受体）、C07K19/00（杂合肽）、A61K39/395（抗体）、G01N33/68（涉及蛋白质、肽或氨基酸的化学分析）及G01N33/577（涉及单克隆抗体的免疫测试法），这表明在多肽蛋白药领域，对抗体、抗受体、杂合肽及蛋白质等进行化学分析的重点专利较多。

表8-2　多肽蛋白药领域重点专利技术主题分布

技术主题	IPC 分类	专利数量/件
抗受体，细胞表面抗原或细胞表面决定因子	C07K16/28	337
杂合肽	C07K19/00	280
抗体	A61K39/395	256
涉及蛋白质、肽或氨基酸的化学分析	G01N33/68	251
涉及单克隆抗体的免疫测试法	G01N33/577	199
含有抗原或抗体的医药配制品	A61K39/00	129
溶液医药配制品	A61K9/08	128
来源于人类或动物的含有20个以上氨基酸的肽	A61K38/17	124
含有5~11个氨基酸直链肽	C07K7/06	123
抗来自动物或人的免疫球蛋白	C07K16/18	120

（二）疫苗

如图8-3所示，疫苗领域重点专利数量最多的为中国申请人，其次是美国、瑞士、日本和德国，这表明随着国内生物医药领域近些年快速发展，国内申请人不仅注重专利数量，更注重专利质量的提升，国内专利申请人已经能够自研多种世界领先的疫苗，专利申请质量也处于领先地位。

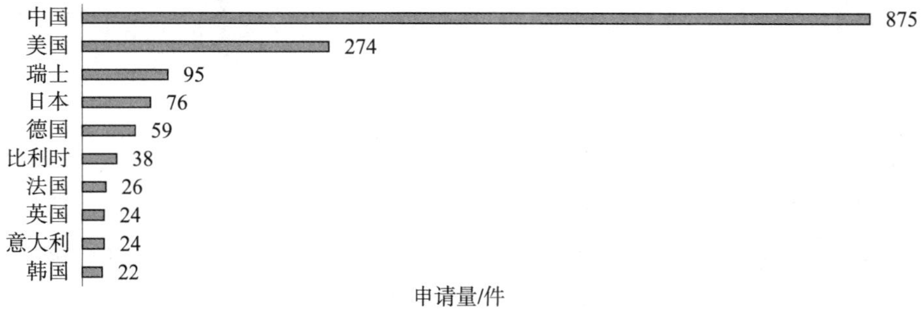

图8-3　疫苗领域重点专利申请人国别

如图8-4所示，疫苗领域重点专利数量排在前5位的申请人为诺华公司、葛兰素公司、人民解放军第三军医大学、瑞辉公司和罗氏公司，国外生物药大型企业在疫苗领域依然占据非常明显的优势地位，人民解放军第三军医大学近些年在“超级细菌”-重组金黄色葡萄球菌疫苗、幽门螺旋杆菌疫苗、胃病疫苗、乙肝疫苗等方面均有所突破。

如表8-3所示，疫苗领域重点专利技术主要集中在A61P35/00（抗肿瘤药）、A61K39/00（含有抗原或抗体的医药配制品）、A61K39/395（抗体；免疫球蛋白；免疫血清）、A61P31/14（用于RNA病毒的抗感染药）和A61P31/04（抗细菌的抗感染药），共计占比65%，这表明疫苗领域用于抗肿瘤、抗感染方面的专利较多。

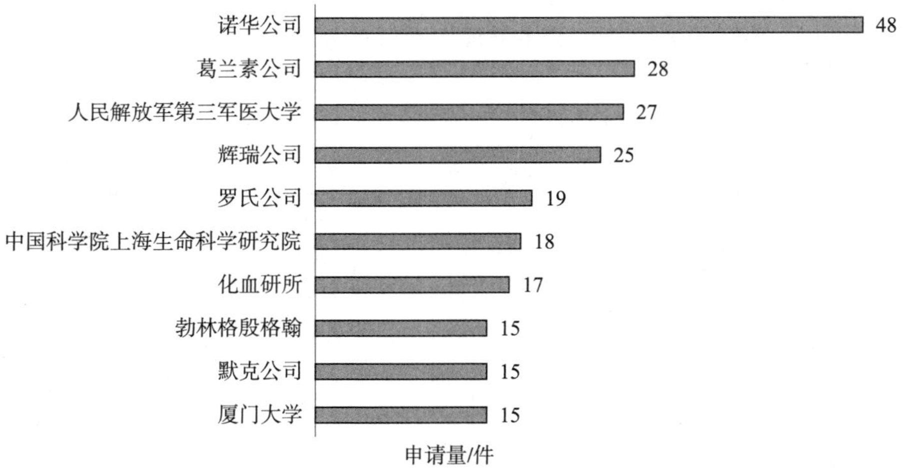

图 8-4　疫苗领域重点专利主要申请人

表 8-3　疫苗领域重点专利技术主题分布

技术主题	IPC 分类	专利数量/件
抗肿瘤药	A61P35/00	343
含有抗原或抗体的医药配制品	A61K39/00	323
抗体；免疫球蛋白；免疫血清	A61K39/395	311
用于 RNA 病毒的抗感染药	A61P31/14	206
抗细菌的抗感染药	A61P31/04	190

（三）农用药

如图 8-5 所示，生物药中农用药重点专利数量最多的为中国申请人，共 1791 件，占比 78.6%，表明国内申请人在专利质量方面有较大提升，其次是美国、瑞士、德国和丹麦。美国相关专利布局数量明显多于其他国家，这与美国拥有的几家大型药企相关。

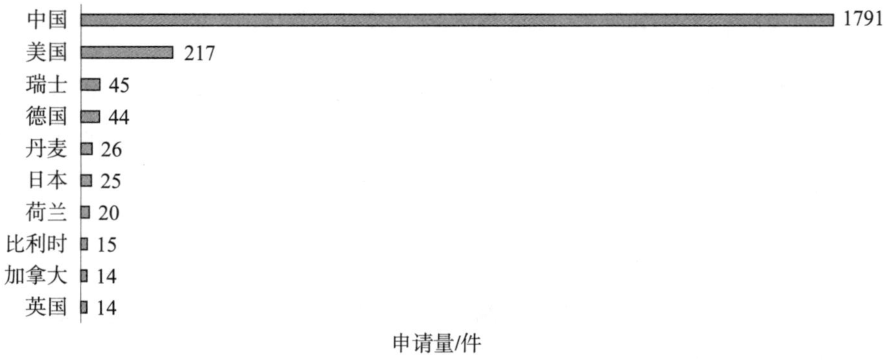

图 8-5　农用药领域重点专利申请人国别

如图 8-6 所示，农用药领域重点专利申请人中，排在首位的是北京大北农科技集团，其次是南京农业大学、诺华公司、中科院所和拜耳公司。北京大北农科技集团主营业务有饲料、养猪、水产、疫苗、作物、农业互联网六大产业，其拥有饲用微生物工程国家重点实验室，定位于饲用微生物工程领域的应用基础研究和共性关键技术开发，积极承担国家重大科学研究任务，加强产学研结合，实现研究成果快速产业化。诺华公司、拜耳公司和辉瑞公司虽然数量不多，但 3 家公司在生物药领域地位还是相对稳固的。

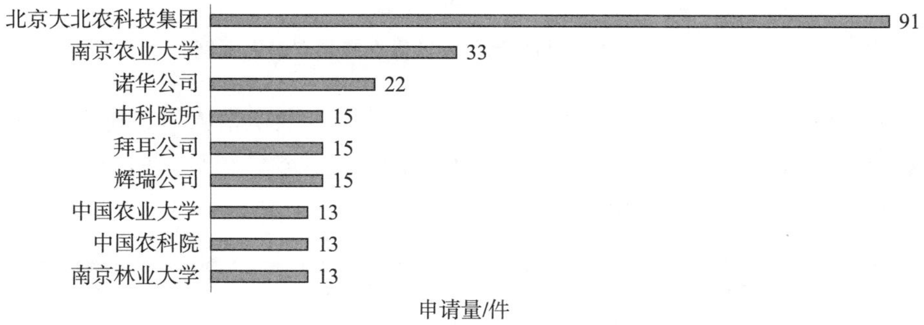

图 8-6　农用药领域重点专利主要申请人

如表 8-4 所示，农用药领域重点专利技术主要集中在 C12N1/20（细菌；其培养基）、A01P3/00（杀菌剂）、C05G3/00（肥料与无特殊肥效组分的混合物）、C05F11/08（加入细菌培养物、菌丝或其他类似物的有机肥料）等方向。

表 8-4　农用药领域重点专利技术主题分布

技术主题	IPC 分类	专利数量/件
细菌；其培养基	C12N1/20	620
杀菌剂	A01P3/00	323
一种或多种肥料与无特殊肥效组分的混合物	C05G3/00	216
含有加入细菌培养物、菌丝或其他类似物的有机肥料	C05F11/08	182
芽孢杆菌属	C12R1/07	178
真菌；其培养基	C12N1/14	171
枯草芽孢杆菌	C12R1/125	171
以堆制肥料步骤为特征的肥料的制备	C05F17/00	170
由微生物或动物制造或获得的物质	A01N63/02	166

（四）保健食品或用品

如图 8-7 所示，生物药中保健食品或用品领域重点专利数量最多的为中国申请人，共 640 件，占比 76.4%，这表明国内申请人在专利质量方面有较大提升，其次是日本、美国、丹麦及瑞士。相对于生物药中多肽蛋白、疫苗、农用药，日本在保健食品和用品领域排位相对靠前，超过了美国。

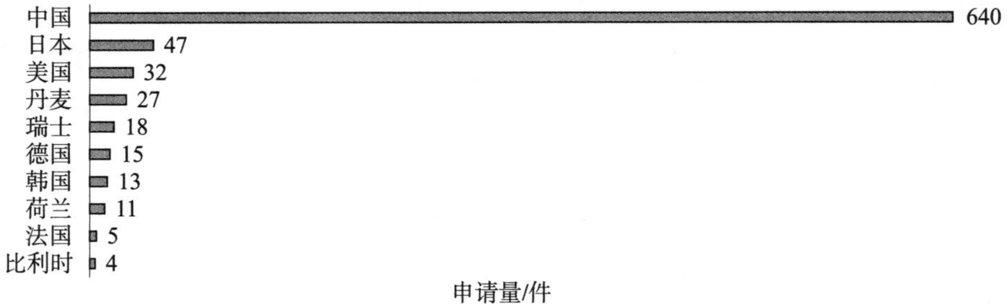

图 8-7　保健食品或用品领域重点专利申请人国别

如图 8-8 所示，生物药保健食品或用品领域重点专利申请人中，排在首位的是江南大学，且优势较大，其次是上海交通大学和中国农业大学，可见国内高校在保健食品或用品领域的研发与创新质量相对较高。

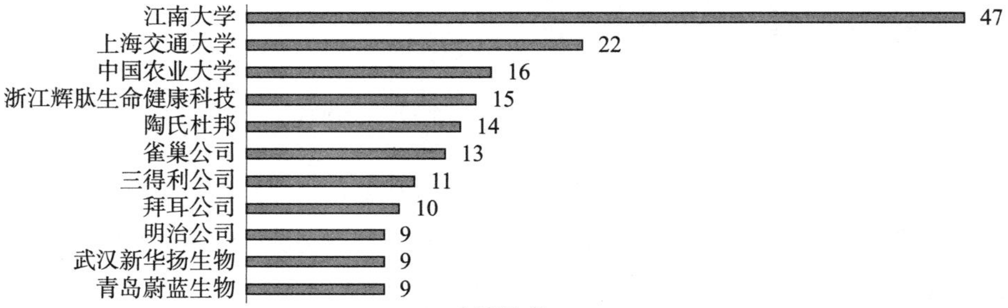

图 8-8　保健食品或用品领域重点专利主要申请人

如表 8-5 所示，保健食品或用品领域重点专利技术主要集中在 C12N1/20（细菌；其培养基）、A23L33/0（改变食品的营养性质；营养制品）、C12R1/225（乳杆菌属）、C12P21/06（肽键水解产物）和 C12N1/14（真菌；其培养基）等方向。

表 8-5　保健食品或用品领域重点专利技术主题分布

技术主题	IPC 分类	专利数量/件
细菌；其培养基	C12N1/20	231
改变食品的营养性质；营养制品；其制备或处理	A23L33/0	93
乳杆菌属	C12R1/225	92
由肽键水解产生，如水解产物	C12P21/06	82
真菌；其培养基	C12N1/14	75
细菌或放线菌目	C12R1/01	62
真菌	C12R1/645	48
肽；蛋白水解物	A23L33/18	47
通过过滤，超滤或反渗透	C07K1/34	47

第二节　化学药重点专利分析

一、专利分级

根据 IP7 + 专利分级管理系统及对专利评分的定义，对化学药领域中药物类、医用材料及农用药物 3 个细分领域的授权或在审的中国专利进行分级。由于前期经过人工初筛，因此重点专利占比相对于直接利用 IP7 + 分级管理系统分级结果要高，具体分级结果如表 8 – 6 所示。

表 8 – 6　化学药领域专利数据基本情况

专利分级情况	药物类		医用材料		农用药物	
	专利数量/件	占比/%	专利数量/件	占比/%	专利数量/件	占比/%
初筛前	247528	—	93781	—	261177	—
初筛后	83570	100	22035	100	55592	100
重点专利	21896	26. 20	4374	19. 85	13563	24. 40
重要专利	6339	7. 59	1575	7. 15	3504	6. 30
一般价值专利	30352	36. 32	8499	38. 57	19898	35. 80
低价值专利	24983	29. 89	7587	34. 43	18627	33. 50

二、重点专利分析

（一）药物类

如图 8 – 9 所示，化学药中药物类重点专利数量最多的为中国申请人，共 17305 件，占比 79%。其次是美国、日本、瑞士及德国。美国申请人在中国化学药领域专利布局较多，且重点专利较多。

图 8 – 9　药物类化学药重点专利申请人国别

如图 8－10 所示，化学药中药物类重点专利主要申请人中排在前 5 位的是天津天士力、中科院所、拜耳公司、雀巢公司和山东轩竹医药。虽然天津天士力以中药为主，但其在化学药物类领域也拥有较多的重点专利，表明该公司由以中药为主向多元化发展，加强生物药、化学药的研发与专利布局。拜耳公司和雀巢公司在生物药的关键技术领域的地位举足轻重，且在药物类领域也布局了相对较多的重点专利，可见其非常重视中国市场。

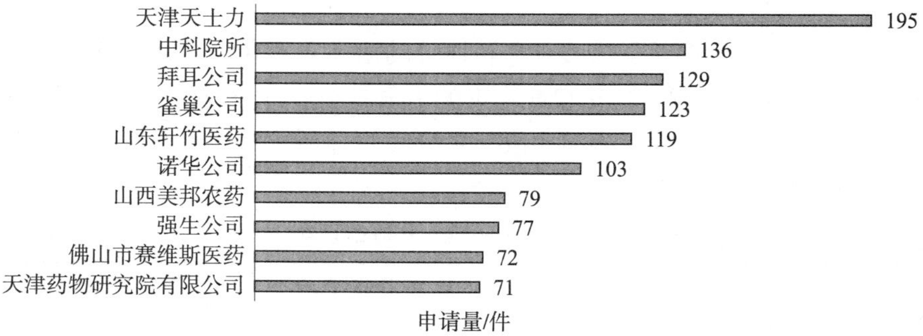

图 8－10　药物类化学药重点专利主要申请人

如表 8－7 所示，化学药中药物类领域重点专利技术主题排在前 5 位的为 A61K9/20（丸剂、锭剂或片剂）、C07D487/04（邻位稠合系的杂环化合物）、A61K35/78（含有来自藻类、苔藓、真菌或植物或其派生物）、G01N30/02（柱色谱法）和 C07D471/04（邻位稠环系的杂环化合物）。

表 8－7　药物类化学药重点专利技术主题分布

技术主题	IPC 分类	专利数量/件
丸剂、锭剂或片剂	A61K9/20	356
邻位稠合系的杂环化合物	C07D487/04	266
含有来自藻类、苔藓、真菌或植物或其派生物	A61K35/78	265
柱色谱法	G01N30/02	246
邻位稠环系的杂环化合物	C07D471/04	236
有氧作为环杂原子的化合物	A61K31/7048	208
溶液的医药配制品	A61K9/08	203
块状、粒状、微珠状的医药配制品	A61K9/16	189
冻干的医药配制品	A61K9/19	168
细菌；其培养基	C12N1/20	161

（二）医用材料

如图 8－11 所示，化学药中医用材料领域重点专利数量最多的为中国申请人，共 3407 件，占比 77.9%。其次是美国、日本、德国及瑞士。美国申请人在中国化学药专利布局较多，且重点专利达到 332 件。

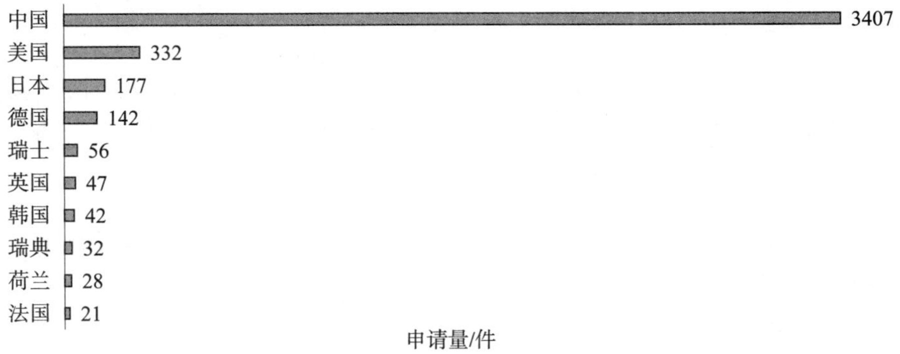

图 8-11　医用材料化学药重点专利申请人国别

如图 8-12 所示，化学药中医用材料领域重点专利主要申请人有中科院所、赢创工业集团、微创医疗器械、强生公司及东南大学，我国高校科研院所在化学药医用材料领域创新力较强。

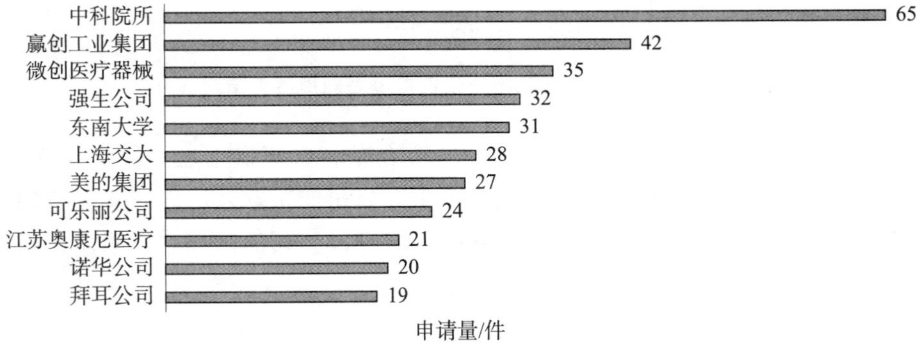

图 8-12　医用材料化学药重点专利主要申请人

如表 8-8 所示，化学药中医用材料领域重点专利技术主题排在前 5 位的为 A61L2/18（液态物质）、A61L2/20（气态物质）、A61L31/14（以其功能或物理性质为特征的材料）、A61L15/28（多糖或它们的衍生物）和 A61L15/44（药物）。

表 8-8　医用材料化学药重点专利技术主题分布

技术主题	IPC 分类	专利数量/件
液态物质	A61L2/18	450
气态物质，例如蒸汽	A61L2/20	321
以其功能或物理性质为特征的材料	A61L31/14	264
多糖或它们的衍生物	A61L15/28	250
药物	A61L15/44	244
臭氧	A61L101/10	229
以其功能或物理性质为特征的材料的应用	A61L15/42	214
以其功能或物理性质为特征的材料	A61L27/50	204
大分子材料	A61L31/04	197
多孔或微孔材料	A61L27/56	195

（三）农用药物

如图 8－13 所示，化学药中农用药物领域重点专利数量最多的为中国申请人，共 10860 件，其次是美国、德国、瑞士、日本。美国申请人在农用药物类化学药领域的专利布局较多，且重点专利较多。

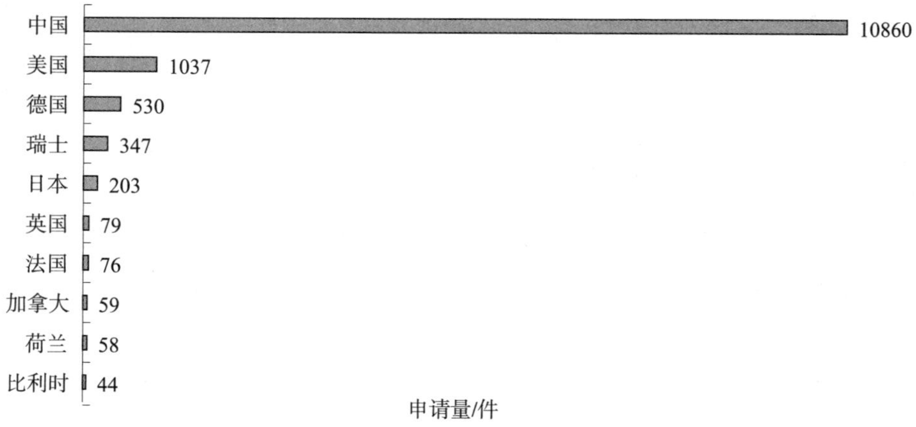

图 8－13　农用药物类化学药重点专利申请人国别

如图 8－14 所示，化学药中农用药物领域重点专利申请量排在首位的是拜耳公司，重点专利数量达 354 件，其次为中国中化、金正大公司、雀巢公司、巴斯夫公司，可见在化学药农用药物领域国外公司占有较大比例，且拜耳公司的优势非常明显，而该领域重点专利主要申请人中没有国内的高校或科研院所。

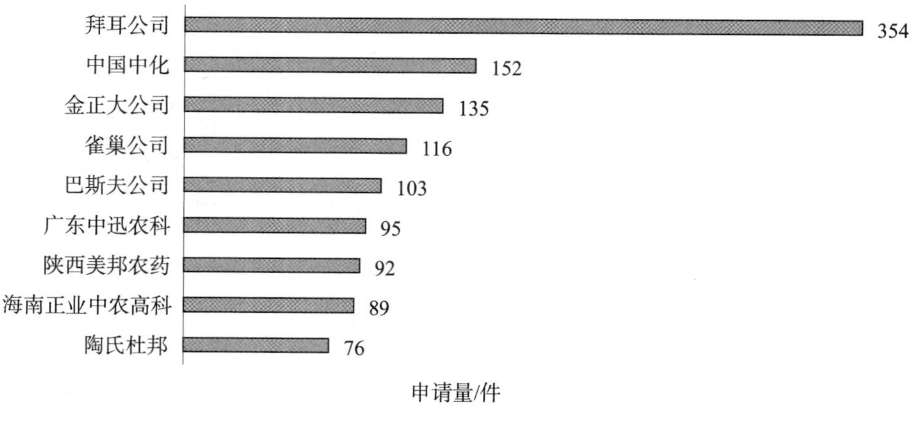

图 8－14　农用药物类化学药重点专利主要申请人

如表 8－9 所示，化学药中农用药物领域重点专利技术主题排在前 5 位的为 C05G3/00（一种或多种肥料与无特殊肥效组分的混合物）、A23K1/18（专门适用于特定动物的饲料）、C05G1/00（肥料的混合物）、A01N1/02（活体部分的保存）和 C05F17/02（以堆制肥料步骤为特征的肥料的制备）。

表 8－9　农用药物类化学药重点专利技术主题分布

技术主题	IPC 分类	专利数量/件
一种或多种肥料与无特殊肥效组分的混合物	C05G3/00	1046
专门适用于特定动物的饲料	A23K1/18	696
肥料的混合物	C05G1/00	333
活体部分的保存	A01N1/02	211
以堆制肥料步骤为特征的肥料的制备	C05F17/02	203
矿物舔砖，例如盐块	A23K1/16	194
具有两个或更多的相关杂环	A01N43/90	145
含有土壤调理剂的肥料与无特殊肥效组分的混合物	C05G3/04	140
含有无机和有机化合物混合物的土壤材料	C09K17/40	120
1，2 二唑；氢化 1，2 二唑	A01N43/56	114

第三节　中药重点专利分析

一、专利分级

对中药中植物源中药、动物源中药以及保健食品与用品 3 个重点技术领域的中国专利进行筛选和专利分级，具体专利数据量情况如表 8－10 所示。

表 8－10　中药领域专利数据基本情况

专利分级情况	植物源中药		动物源中药		保健食品与用品	
	专利数量/件	占比/%	专利数量/件	占比/%	专利数量/件	占比/%
初筛前	148058	—	96765	—	130827	—
初筛后	20320	100	10802	100	16737	100
重点专利	7595	37.38	3898	36.09	5026	30.03
重要专利	84	0.41	55	0.51	174	1.04
一般价值专利	4818	23.71	1906	17.64	4630	27.66
低价值专利	7823	38.50	4943	45.76	6907	41.27

二、重点专利分析

（一）植物源中药

如图 8－15 所示，植物源中药领域重点专利主要来自中国申请人，其次是韩国、美国和瑞士，但数量均较少。这表明在植物源中药领域，国内申请人在专利数量和专利质量方面具有全球范围内的影响力，优势相对明显。

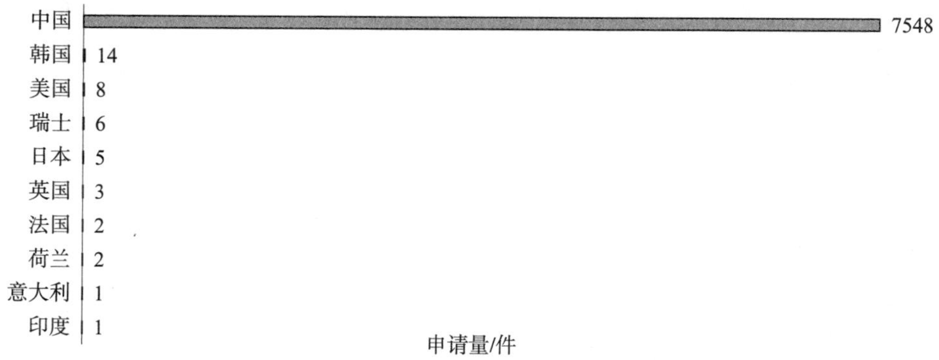

图 8－15　植物源中药领域重点专利申请人国别

如图 8－16 所示，植物源中药领域重点专利数量排在前 5 位的申请人为天津天士力、北京因科瑞斯医药科技有限公司、北京绿源求证、江西汇仁药业有限公司和河南省康星药业股份有限公司。这说明中国中药类大型企业在植物源中药领域占据非常明显的优势地位，这与上述统计分析中中国申请人占植物源中药专利申请人绝大部分比例的结论相一致。

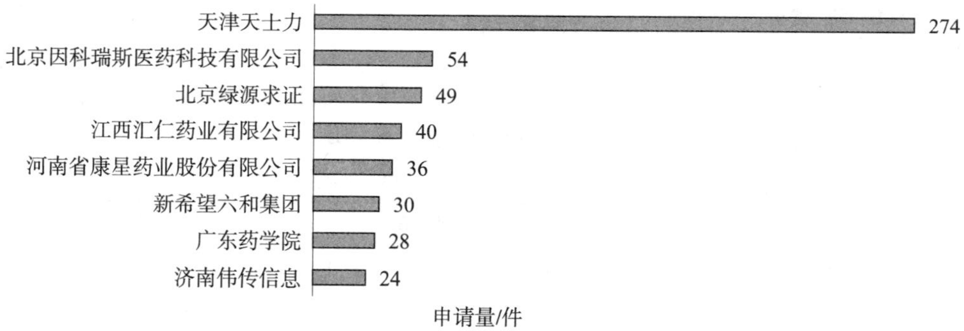

图 8－16　植物源中药领域重点专利主要申请人

如表 8－11 所示，植物源中药领域重点专利技术主要集中在 A61K36/9066（姜黄属，例如姜黄、东印度竹芋或芒果姜），A61K36/9068（姜属，例如花姜），A61K36/899（禾本科，例如芦根、竹叶、玉蜀黍）等。

表 8－11　植物源中药领域重点专利技术主题分布

技术主题	IPC 分类	专利数量/件
姜黄属，例如姜黄、东印度竹芋或芒果姜	A61K36/9066	330
姜属，例如花姜	A61K36/9068	305
禾本科，例如芦根、竹叶、玉蜀黍（玉米须）或甘蔗	A61K36/899	297
沿阶草属	A61K36/8968	173
丸剂、锭剂或片剂	A61K9/20	161

续表

技术主题	IPC 分类	专利数量/件
毛茛科，例如飞燕草、獐耳细辛、黄连碱、耧斗菜或白毛茛	A61K36/71	147
地黄属	A61K36/804	135
百合科，例如萱草、车前草百合、风信子或水仙	A61K36/896	133
薯蓣属，例如山药、薯蓣或水薯蓣	A61K36/8945	132
柑橘属，例如橘络、柑或柠檬	A61K36/752	124

（二）动物源中药

如图 8－17 所示，动物源中药领域重点专利申请人主要为中国申请人，占比为 99.38%。其次是瑞士、美国和德国，但数量均较少。这表明在动物源中药领域，国内申请人不仅注重专利数量，更注重专利质量，国内专利申请人拥有大量动物源中药领域技术，在专利申请方面掌握极大的优势。

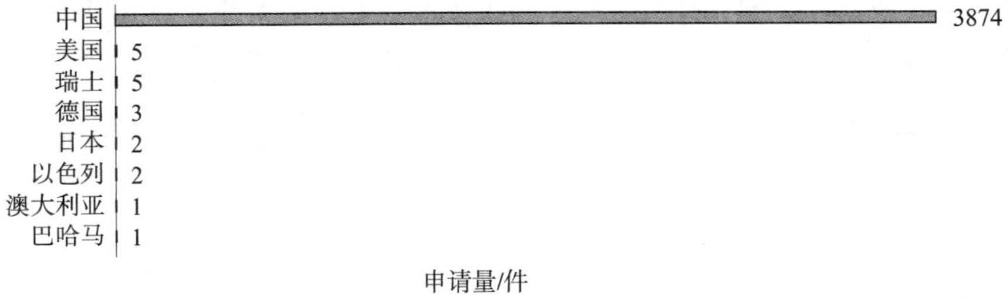

图 8－17 动物源中药领域重点专利申请人国别

如图 8－18 所示，动物源中药领域重点专利数量排在前 5 位的申请人为天津天士力、咸阳步长医药科技、济南伟传信息、江西汇仁药业有限公司，这说明中国中药类大型企业在动物源中药领域占据非常明显的优势地位，这与上述统计分析中中国申请人占动物源中药专利申请人绝大部分比例的结论相一致。

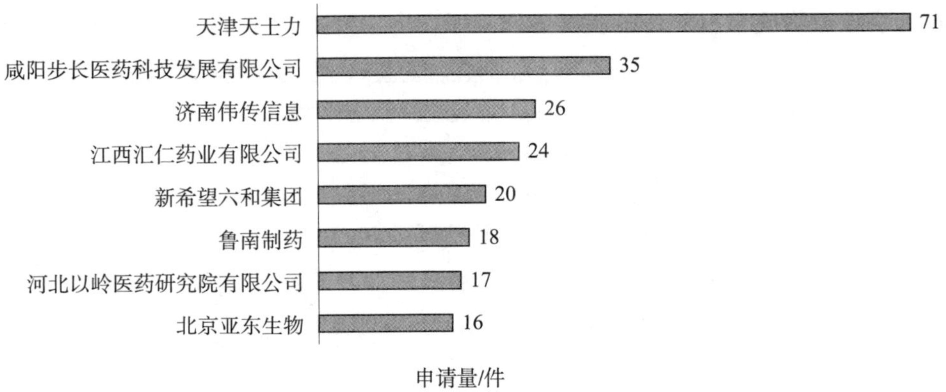

图 8－18 动物源中药领域重点专利主要申请人

如表8－12所示，动物源中药领域重点专利技术主题为A61K35/78（含有来自藻类、苔藓、真菌或植物或其派生物），A61K36/9066（姜黄属，例如姜黄、东印度竹芋或芒果姜），A61K36/899（禾本科，例如芦根、竹叶、玉蜀黍）等。

表8－12 动物源中药领域重点专利技术主题分布

技术主题	IPC分类	专利数量/件
含有来自藻类、苔藓、真菌或植物或其派生物	A61K35/78	301
姜黄属，例如姜黄、东印度竹芋或芒果姜	A61K36/9066	239
禾本科，例如芦根、竹叶、玉蜀黍（玉米须）或甘蔗	A61K36/899	180
姜属，例如花姜	A61K36/9068	141
地黄属	A61K36/804	101
豆蔻属，例如小豆蔻	A61K36/9064	95

（三）保健食品与用品

如图8－19所示，保健食品与用品中药领域重点专利绝大部分专利申请人为中国申请人，共4860件，占比为96.70%。其次是美国、瑞士和日本，但数量较少。

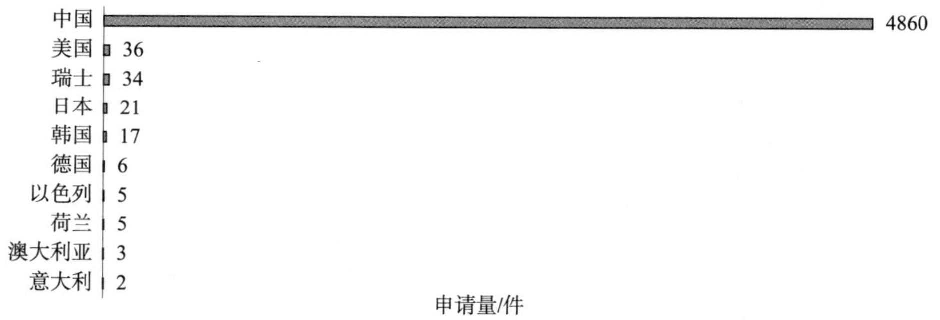

图8－19 保健食品与用品领域重点专利申请人国别

如图8－20所示，保健食品与用品领域重点专利数量较多的申请人为新希望六和集团、青岛嘉瑞生物技术有限公司、雀巢公司等。

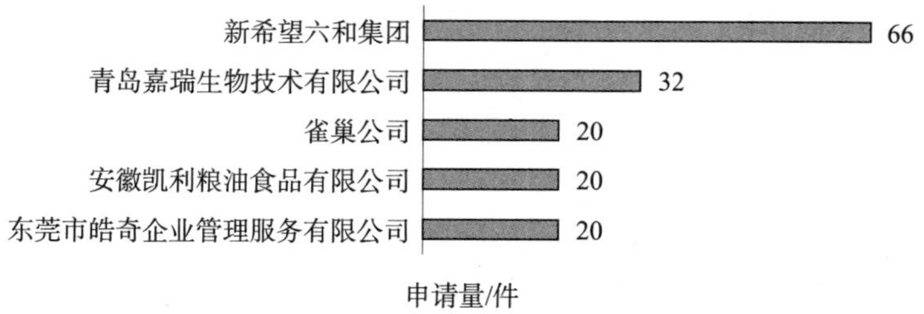

图8－20 保健食品与用品领域重点专利主要申请人

如表8－13所示，保健食品与用品领域重点专利技术主题为A23K1/18（专门适用于特定动物的饲料），A23L1/29（改变食品的营养性质、营养制品、其制备或处理），A23F3/34（茶代用品），C12G3/02（用发酵法）等。

表 8 – 13　保健食品与用品领域重点专利主要技术主题分布

技术主题	IPC 分类	专利数量/件
专门适用于特定动物的饲料	A23K1/18	399
改变食品的营养性质；营养制品；其制备或处理	A23L1/29	288
茶代用品，例如巴拉圭茶；其提出物或泡剂	A23F3/34	191
用发酵法	C12G3/02	157
用混合法，如配制酒的制备	C12G3/04	152
其他非酒精饮料	A23L2/38	143
改变食品的营养性质；营养制品；其制备或处理	A23L33/00	136
茶配制品，例如用添加物	A23F3/14	132
含有水果或蔬菜汁的	A23L2/02	129
矿物舔砖，例如盐块	A23K1/16	100

第四节　医疗器械重点专利分析

一、专利分级

对医疗器械中诊断治疗类、基础类、体外诊断试剂类 3 个重点技术领域的中国专利进行筛选和专利分级，具体专利数据量情况如表 8 – 14 所示。

表 8 – 14　医疗器械领域专利数据基本情况

专利分级情况	诊断治疗类		基础类		体外诊断试剂类	
	专利数量/件	占比/%	专利数量/件	占比/%	专利数量/件	占比/%
初筛前	814939	—	75861	—	148879	—
初筛后	89748	100	12103	100	46901	100
重点专利	23694	26.40	2576	21.28	9383	20.01
重要专利	10454	11.65	722	5.97	4756	10.14
一般价值专利	34915	38.90	4444	36.72	18386	39.20
低价值专利	20685	23.05	4361	36.03	14376	30.65

二、重点专利分析

（一）诊断治疗类

如图 8 – 21 所示，诊断治疗类领域重点专利中，来自中国申请人的数量最多，共 15625 件，其次是日本、美国、德国和瑞士，表明国内申请人在专利数量和重点专利数量上均能处于领先地位。

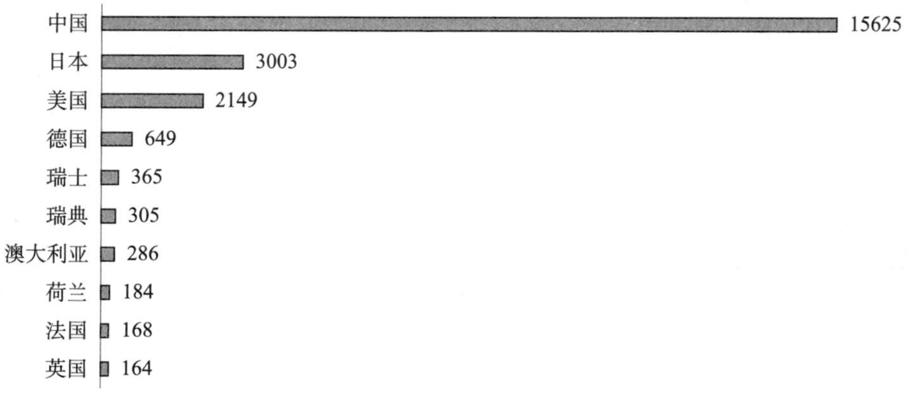

图 8-21　诊断治疗类领域重点专利申请人国别

如图 8-21 所示，诊断治疗类领域重点专利数量排名前 2 位的申请人为日本的东芝公司、奥林巴斯，数量均超过 800 件，而其他申请人专利申请数量均少于 200 件，说明日本大型医疗器械企业在诊断治疗类领域依然占据非常明显的优势地位，苏州天臣国际医疗科技有限公司紧随其后排名第 3，但重点专利数量较前 2 名还有很大差距，显示出国内企业在该领域成后起之秀，正加紧追赶国际先进水平。

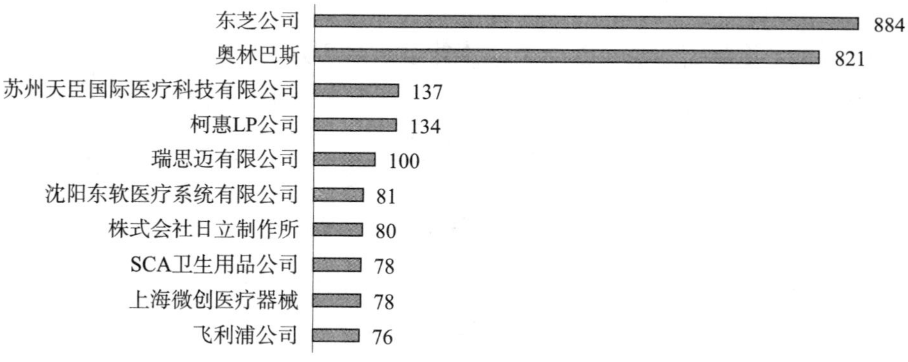

图 8-22　诊断治疗类领域重点专利主要申请人

如表 8-15 所示，诊断治疗类领域重点专利技术主题为 A61B8/00（用超声波、声波或次声波的诊断），A61B6/03（用电子计算机处理的层析 X 射线摄影机），A61B5/055（包含电磁共振或核磁共振的，例如磁共振成像）和 A61B6/00（用于放射诊断的仪器），表明在该领域，用于检测的设备和方法等方面的专利占据主要地位。

表 8-15　诊断治疗类领域重点专利技术主题分布

技术主题	IPC 分类	专利数量/件
用超声波、声波或次声波的诊断	A61B8/00	309
用电子计算机处理的层析 X 射线摄影机	A61B6/03	272
包含电磁共振［EMR］或核磁共振［NMR］的，例如磁共振成像	A61B5/055	210

续表

技术主题	IPC 分类	专利数量/件
用于放射诊断的仪器，如与放射治疗设备相结合的	A61B6/00	190
用于诊断目的的测量；人的辨识	A61B5/00	157
用目视或照相检查人体的腔或管的仪器；其照明装置	A61B1/00	142
用单一动作施加一排固定钉的	A61B17/072	137
X 射线治疗法，γ 射线治疗法；粒子照射疗法	A61N5/10	116
采用使电流通过待加热组织的方式，例如高频电流	A61B18/12	108

（二）基础类

如图 8－23 所示，基础类领域重点专利仍然是来自中国申请人的数量最多，占比达到 85.9%，其次是美国、日本、德国和瑞士，表明国内申请人不仅注重专利数量，专利质量也有了大幅提升。

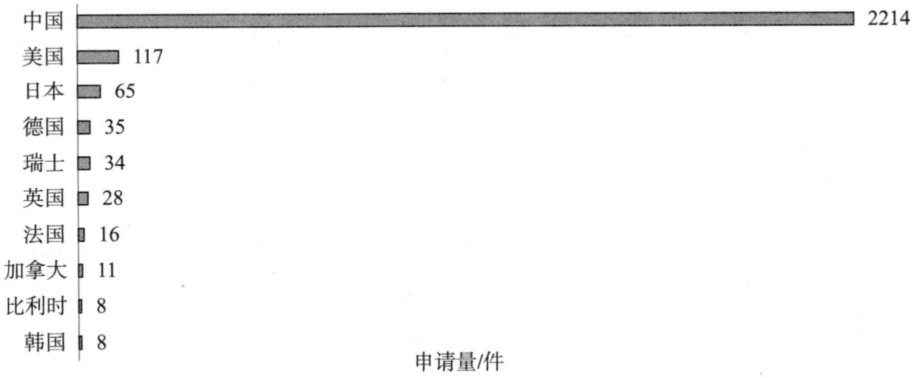

图 8－23　基础类领域重点专利申请人国别

如图 8－24 所示，基础类领域重点专利数量排在前 5 位的申请人为重庆莱美药业、东莞捷荣技术、天士力集团、浙江飞云科技和绍兴振德医用敷料，这说明国内企业在基础类医疗器械领域占据非常明显的优势地位，印证了该领域重点专利的国际分布情况。

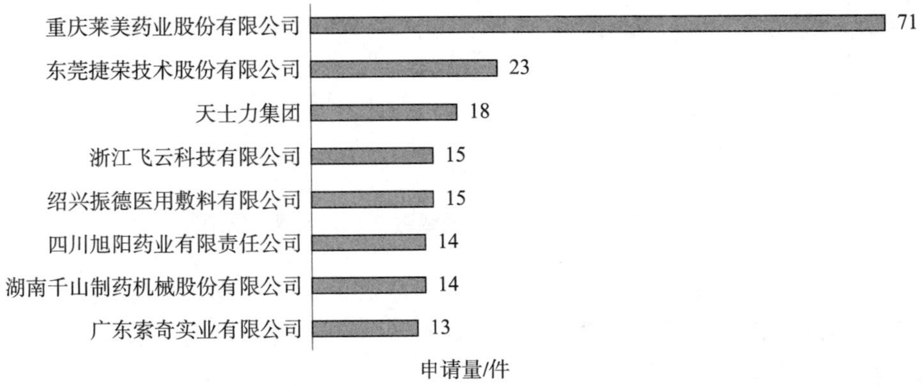

图 8－24　基础类领域重点专利主要申请人

如表 8－16 所示，基础类领域重点专利技术主题中，虽都属于 A61L（材料或消毒的一般方法或装置）和 A61J（专用于医学或医药目的的容器）2 个小类，但 IPC 分类分布较为分散，表明在基础类医疗器械领域研发方向和思路相对较为多元，不同类型的申请人针对不同的技术点开展研究，取得了多元化的研究成果。

表 8－16 基础类领域重点专利技术主题分布

技术主题	IPC 分类	专利数量/件
专用于将药品制成特殊的物理或服用形式的装置或方法	A61J3/00	376
附件	A61L2/26	350
应用程序控制或自动控制的装置	A61L2/24	232
零件；配件	A61J1/14	193
紫外线辐照	A61L2/10	190
液态物质	A61L2/18	148
专用于医学或医药目的的容器	A61J1/00	145
袋状容器	A61J1/10	138
用于运送液体的装置，例如从药水瓶中送到注射器中	A61J1/20	138
用于收集、贮存或输送血液、血浆或医用液体的	A61J1/05	134

（三）体外诊断试剂类

如图 8－25 所示，体外诊断试剂类领域重点专利中，来自中国申请人的数量依然保持最多，且遥遥领先排名其后的美国、日本、瑞士和德国，表明国内申请人在体外诊断试剂类医疗器械重点专利数量上处于绝对优势地位。

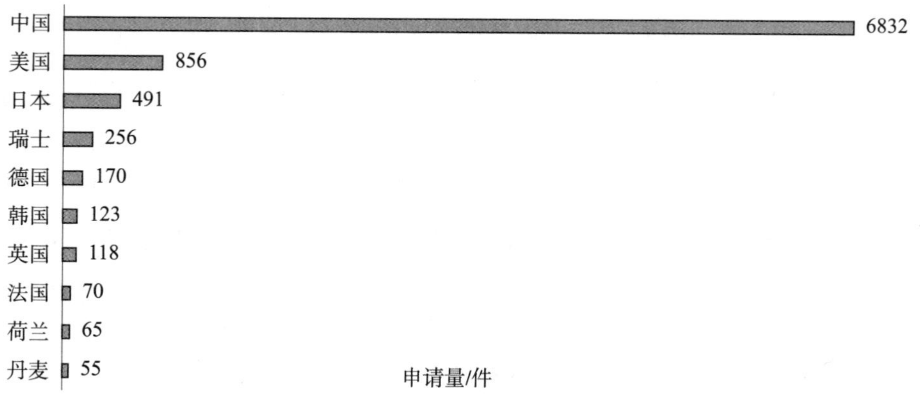

图 8－25 体外诊断试剂领域重点专利申请人国别

如图 8－26 所示，体外诊断试剂领域重点专利数量第一的是中科院上海生命科学研究院，北京泱深生物和罗氏公司排名第 2、第 3 位，前 10 位中国内申请人占比过半，说明国内科研院所和新型研发企业在该领域占有一定优势，且取得了较大数量的研究成果。

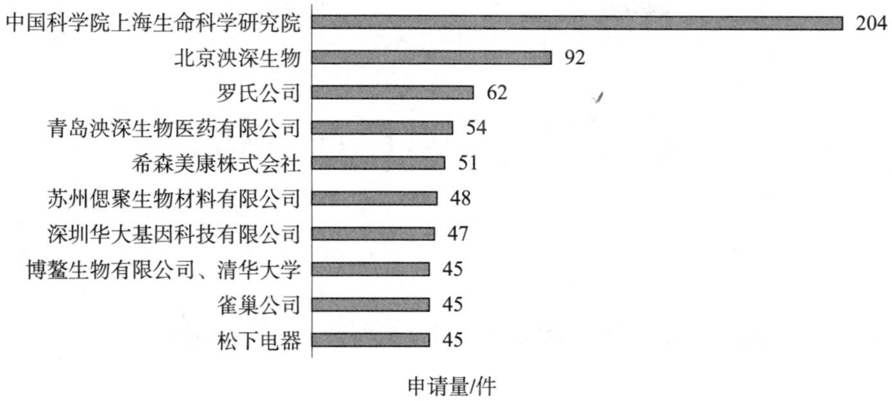

图 8-26 体外诊断试剂领域重点专利主要申请人

如表 8-17 所示，体外诊断试剂领域重点专利技术主题为 C12Q1/68（核酸），C12N15/11（核酸、DNA 或 RNA 片段、其修饰形成），G01N33/68（涉及蛋白质、肽或氨基酸的）和 G01N33/53（免疫测定法、生物特有的结合方法的测定、相应的生物物质），表明在体外诊断试剂领域用于基因检测方面的研究和成果相对较多，揭示了该领域的研究热点和方向。

表 8-17 体外诊断试剂领域重点专利技术主题分布

技术主题	IPC 分类	专利数量/件
包括核酸	C12Q1/68	562
包括核酸；DNA 或 RNA 片段；其修饰形成	C12N15/11	206
涉及蛋白质、肽或氨基酸的	G01N33/68	198
免疫测定法；生物特有的结合方法的测定；相应的生物物质	G01N33/53	88
用不溶解的载体固定免疫化学物品	G01N33/543	76
涉及单克隆抗体的	G01N33/577	75
利用了抗原或抗体的扩散或迁移	G01N33/558	68
生物物质，例如血、尿；血球计数器	G01N33/48	61
生物物质（例如血、尿）的化学分析；免疫学试验	G01N33/50	55
用于癌症	G01N33/574	46

第九章　重点产品分析

第一节　Humira（修美乐）专利布局

一、药品概述

阿达木单抗（Adalimumab），商品名 Humira（修美乐）。修美乐是一种相同靶点靠后上市的跟进型药物，是“全人源”化的单克隆抗体药物，“免疫原性”更小，可以与肿瘤坏死因子特异性结合，通过阻断 TNF 与 PSS 和 P75 细胞表面 TNF 受体的相互作用，从而消除其生物学功能。临床适应症主要为类风湿关节炎、强直性脊柱炎、银屑病和克罗恩病等 13 种疾病。修美乐 2017 年全球销售业绩为 185 亿美元，2018 年全球销售额约 199.4 亿美元，销量连续 7 年位居全世界第一。

二、药品 NMPA 批准情况

在 NMPA（国家药品监督管理局）对修美乐相关批文进行查询，修美乐 2010 年在中国上市，如表 9－1 所示，国内市场百奥泰的“格乐立”、海正生物的“安健宁”和信达生物的“苏立信”、复宏汉霖的“汉达远”分别于 2019 年和 2020 年获 NMPA 批准上市。进口药品均为阿达木单抗注射液，生产企业均为艾伯维公司（AbbVie）。

表 9－1　修美乐药品的 NMPA 批准情况

序号	国产药品名称	生产单位	批准文号
1	阿达木单抗注射液	海正生物药有限公司	国药准字 S20190043
2	阿达木单抗注射液	信达生物药（苏州）有限公司	国药准字 S20200020
3	阿达木单抗注射液	百奥泰生物药股份有限公司	国药准字 S20190038
序号	进口药品名称	生产单位	批准文号
1	阿达木单抗注射液	AbbVie Deutschland GmbH&Co. KG	S20200007
2	阿达木单抗注射液	AbbVie Ltd	S20191006
3	阿达木单抗注射液	AbbVie Ltd	S20170019
4	阿达木单抗注射液	AbbVie Ltd	S20181019
5	阿达木单抗注射液	AbbVie Ltd	S20160058

三、全球专利整体分析

（一）申请趋势

如图 9－1 所示，全球修美乐专利申请量大致经历了以下三个主要发展阶段。

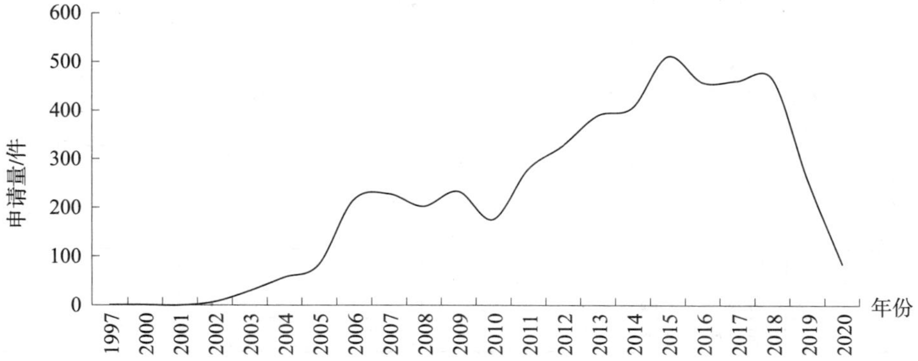

图 9－1　修美乐相关专利全球申请趋势

第一阶段（1997—2002 年）：萌芽期。1997 年出现了第一项申请 WO9729131A1，申请人为德国巴斯夫公司，该专利为 PCT 申请。限于当时修美乐尚未上市，其药理价值和商业价值没有充分认识和挖掘，因此该阶段全球申请量较小。第二阶段（2002—2010 年）：发展期。自 2002 年开始，修美乐在美国获批上市，全球相关专利申请量呈现较大幅度增长，修美乐凭借相关产品的疗效上表现了惊人的效果，形成巨大的产业，2009 年专利申请量达到该阶段的高峰。第三阶段（2011 年至今）：高潮期。随着修美乐研发的不断关注与深入，越来越多的研究主体关注该技术发展，到 2015 年达到申请量的最高峰 512 件。

（二）专利地域分布情况

修美乐相关专利在全球各国家/地区的布局情况如图 9－2 所示，可见美国是修美乐专利布局的最大市场，其次是中国和日本。

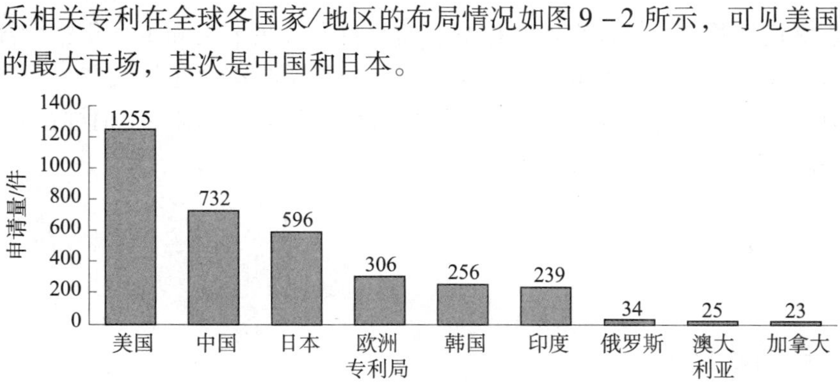

图 9－2　修美乐相关专利全球地域分布

(三) 重点申请人

如表 9-2 所示，涉及修美乐的专利申请，排名前 10 位的申请人当中，多数为美国和瑞士的跨国生物医药巨头企业，艾伯维公司以绝对优势占据榜首，说明技术还是集中掌握在一些主要生产厂商手中。

表 9-2 修美乐相关专利主要申请人

申请人（国籍）	专利数量/件
艾伯维公司（美国）	401
安进公司（美国）	114
阿尔米雷 ALMIRALL SA（西班牙）	89
罗氏公司（美国/瑞士）	64
雀巢公司（瑞士）	57
辉瑞公司（美国）	51
费森尤斯（德国）	49
阿瑞斯贸（瑞士）	46
雅培公司（美国）	45
诺华公司（瑞士）	37

(四) 重点专利

巴斯夫公司通过 PCT 途径申请国际专利 WO9729131A1，之后陆续进入全球主要药物交易市场。其中，美国专利 US6090382 公开了特异性结合肿瘤坏死因子的抗体，此项基础专利的专利组合中有 72 项授权专利，这其中有 11 项专利都以 “Formulation of human antibodies for treating TNF-α accociated disorders” 命名，均是由 2002 年申请的原始专利派生而来的。US6090382 专利的期限延长 326 天至 2016 年 12 月 31 日，目前已经失效。然而，预计其专利组合中的 70 余项专利将阻止美国在 2022 年之前推出阿达木单抗生物仿制药。授权的 72 项专利大体可以分为以下几类，22 项专利覆盖了特定的水针剂型，其中一些甚至进行了终止声明。同时还有 3 个预充针专利。总共有 23 项产品纯化和制备工艺的专利，3 项 TNF-α 抗体晶体的专利。18 项有关适应症的专利，其中 8 项对剂量进行了声明，10 项对特定的适应症进行了声明。这些适应症包括银屑病、银屑病关节炎、糜烂性关节炎、强直性脊柱炎、幼年特发性关节炎和重度化脓性汗腺炎等。这其中，最重要的专利 US6509015 对使用阿达木单抗治疗类风湿性关节炎进行了声明。此外，还有其他 3 项是有关评价剂量和有效性的生物标志物专利。艾伯维在欧洲布局的母专利 EP0929578B 到 2018 年 10 月已经失效。

四、中国专利分析

(一) 申请趋势

如图 9-3 所示，统计分析中国修美乐专利申请总体情况，并对国内申请和国外来华申请进行了对比分析，可见中国关于修美乐药品的研发仍以外来主体为主。

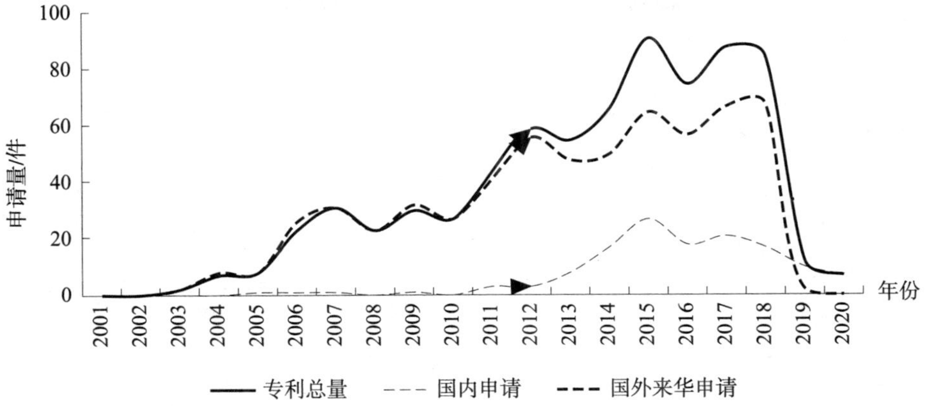

图 9 –3　修美乐相关专利国内申请趋势情况对比

（二）重点申请人

如图 9 –4 所示，中国修美乐相关专利排名前 10 位的专利申请人中有超过一半的主体来自国外，艾伯维公司在中国也进行了一定布局，国内进行修美乐研发中专利申请较多的企业为广东东阳光药业有限公司、上海海雁医药科技有限公司等。

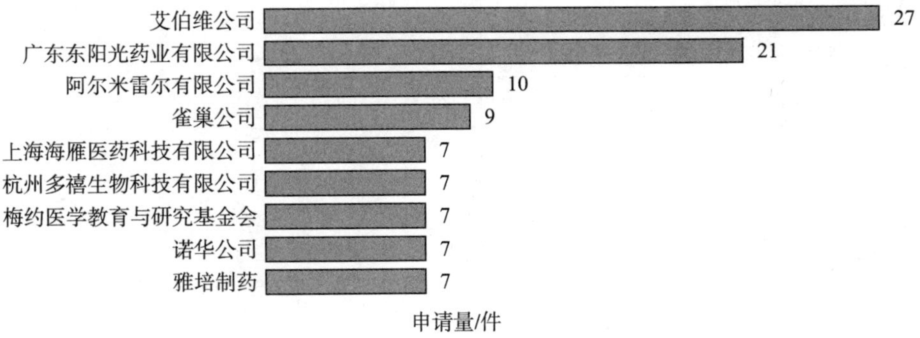

图 9 –4　中国修美乐相关专利主要申请人

五、艾伯维公司修美乐专利布局

修美乐是艾伯维公司的超级重磅产品，连续数年稳坐全球“药王”宝座，以下对艾伯维公司在修美乐药品领域相关专利的布局情况进行分析。

（一）专利申请趋势

如图 9 –5 所示，统计分析艾伯维公司在修美乐领域相关专利的申请趋势，可以看出，艾伯维的专利申请态势与全球趋势基本一致，在 2015 年达到专利申请量的峰值。

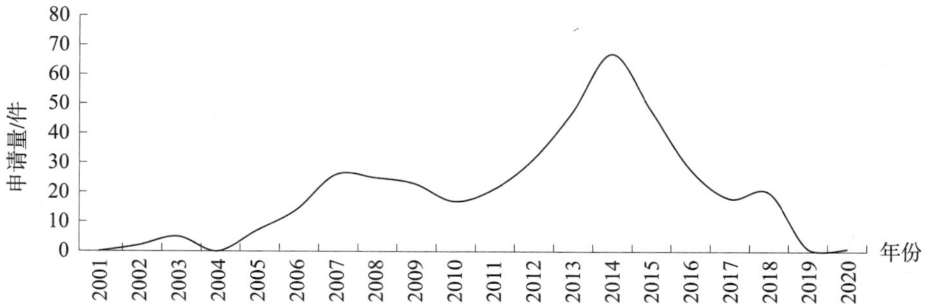

图 9-5　艾伯维修美乐相关专利申请趋势

（二）专利技术分布

如表 9-3 所示，艾伯维在修美乐专利技术的布局上比较全面，基本覆盖了产品发明和方法发明的各个技术领域，包括抗体、配置品、制备方法、制药用途等，构筑严密的专利保护网。

表 9-3　艾伯维修美乐相关专利技术主题

技术主题	IPC 分类	专利数量/件
抗细胞因子，淋巴因子或干扰素	C07K16/24	200
抗体；免疫球蛋白；免疫血清	A61K39/395	166
免疫球蛋白，例如，单克隆或多克隆抗体	C07K16/00	65
含有抗原或抗体的医药配制品	A61K39/00	57
自动注射器	A61M5/20	44
离子交换色谱	C07K1/18	43
含肽的医药配制品	A61K38/00	35
肽或蛋白质的制备	C12P21/00	31
用于关节疾病，例如关节炎、关节病	A61P19/02	30
治疗牛皮癣药	A61P17/06	27

（三）专利地域布局

如图 9-6 所示，从地域布局趋势来看，美国一直是艾伯维公司的布局重点，中国是其第二大布局重点地区，其次是日本和欧洲，其中，艾伯维公司在日本布局较晚，从 2013 年进入日本市场，而在欧洲近几年鲜有布局。

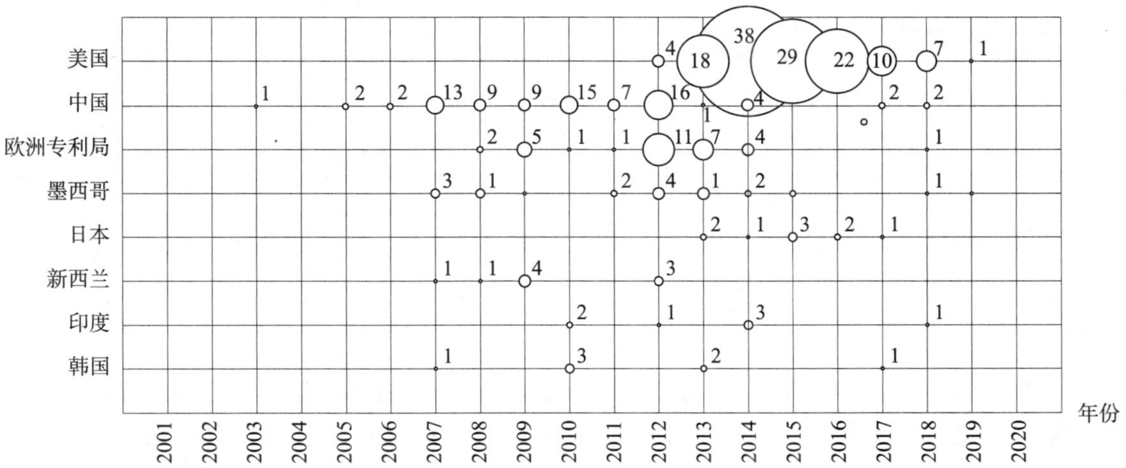

图 9-6 艾伯维修美乐相关专利技术区域布局趋势

第二节 Keytruda（K 药）专利布局

一、药品概述

帕博利珠单抗（Pembrolizumab），商品名可瑞达（Keytruda），也称"K 药"，由默沙东公司研发，是首个 FDA（美国食品药品监督管理局）批准的 PD-1 单抗药物，于 2014 年 9 月 4 日获得上市批准，又于 2015 年 7 月 17 日获得 EMA（欧洲药品管理局）的上市批准，用于治疗转移性黑色素瘤、非小细胞肺癌、晚期黑色素瘤。2018 年 K 药紧随其最大竞争对手百时美施贵宝的 Opdivo（O 药）进入中国市场，已获批用于治疗黑色素瘤，联合化疗和单药用于治疗非小细胞肺癌。由于适应症上的优势，K 药销售额实现了后来居上。在 NMPA 网站对 K 药相关批文进行查询，截至 2020 年年底，未有国产 K 药获批上市，进口药品为帕博利珠单抗注射液，生产企业为默沙东公司。

二、基础专利

如表 9-4 所示，K 药的核心专利，即保护化合物氨基酸序列的专利，在专利系列中的申请日期是最早的。默沙东公司于 2008 年以国际专利 PCT 申请共同提交，公开号为 WO2008156712A1。进入各个国家后，陆续在美国、日本、欧洲以及中国等药品主流市场获得授权，并在美国获得 176 天的延长期，专利到期日为 2028 年 12 月 6 日，其他国家的专利到期日为 2028 年 6 月 13 日。

表 9-4　K 药核心专利在全球主要市场的保护情况

国别代码	专利号/公开号	申请日	授权日	专利到期日
WO	WO2008156712A1	2008.6.13	—	—
US	US8354509B2	2008.6.13	2013.1.15	2028.12.6
EP	EP2170959B1	2008.6.13	2013.10.2	2028.6.13
JP	JP5191537B2	2008.6.13	2013.5.8	2028.6.13
CN	CN102131828B	2008.6.13	2015.6.17	2028.6.13

默沙东公司除了申请上述核心序列专利之外，还针对检测方法、联合用药等进行了大量的专利布局，涉及药品专利、使用方法专利。但核心仍然是药物成分专利所保护的氨基酸序列。

三、全球专利整体分析

（一）专利申请趋势

如图 9-7 所示，统计分析与 K 药相关的专利在全球的申请概况。默沙东于 2008 年首次提交了公开号为 WO2008156712A1 国际专利 PCT 申请。进入各个国家后，陆续在美国、日本、欧洲以及中国等药品主流市场获得授权。K 药自 2014 年获批上市后，专利申请数量持续上升。

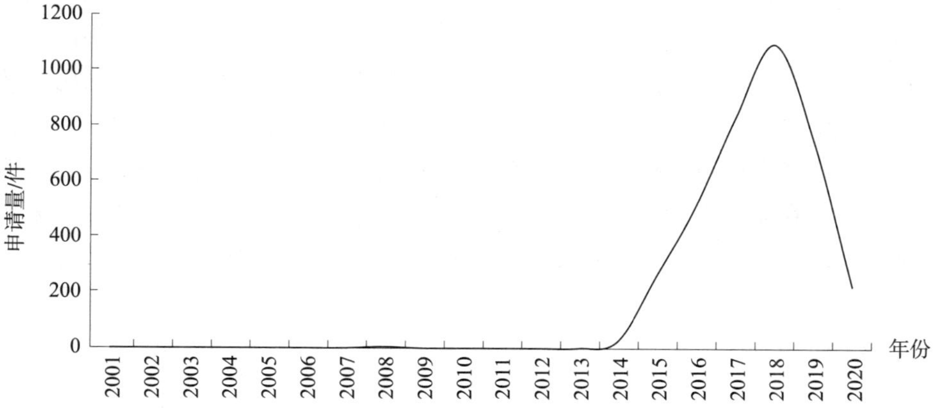

图 9-7　K 药全球专利申请趋势

（二）专利地域分布情况

如图 9-8 所示，统计分析 K 药相关专利在全球各国家/地区的布局情况，可见美国是 K 药专利布局的最大市场，其次是中国、印度和欧洲。

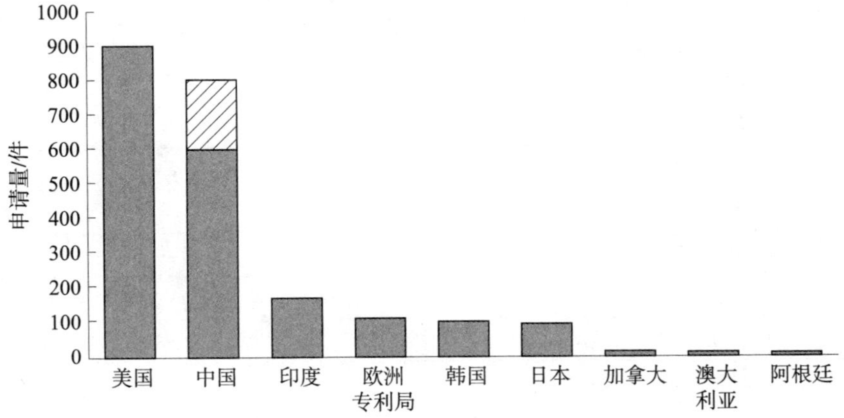

图9－8　K药相关专利全球地域分布

如图9－9所示，统计分析K药相关专利在全球各国家/地区分布的趋势，可见中国和美国仍是专利布局的热点地区。

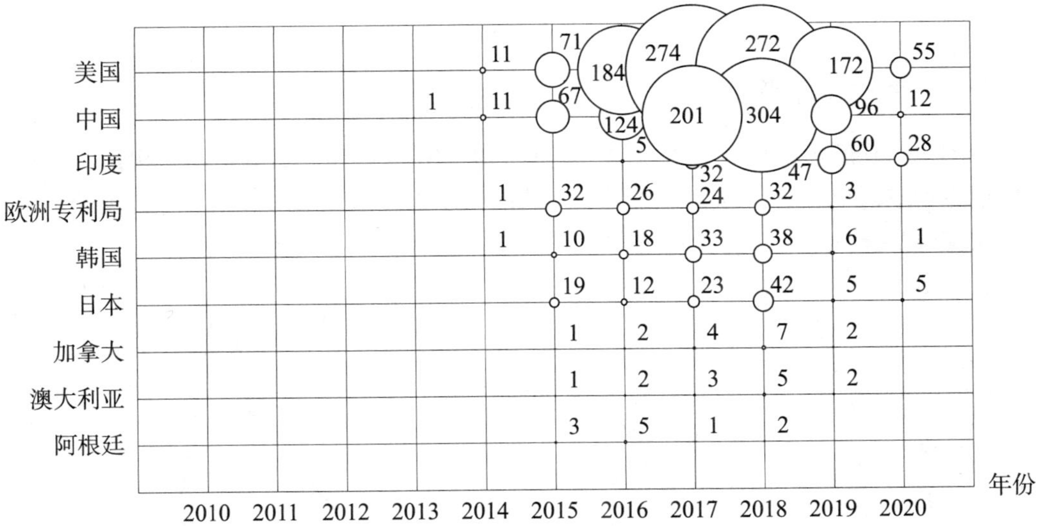

图9－9　K药相关专利全球地域分布趋势

（三）重点申请人

如表9－5所示，涉及K药的专利申请，排名前10位的申请人当中，绝大部分为美国企业及科研单位，默沙东公司、百时美施贵宝以绝对优势占据前2位，说明相关技术还是集中掌握在一些主要生产厂商手中。

表 9-5 修美乐相关专利主要申请人

申请人（国籍）	申请数量/件
默沙东公司（美国）	199
百时美施贵宝（美国）	171
诺华公司（瑞士）	75
罗氏公司（美国/瑞士）	57
索隆基特（美国）	44
安进公司（美国）	43
加利福尼亚大学（美国）	32
坎莫森特（美国）	31
瑞泽恩制（美国）	31
梅奥医学（美国）	29

四、中国专利分析

（一）专利申请趋势

如图 9-10 所示，统计分析中国 K 药专利申请的总体情况，并对国内申请和国外来华申请进行了对比分析，可见中国关于 K 药的研发仍以国外来华主体为主，国内主体专利申请量较少。

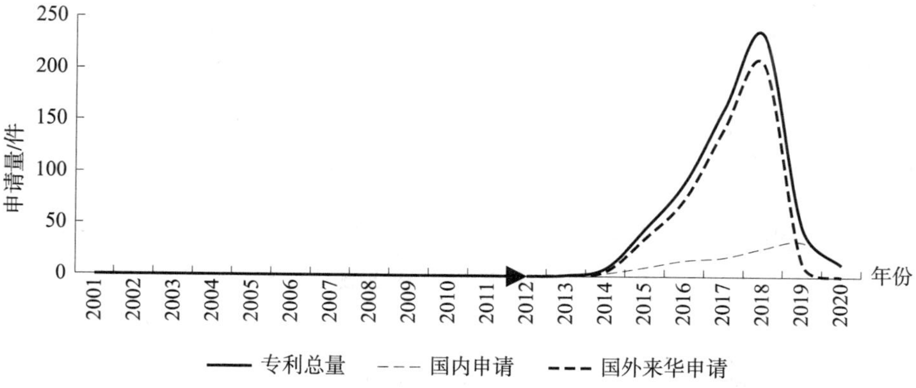

图 9-10 中国 K 药专利申请趋势

（二）重点申请人

如图 9-11 所示，统计分析中国 K 药相关专利的主要申请人，排名前 10 位的申请人中有 7 家来自国外，排名前 2 位的仍然是在全球占据榜首的百时美施贵宝和默沙东公司，国内进行 K 药专利申请较多的企业为江苏恒瑞医药股份有限公司、苏州盛迪亚生物医药有限公司和杭州多禧生物科技有限公司。

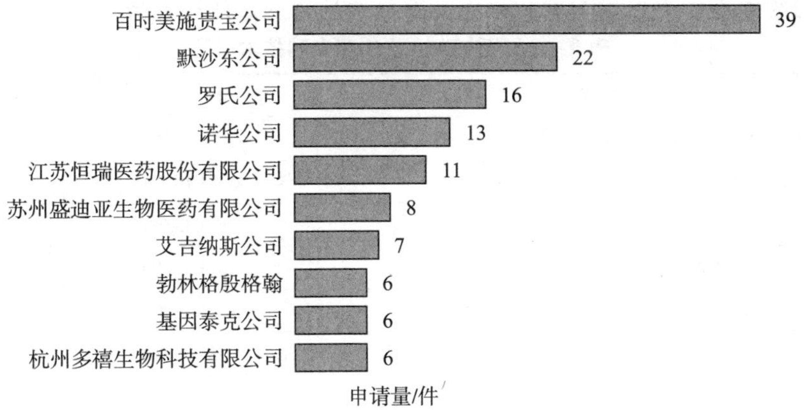

图 9-11 中国 K 药主要专利申请人

五、默沙东公司 K 药专利布局

K 药是默沙东公司的标志产品，连续数年在全球 10 大畅销药品榜单中占据席位，以下对默沙东公司在 K 药领域相关专利的布局情况进行分析。

（一）专利申请趋势

如图 9-12 所示，默沙东在 K 药领域一直保持持续研发的热度，在 2018 年达到专利申请量的峰值，预计专利申请量将持续提升。

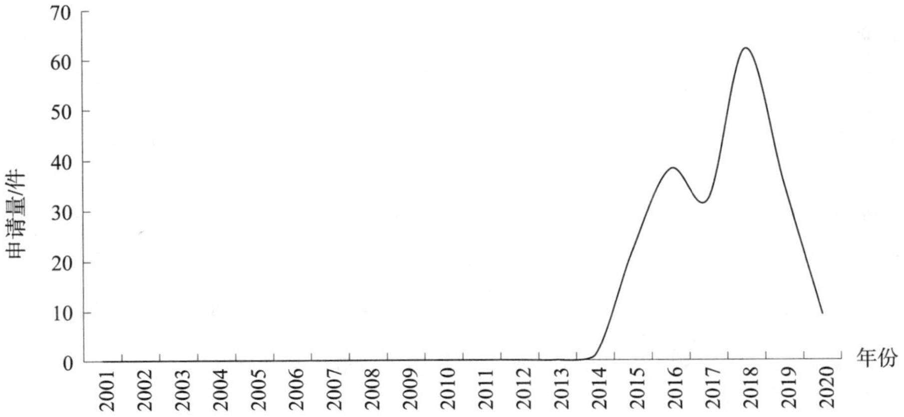

图 9-12 默沙东公司 K 药专利申请趋势

（二）专利技术分布

如表 9-6 所示，默沙东公司在 K 药领域专利技术的布局主要围绕抗体展开，重点保护了药物成分专利所保护的结合人 PD－1 的分离的抗体或抗体片段，还针对检测方法、联合用药等进行了大量的专利布局，涉及药品专利、使用方法专利。

表 9－6 默沙东公司 K 药专利技术主题

技术主题	IPC 分类	专利数量/件
抗体；免疫球蛋白；免疫血清，例如抗淋巴细胞血清	A61K39/395	128
抗受体，细胞表面抗原或细胞表面决定因子	C07K16/28	96
抗肿瘤药	A61P35/00	83
含有抗原或抗体的医药配制品	A61K39/00	49
无化学特性之有效成分的混合物，例如消炎药和强心剂	A61K45/06	20
来自肿瘤细胞	C07K16/30	19
疱疹病毒	A61K35/763	17
用于癌症	G01N33/574	16
涉及蛋白质、肽或氨基酸的	G01N33/68	15
对转移瘤有特异性的	A61P35/04	12

（三）专利技术分布趋势

如图 9－13 所示，从默沙东公司在 K 药各技术主题布局的趋势来看，抗体和制剂是默沙东公司一直以来的研发重点，且将仍是研发热点。

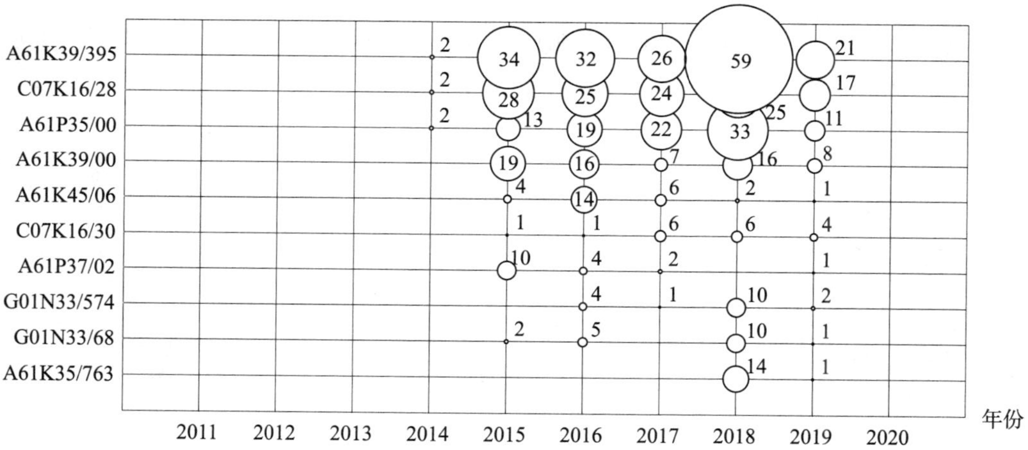

图 9－13 默沙东公司 K 药专利技术分布趋势

（四）专利地域布局趋势

如图 9－14 所示，从地域布局趋势来看，美国一直是默沙东公司的布局重点，中国是其第二大布局重点地区，其次是印度和欧洲。

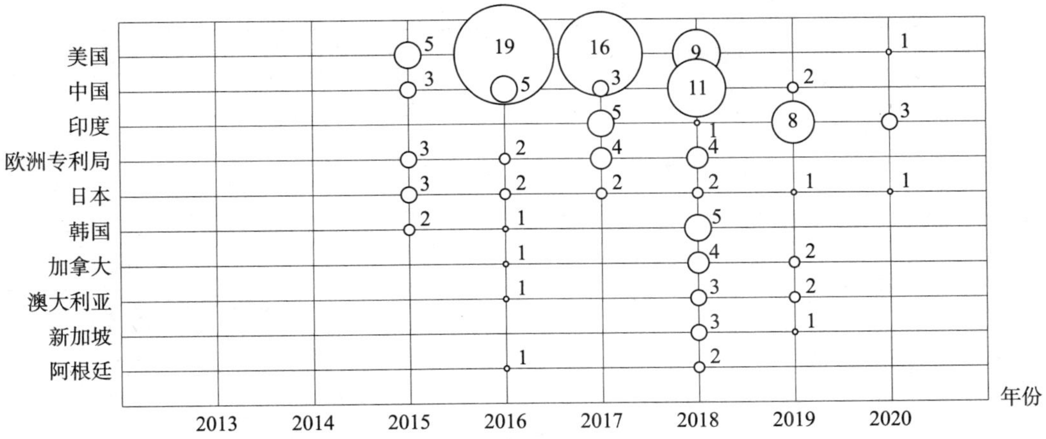

图 9－14　默沙东公司 K 药专利区域布局趋势

第三节　Opdivo（O 药）专利布局

一、药品概述

纳武利尤单抗（Nivolumab），商品名 Opdivo，也称“O 药”，最初由 Medarex 公司研发，2009 年，百时美施贵宝以 24 亿美金的高价收购了 Medarex，正式将 O 药纳入其流水线。2014 年 7 月 4 日，O 药获得日本医药品医疗器械综合机构（PMDA）的上市批准，同年 12 月 22 日获得 FDA 的上市批准，该药的适应症为转移性黑色素瘤、非小细胞肺癌、晚期肾细胞癌、霍奇金淋巴瘤。2014 年以来，随着肿瘤免疫疗法的热度逐渐上升，其销售额也逐年增加。其主要的市场竞争来自默沙东的“K 药”，2017 年百时美施贵宝与默沙东就 PD－1 抗体全球专利展开大战，以后者在 2017—2026 年每年支付专利许可费落下帷幕。O 药与 K 药相比，两药虽然均为 PD－1 抑制剂，但在适应症、用法用量、不良反应等方面均存在一定的差异。

在 NMPA 网站对 O 药相关批文进行查询，目前国内无相关药品，进口药品均为纳武利尤单抗注射液，生产企业均为百时美施贵宝。

二、基础专利

如表 9－7 所示，O 药核心专利由 Medarex 和小野制药于 2006 年以 PCT 申请共同提交，公开号为 WO2006121168A1。进入各国家后，陆续在日本、美国、中国、欧洲等药品主流市场获得授权，并在美国获得 413 天的延长期，专利到期日为 2027 年 6 月 19 日，在日本获得接近 5 年的延长期，专利到期日为 2031 年 3 月 11 日。

表 9-7　O 药核心专利在全球主要市场的保护情况

国别代码	专利号/公开号	申请日/优先权日	授权日	专利到期日
WO	WO2006121168A1	2006.5.2	—	—
US	US8008449B2	2006.5.2	2011.8.30	2027.6.19
	US8779105B2	2006.5.2	2014.7.15	2027.6.19
EP	EP2161336B1	2006.5.2	2013.7.31	2026.5.2
JP	JP4361545B2	2006.5.2	2009.11.11	2031.3.11
	JP5028700B2	2006.5.2	2012.9.19	2026.5.2
	JP5872377B2	2006.5.2	2016.3.1	2026.5.2
CN	CN103059138B	2006.5.2	2015.10.28	2026.5.2
	CN101213297B	2006.5.2	2013.2.13	2026.5.2

三、全球专利整体分析

（一）专利申请趋势

如图 9-15 所示，统计分析 O 药相关的专利在全球的申请概况。百时美施贵宝于 2006 年首次提交了公开号为 WO2006121168A1 的国际专利 PCT 申请。进入各个国家后，陆续在日本、美国、中国以及欧洲等药品主流市场获得授权。O 药自 2014 年获批上市后，专利申请数量持续上升。

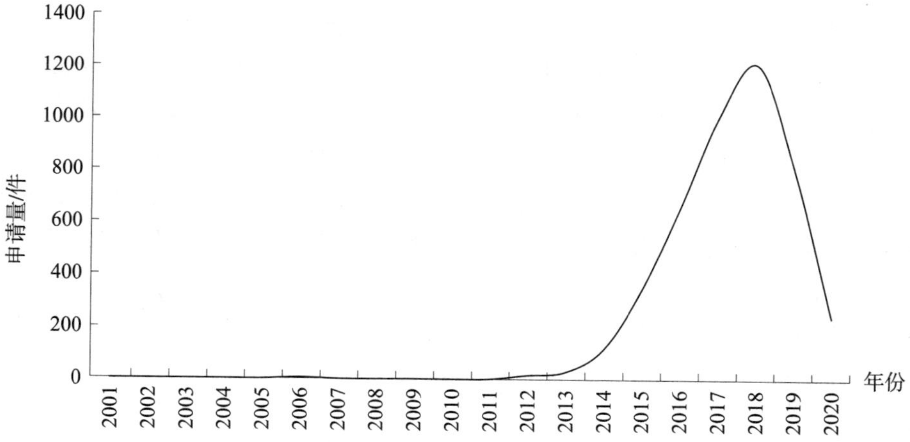

图 9-15　O 药全球专利申请趋势

（二）专利地域分布情况

如图 9-16 所示，统计分析 O 药相关专利在全球各国家/地区的布局情况，可见美国是 O 药专利布局最大市场，其次是中国、日本和印度。

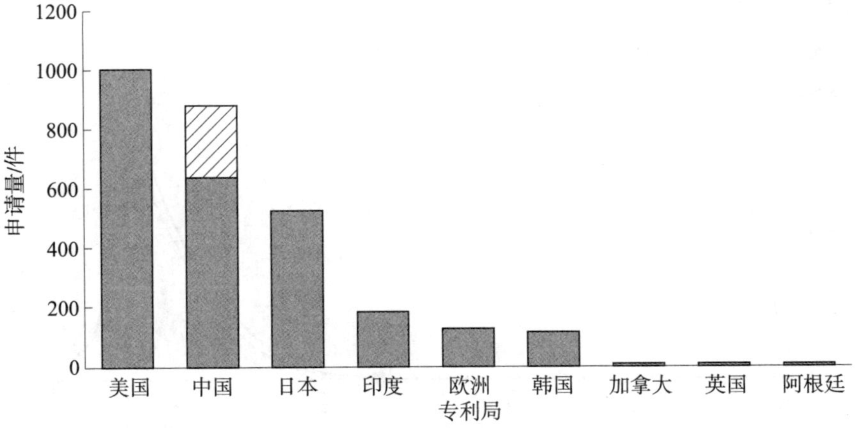

图 9 – 16　O 药全球专利地域分布

(三) 重点申请人

如表 9 – 8 所示，涉及 O 药的专利申请，排名前 10 位的申请人当中，绝大部分为美国企业和科研单位，百时美施贵宝以绝对优势占据榜首，其次是默沙东公司和诺华公司，说明技术还是集中掌握在一些主要生产厂商和研究院所手中。

表 9 – 8　O 药全球专利重点申请人

申请人（国籍）	申请数量/件
百时美施贵宝（美国）	267
默沙东公司（美国）	103
诺华公司（瑞士）	82
罗氏公司（美国/瑞士）	78
索隆基特（美国）	39
加利福尼亚大学（美国）	37
瑞泽恩制（美国）	35
安进公司（美国）	34
梅奥医学（美国）	33
坎莫森特（美国）	31

四、中国专利分析

(一) 专利申请趋势

如图 9 – 17 所示，统计分析中国 O 药专利申请的总体情况，并对国内申请和国外来华申请进行了对比分析，可见中国关于K药的研发仍以国外来华主体为主，国内主体专利申请量较少。

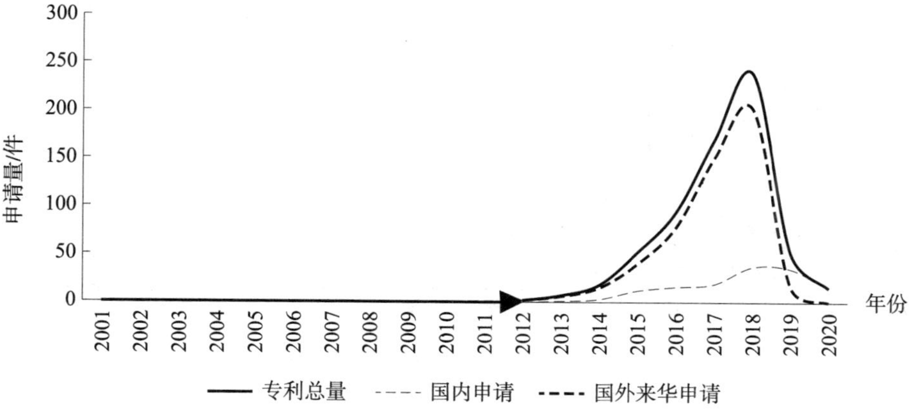

图9-17　O药中国专利申请趋势

（二）重点申请人及类型

如图9-18所示，统计分析中国O药相关专利的主要申请人，排名前10位的申请人中有7家企业来自国外，排名在首位的仍然是在世界上占据榜首的百时美施贵宝，国内进行O药研发中专利申请较多的企业为江苏恒瑞医药股份有限公司、苏州盛迪亚生物医药有限公司和杭州多禧生物科技有限公司。

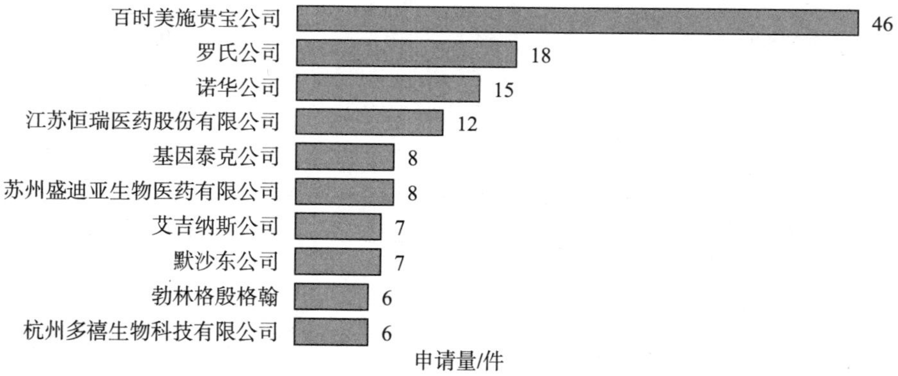

图9-18　O药中国专利重点申请人

五、百时美施贵宝O药专利布局

O药是百时美施贵宝的标志产品，多年在全球10大畅销药品榜单中占据席位，以下对百时美施贵宝在O药相关专利的布局情况进行分析。

（一）专利申请趋势

如图 9－19 所示，统计分析百时美施贵宝在 O 药相关专利的申请趋势，可以看出，百时美施贵宝在该领域自产品上市以来一直保持持续研发的热度，在 2018 年达到专利申请量的峰值，预计专利申请量将持续提升。

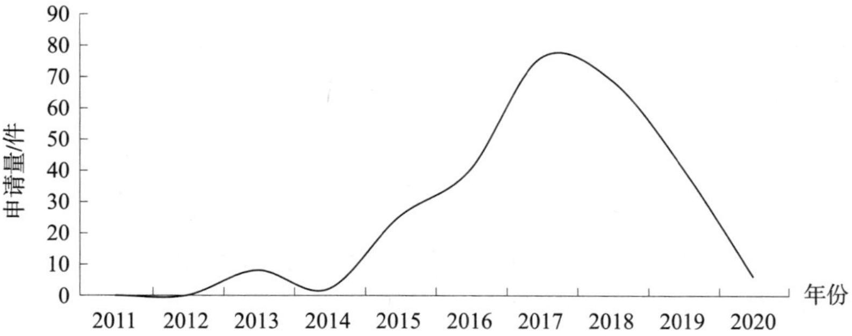

图 9－19　百时美施贵宝 O 药全球专利申请趋势

（二）专利技术分布

如表 9－9 所示，百时美施贵宝在 O 药专利技术的布局主要围绕抗体展开，重点保护了与 PD－1 特异性结合的人单克隆抗体或其抗原结合部分的氨基酸序列，还针对检测方法、联合用药、药物适用症等方面进行了大量的专利布局。

表 9－9　百时美施贵宝 O 药专利技术主题分布

技术主题	IPC 分类	专利数量/件
抗肿瘤药	A61P35/00	140
抗受体，细胞表面抗原或细胞表面决定因子	C07K16/28	134
抗体；免疫球蛋白；免疫血清，例如抗淋巴细胞血清	A61K39/395	131
含有抗原或抗体的医药配制品	A61K39/00	54
无化学特性之有效成分的混合物，例如消炎药和强心剂	A61K45/06	33
用于癌症	G01N33/574	26
邻位稠合系	C07D487/04	24
用于特殊目的的药物	A61P43/00	22
来自肿瘤细胞	C07K16/30	19
对白血病有特异性的	A61P35/02	17

（三）专利地域布局趋势

如图 9－20 所示，从地域布局趋势来看，美国一直是百时美施贵宝的布局重点，中国是其第二大布局重点地区，其次是日本、韩国、印度，在其他地区布局较晚。

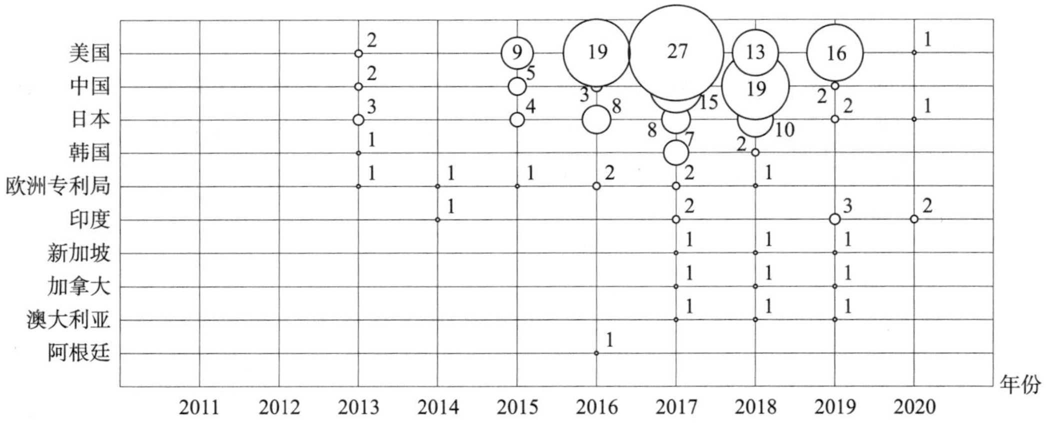

图 9-20　百时美施贵宝 O 药专利区域布局趋势

第四节　瑞舒伐他汀专利布局

一、药品概述

瑞舒伐他汀（Rosuvastatin）是一种选择性 HMG-CoA 还原酶抑制剂，转变 3-羟基-3-甲基戊二酰辅酶 A 为甲戊酸盐——胆固醇的前体——的限速酶，主要作用部位是肝——降低胆固醇的靶向器官，通过增加肝 LDL 细胞表面受体数目，促进 LDL 的吸收和分解代谢，抑制 VLDL 的肝合成，由此降低 VLDL 和 LDL 微粒的总数。

瑞舒伐他汀是 20 世纪 80 年代末由日本盐野义公司研发，于 1993 年筛选得到的氨基嘧啶衍生物，研发代号 S-4522，随后在美国、日本、欧洲等国家和地区申请专利。1998 年 4 月，日本盐野义公司将除在日本之外的专利转让给英国的 Zeneca 公司，后 Zeneca 公司与阿斯利康公司合并成为阿斯利康曾尼卡公司。阿斯利康公司将其命名为 Rosuvastatin，于 2003 年 8 月，获美国 FDA 批准，于 2007 年 4 月以商品名"可定"（Crestor）进口中国。国内仿制产品最早于 2008 年获得上市批文，分属鲁南贝特、南京正大天晴和浙江京新药业。

Crestor 是继立普妥之后的另一个重磅炸弹级降血脂药物，是他汀类药物中的后起之秀，但是其降脂效果却是最强的，被称为"超级他汀"，并且因为其可降低心血管事件的发生率而格外引人关注，2013 年 Crestor 的销售额达 60 亿美元，随着其核心化合物专利于 2016 年到期，FDA 批准了 WastonPharma 公司的仿制药上市，阿斯利康的瑞舒伐他汀在 2016 年的业绩随之大幅下降到了 34.01 亿美元，这也预示着仿制药的市场规模的快速扩张。美国 FDA 现已批准 Apotex、Mylan、TEVA 和 Watson 等企业的 Crestor 版的通用名药物上市，国内有鲁南贝特、浙江京新、南京正大天晴、南京先声东元、浙江海正和海南通用三洋等本土企业通用名药物上市以及临床应用，随着多家仿制药公司通用名药物的市场涌入，Crestor 给阿斯利康带来的业绩压力不言而喻。预计 2022 年，Crestor 的销售额仅 10.80 亿美元。

二、基本专利

如表 9－10 所示，瑞舒伐他汀在 FDA 橘皮书中有 5 项专利，其中化合物 1 项，组合物 1 项，治疗用途 3 项，其中组合物专利和一项用途专利有中国同族申请，化合物核心专利并未进入中国。

化合物核心专利 USRE37314 的到期日为 2016 年 1 月 8 日，通过儿童用药的独占权法规使得专利权延长了 6 个月，到期日为 2016 年 7 月 8 日。该专利是 US5260440 的再颁专利。US5260440 专利的专利权人原是日本盐野义，后来日本盐野义与阿斯利康签订了许可协议，之后向美国专利商标局请求再颁专利。原研药公司通过化合物、组合物、用途专利，对其产品进行了多层次保护，以延长市场垄断期，弥补核心专利有效期的损失，增加专利药品所带来的经济效益，同时延迟仿制药进入市场。

表 9－10　瑞舒伐他汀在 FDA 橘皮书中的专利

专利内容	专利号	专利到期时间	中国同族授权专利号
化合物	USRE37314	2016. 1. 8	—
	USRE37314 * PED	2016. 7. 8	—
组合物	US6316460	2020. 8. 4	CN100528161C CN1149997C
	US6316460 * PED	2021. 2. 4	—
用途	US6858618	2021. 12. 17	CN1268339C
	US6858618 * PED	2022. 6. 17	—
用途	US7030152	2018. 4. 2	—
	US7030152 * PED	2018. 10. 2	—
用途	US7964614	2018. 4. 2	—
	US7964614 * PED	2018. 10. 2	—

三、药品 NMPA 批准情况

在 NMPA 网站对瑞舒伐他汀相关批文进行查询，目前国内药品共有 50 个生产批文，涉及 10 多个国产厂家，获批剂型包括片剂、胶囊、分散片。进口药品均为瑞舒伐他汀钙片剂，生产企业为英国阿斯利康和斯洛文尼亚莱柯。由于瑞舒伐他汀的核心化合物未在我国申请专利，国内有 6 家企业早在 2008 年就拿到了关于瑞舒伐他汀的生产批文，其中有 3 家是原料药生产批文，分别是新时代药业、上虞京新药业、连云港润众制药，另外3家是制剂生产批文，分别是鲁南贝特制药、南京正大天晴制药、浙江京新药业。之后，南京先声东元制药、浙江海正药业、石药集团欧意药业、海南通用三洋药业、山东朗诺制药也陆续拿到了生产批文。

四、全球专利整体分析

（一）专利申请趋势

如图9－21所示，统计分析与瑞舒伐他汀相关的专利在全球的申请概况。全球瑞舒伐他汀专利申请量大致经历了以下3个主要发展阶段。

第一阶段（1992—1999年）：萌芽期。1992年出现了第一项申请，申请人为日本盐野义公司，其日本同族为JPH05178841A，该专利首次将瑞舒伐他汀以化合物的形式记载在专利申请文件中。限于当时瑞舒伐他汀尚未上市，其药理价值和商业价值没有充分被认识和挖掘，因此该阶段全球申请量较小，年均申请量在5件以下。第二阶段（2000—2014年）：发展期。自2000年开始，全球相关专利申请量呈现爆发式增长，尤其是自2003年瑞舒伐他汀上市开始，凭借出色的临床效果和阿斯利康强大的营销手段，瑞舒伐他汀在商业上取得巨大成功，使得相关产品研究形成巨大的产业，许多知名的制药公司都涉足这一领域研究，到2014年时申请量达到高峰，为562件。第三阶段（2015年至今）：调整期。自2015年开始，专利申请量有所回落，但是幅度不大，可能的原因是随着瑞舒伐他汀研发不断关注与深入，技术发展进入相对成熟期，该领域的准入门槛提高，导致申请量维持在相对稳定的状态。

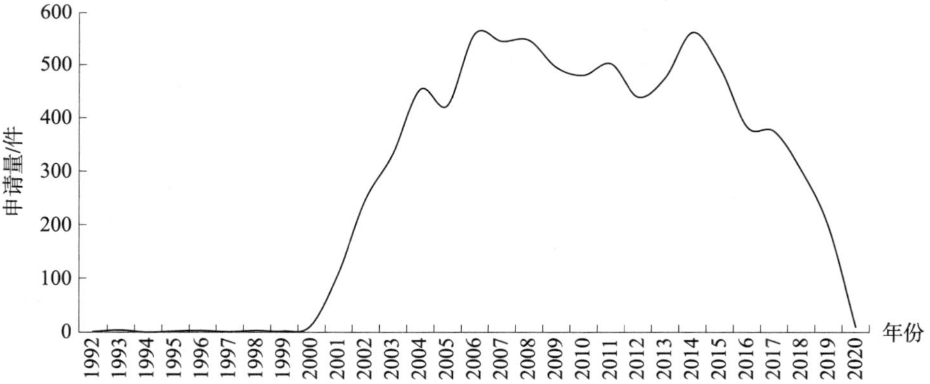

图9－21　瑞舒伐他汀全球专利申请趋势

（二）专利地域分布情况

如图9－22所示，全球瑞舒伐他汀专利申请量国家/地区中，美国、中国专利申请量最高，其次是欧洲、日本、韩国、印度等，这表明美国和中国两大市场吸引了众多专利申请涌入。

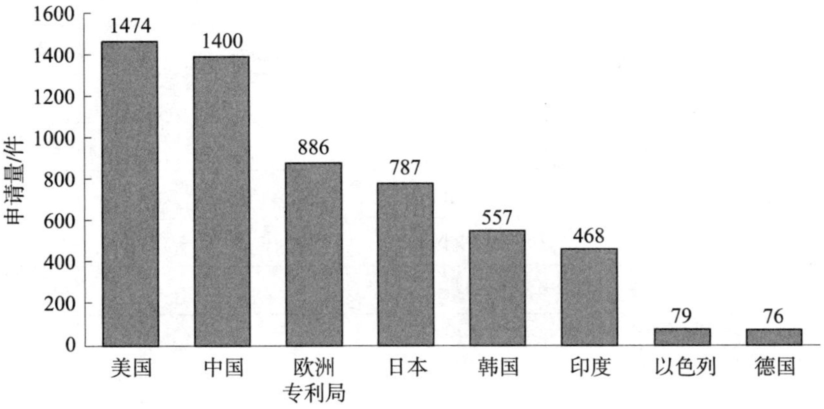

图 9－22　瑞舒伐他汀全球专利申请国家/地区分布

如图 9－23 所示，从瑞舒伐他汀全球专利申请国家/地区分布趋势来看，美国对该产品的研究更早，2004 年已经开始大量布局专利，中国近 10 年来在瑞舒伐他汀领域的专利布局数量已经接近美国，两个国家在 2014 年、2015 年专利布局数量达到峰值，近年来逐步下降，说明该领域技术趋于完善。

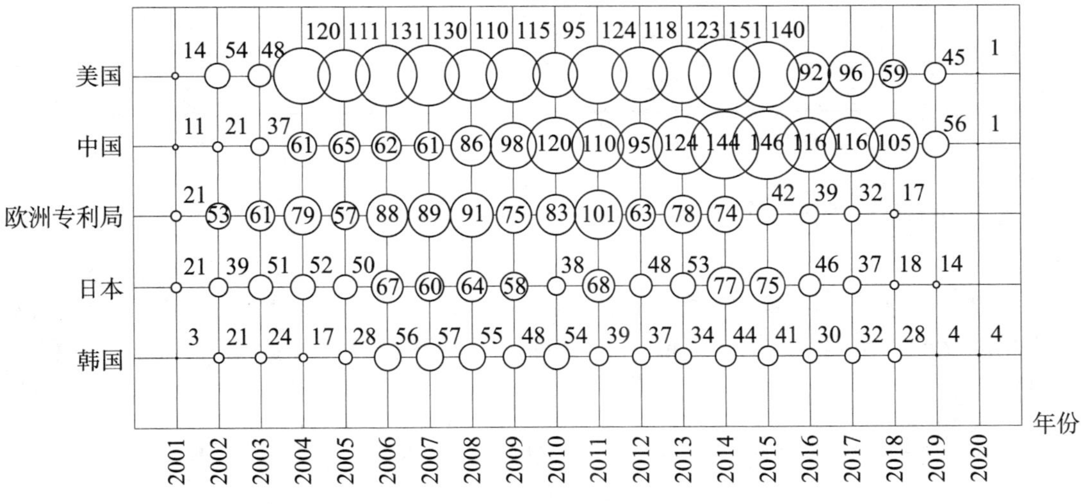

图 9－23　瑞舒伐他汀全球专利申请国家/地区分布趋势

（三）重点申请人分析

涉及瑞舒伐他汀的专利申请如表 9－11 所示，排名前 15 位的申请人中仍是原研公司占主要地位，全球最大的两家仿制药厂以色列泰华和印度兰贝克塞也榜上有名，国内仅鲁南制药上榜，一方面说明瑞舒伐他汀领域竞争者较多，另一方面也说明技术还是集中掌握在一些主要生产厂商手中，国内公司对该领域也较为关注。

表9-11 瑞舒伐他汀全球申请量排名前15位的申请人以及申请量

排名	申请人（国籍）	申请数量/件
1	阿斯利康（瑞典）	240
2	泰华制药（以色列）	160
3	辉瑞公司（美国）	132
4	默克公司（美国）	91
5	诺华公司（瑞士）	87
6	瑞泽恩制（美国）	85
7	百时美施贵宝（美国）	78
8	IRM 公司（美国）	76
9	拜耳公司（德国）	66
10	塞诺菲公司（法国）	64
11	兰贝克塞（印度）	51
12	奥斯佩克（美国）	39
13	安进公司（美国）	37
14	加利福尼亚大学（美国）	33
15	鲁南制药（中国）	33

五、中国专利分析

目前，涉及瑞舒伐他汀的中国专利申请共计464件，在此基础上从专利申请整体发展趋势、专利申请国家或地区分布、专利申请技术主体分析等角度对瑞舒伐他汀专利申请进行分析。

（一）专利申请趋势

如图9-24所示，瑞舒伐他汀的中国专利申请中，2008年以前主要是国内申请，国外来华占据较小比例。1999年开始有瑞舒伐他汀的中国专利申请，申请人为阿斯利康，该专利涉及瑞舒伐他汀钙盐晶体。由于当时瑞舒伐他汀尚未上市，国内对瑞舒伐他汀的药理价值和商业价值没有充分认识，国外可能也未重视中国的医药市场，因此早期申请量相对较少。国内申请最早是在2003年，申请人为鲁南制药，该专利涉及烟酸和瑞舒伐他汀的组合物。随着瑞舒伐他汀治疗效果的确认和临床研究的深入，国外知名药企都开始重视中国巨大的药品市场，我国的专利制度也逐渐完善，国内申请人的知识产权意识逐渐觉醒，从2003年开始，相关专利申请量显著增长，2009年以后国内申请数量超过了国外来华的申请数量，2015年达到顶峰。

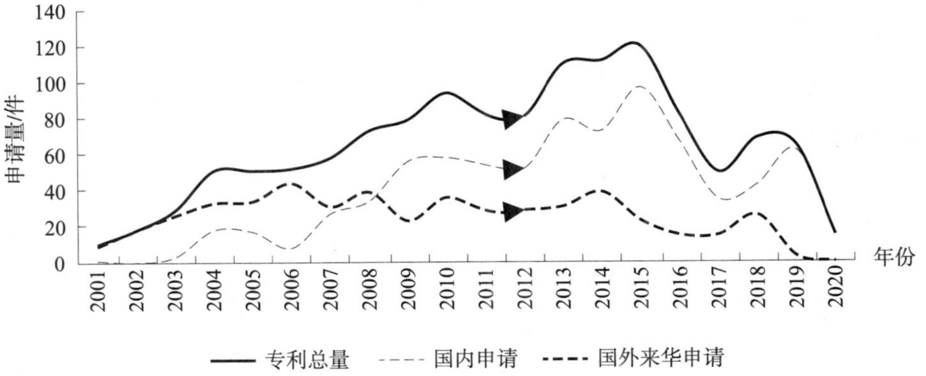

图 9 – 24　瑞舒伐他汀中国专利申请趋势

(二) 国内重点申请人分析

如图 9 – 25 所示，排名前 10 位的国内申请人中，先灵公司专利申请量遥遥领先，鲁南制药紧随其后，其瑞舒伐他汀相关产品“瑞旨”已经上市，构建了一定的专利网络。可见，涉及瑞舒伐他汀的国内申请垄断程度不高，有多个厂家参与其中，由于原研公司阿斯利康的核心化合物基础专利没有进入中国，给予了国内企业广阔的研发和专利申请空间。

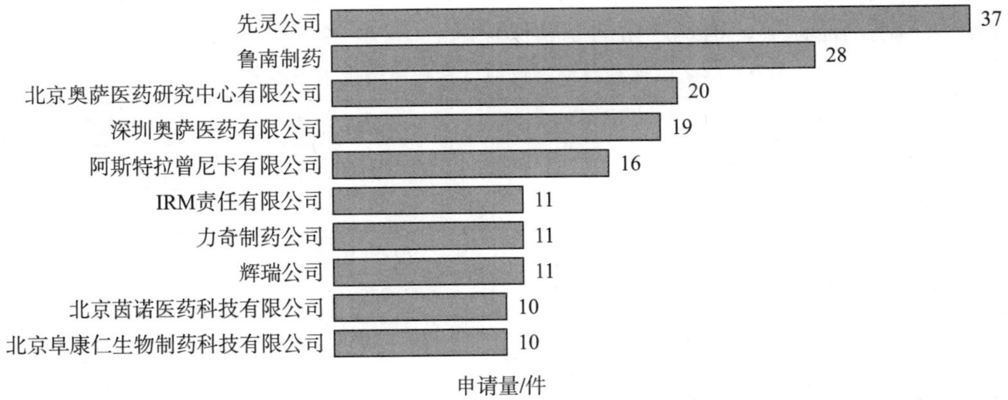

图 9 – 25　瑞舒伐他汀国内重点申请人排名

六、阿斯利康瑞舒伐他汀专利布局

虽然瑞舒伐他汀的原研公司为日本盐野义公司，但是其后将专利转让给了阿斯利康，并且阿斯利康是全球申请量排名前 10 位的申请人之一，故在此将阿斯利康作为瑞舒伐他汀的原研申请人，对其涉及的瑞舒伐他汀专利申请的全球布局情况以及中国专利进行分析和总结，从中窥探原研公司如何形成密不透风的专利壁垒，利用有效的专利之盾捍卫巨额的利润空间。

（一）全球申请趋势

如图9-26所示，阿斯利康在2004年前申请量呈现震荡上涨的趋势，而近几年申请量则急剧减少，表明阿斯利康对瑞舒伐他汀的关注度在逐渐降低。

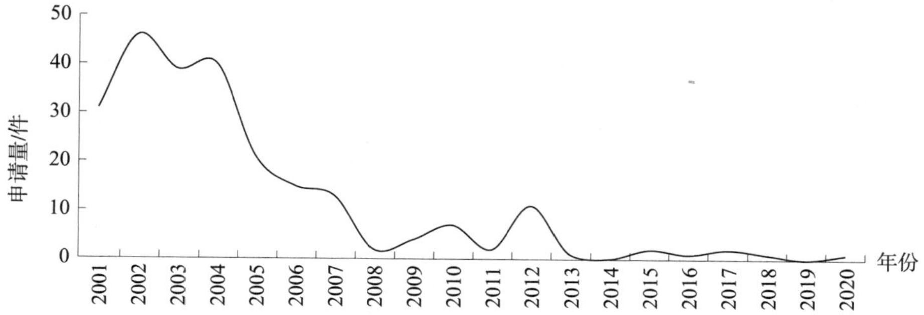

图9-26 阿斯利康瑞舒伐他汀全球申请趋势

（二）专利技术主题分布

如表9-12所示，阿斯利康申请的专利技术主题类型比较全面，基本覆盖了产品发明和方法发明的各个技术领域，并尽量对所有可能的技术主题进行保护，包括组合物、制备方法、制药用途等，构筑严密的专利保护网。

表9-12 阿斯利康瑞舒伐他汀专利申请技术主题分布

技术主题	IPC分类	专利数量/件
嘧啶；氢化嘧啶，例如甲氧苄啶	A61K31/505	128
抗高血脂药	A61P3/06	103
治疗局部缺血或动脉粥样硬化疾病的药物	A61P9/10	97
1个氮原子	C07D239/42	81
有仅以1个氮作为环杂原子的五元环的	A61K31/40	68
治疗高血糖症的药物，例如抗糖尿病药	A61P3/10	57
治疗心血管系统疾病的药物	A61P9/00	57
含有效成分的医用配制品	A61K45/00	54
用于特殊目的的药物	A61P43/00	47
含六元环的，例如δ内酯	A61K31/366	45

（三）阿斯利康重点专利

如表9-13所示，统计分析阿斯利康从化合物、晶型、药用盐、组合物、制剂、制备方法和制药用途7个方面的重点专利。对其专利内容进行详细分析，并从有利药物市场发展的角度，探究各技术主题的专利布局特点，为国内相关企业分析原研公司专利总体布局策略以及仿制公司可能的布局切入点提供参考。

表 9-13　阿斯利康瑞舒伐他汀核心专利

序号	公开号	技术主题
1	USRE37314（橘皮书）	核心化合物
2	WO2007007119A1	制备方法中涉及的中间体
3	WO2008065410A1	制备方法中涉及的中间体
4	WO0049014A1	制备方法中涉及的中间体
5	WO0160804A1	瑞舒伐他汀的结晶盐
6	WO2004056748A1	联合用药
7	WO2004076430A1	联合用药
8	WO2004082702A1	联合用药
9	WO2005023779A1	钙盐的多晶型物
10	WO2005028450A1	多晶型物
11	WO2005042522A1	瑞舒伐他汀钙的制备方法以及结晶形式的中间体
12	CN1338936A	非相互作用的药物组合物
13	WO2005030215A2	药物组合物
14	WO2006083214A1	药物组合物
15	WO2007142581A1	药物组合物
16	WO2004006899A1	治疗其他疾病
17	WO2006008437A1	治疗其他疾病
18	WO2006117534A2	治疗其他疾病
19	US6316460B1（橘皮书）	制剂，改善组合物的稳定性
20	WO2012160352A1	药物制剂
21	WO2004014872A1	制备方法
22	WO2004108691A1	制备方法
23	WO2005042522A1	制备方法，中间体
24	WO2006067456A2	制备方法
25	WO2007007119A1	制备方法和中间体
26	WO2008065410A1	制备方法

七、鲁南制药瑞舒伐他汀专利布局

由于瑞舒伐他汀的核心化合物专利没有进入中国，给了国内仿制药企广阔的探索空间。鲁南制药是国内瑞舒伐他汀专利申请量排名第一的创新主体，其产品“瑞旨”于2008 年获得国内生产批文，属于3.1 类新药，除了阿斯利康的原研药品以外，鲁南制药是目前国内瑞舒伐他汀市场占有率最高的企业，并且相关产品于 2018 年 5 月获得美国ANDA（仿制药上市申请）暂时性批准，表明鲁南制药正在积极开拓制剂国际市场。在国内市场，鲁南贝特制药获批的瑞舒伐他汀剂型有片剂、胶囊、分散片，其瑞舒伐他汀片5mg和瑞舒伐他汀片10mg均通过仿制药一致性评价。瑞舒伐他汀胶囊和瑞舒伐他汀分散片暂未通过一致性评价。本节对鲁南制药涉及的瑞舒伐他汀专利申请的布局情况进行分析和总结，从中探寻仿制药企业专利布局策略和技术突破点。

（一）专利申请趋势

如图9-27所示，面对瑞舒伐他汀巨大的市场价值，鲁南制药早在2003年就关注到了涉及瑞舒伐他汀的专利技术，并进行了相应的专利申请，以期能够从瑞舒伐他汀市场份额中分得一杯羹，截至2020年5月，与瑞舒伐他汀密切相关的专利申请共有39件。2003—2005年专利申请量逐年增加，2005年以后出现下降，之后又有上扬，在拿到生产批文后，2009年之后的申请量开始上升，而近几年申请量则整体呈下降趋势。说明在瑞舒伐他汀刚刚上市时，就引起了鲁南制药的注意，加大了围绕该药物的研究，并申请了一系列相关专利，以期能够获得一定的市场份额。伴随着瑞舒伐他汀专利到期日的临近，同时前期研发也达到一定程度，近几年的申请量下降较为明显。

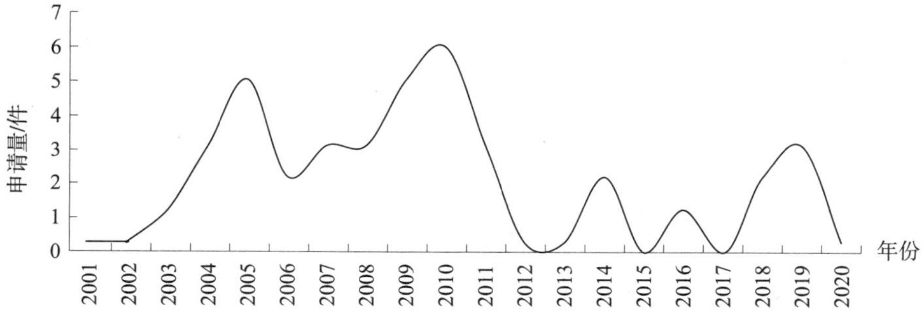

图9-27 鲁南制药瑞舒伐他汀专利申请趋势

（二）技术主题布局分析

如表9-14、图9-28所示，鲁南制药申请的专利技术主题类型涉及组合物、晶体、制备方法、剂型、制药用途，形成了一定的专利布局，但是缺乏化合物专利。其中，A61K31/505（嘧啶；氢化嘧啶）是鲁南制药在瑞舒伐他汀布局的技术重点。

表9-14 鲁南制药瑞舒伐他汀专利申请技术主题分布

技术主题	IPC分类	专利数量/件
嘧啶；氢化嘧啶，例如甲氧苄啶	A61K31/505	18
抗高血脂药	A61P3/06	12
抗高血压药	A61P9/12	9
丸剂、锭剂或片剂	A61K9/20	8
非稠合的吡嗪	A61K31/4965	6
胶囊制剂	A61K9/48	6

续表

技术主题	IPC 分类	专利数量/件
治疗局部缺血或动脉粥样硬化疾病的药物	A61P9/10	5
含有氮作为环杂原子的五元环的，例如奥美拉唑	A61K31/4439	4
无化学特性之有效成分的混合物，例如消炎药和强心剂	A61K45/06	4
块状；粒状；微珠状	A61K9/16	4

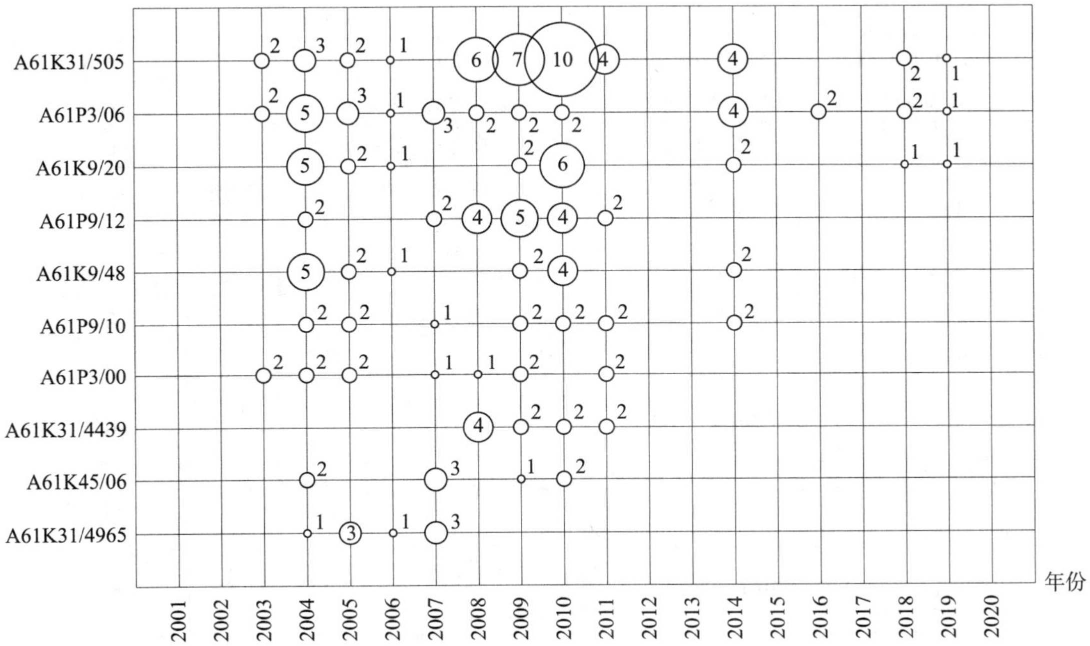

图 9-28　鲁南制药瑞舒伐他汀技术主题申请趋势

（三）鲁南制药重点专利

如表 9-15 所示，鲁南制药的组合物申请全部针对心血管系统疾病的治疗，与原研公司相比，疾病类型比较单一，涉及的组合成分类别也具体而有限，组合物中除瑞舒伐他汀外，其他成分有烟酸、褪黑素、硝酸酯类药物、阿昔莫司、胰岛素增敏剂、氨氯地平、吡咯列酮、氯沙坦、奥利司他或赛利司他、肝素、卡维地洛、阿利吉仑、非马沙坦、普拉格雷等，这些物质均是对心血管有良好治疗效果的物质，所述组合物通过一定比例的药物联用，产生了协同作用，效果优于单一药物；涉及的制剂有片剂、胶囊剂、渗透泵、固体分散片，改善药物溶出度、稳定性、光敏感性等问题；制备方法中主要涉及瑞舒伐他汀关键中间体母核和侧链的工艺改进，解决母核环合及甲磺酰化反应收率低、侧链中间体光学纯度低的技术难点，降低产品单杂和总杂。

表 9-15 鲁南制药瑞舒伐他汀部分专利申请

序号	申请日	公开号	技术内容	法律状态
1	2019-3-20	CN111718334A	一种瑞舒伐他汀钙中间体化合物	公开
2	2019-2-1	CN111518073A	一种瑞舒伐他汀侧链中间体的制备方法	公开
3	2018-11-28	CN109432032B	一种瑞舒伐他汀钙片及其制备方法	有效
4	2018-11-4	CN111135149A	一种瑞舒伐他汀钙片及其制备方法	实质审查
5	2019-12-26	CN110974793A	一种瑞舒伐他汀钙片剂及其制备方法	实质审查
6	2016-5-16	CN105837516A	一种瑞舒伐他汀钙晶型及其制备方法	有效
7	2010-11-27	CN102475705B	一种治疗高血压的药物组合物	有效
8	2010-12-2	CN102485228B	一种药物组合物及其用途	有效
9	2011-3-2	CN102652747B	一种用于治疗高血压的复方药物组合物	有效
10	2011-4-25	CN102755324B	一种含有普拉格雷和瑞舒伐他汀的药物组合物及其用途	有效
11	2014-12-20	CN104523650A	一种含有瑞舒伐他汀钙的胶囊	有效
12	2014-11-8	CN104434826A	一种瑞舒伐他汀钙分散片	有效
13	2010-12-27	CN102526739B	治疗糖尿病的药物组合物及其应用	有效
14	2009-3-9	CN101624390B	一种瑞舒伐他汀钙侧链关键中间体的制备方法	有效
15	2009-3-9	CN101613341B	一种瑞舒伐他汀钙侧链关键中间体的合成方法	有效
16	2011-11-15	HK1158057A	用于治疗高血压和代谢综合征的药物组合物及其用途	暂缺
17	2009-8-29	CN101991597B	一种口服药物组合物在制备预防或治疗肾脏疾病药物中的用途	有效
18	2010-8-10	CN102370648A	一种药物组合物及其用途	有效
19	2009-8-29	CN101991596B	一种口服药物组合物在制备预防或治疗冠心病的药物中的用途	有效
20	2008-7-24	CN101632673B	含有氯沙坦、吡格列酮和瑞舒伐他汀的药物组合物及其新用途	有效
21	2008-11-10	CN101756990B	用于减肥或治疗高血脂症的药物组合物	有效
22	2010-12-20	HK1145446A	用于减肥或治疗高血脂症的药物组合物	暂缺
23	2009-7-27	TW201103544A	药物组合物及其应用	暂缺
24	2008-7-24	CN101632672B	一种用于治疗高血压的复方药物组合物	有效
25	2007-9-10	CN101385731B	治疗高血脂症的渗透泵控释制剂组合物及其制备方法	有效
26	2007-1-26	CN101229372B	一种治疗高血压的药物组合物	有效
27	2010-2-9	CN101766578A	一种含瑞舒伐他汀钙的片剂及其制备工艺	有效

续表

序号	申请日	公开号	技术内容	法律状态
28	2007-9-10	CN101385718B	一种治疗高血脂症的渗透泵制剂组合物	有效
29	2005-6-16	CN101357132B	治疗高血脂症的组合物	有效
30	2005-2-28	CN100496606C	含有硝酸酯类药物和HMG-CoA还原酶抑制剂的组合物制剂	有效
31	2005-8-22	CN100436428C	瑞舒伐他汀及其盐的制备方法	有效
32	2005-8-22	CN100352821C	一种瑞舒伐他汀钙中间体的制备方法	有效
33	2004-6-16	CN1323665C	治疗高血脂症的组合物	有效
34	2004-12-23	CN1287860C	含有HMG-CoA还原酶抑制剂和褪黑素的药物组合物	有效
35	2003-4-30	CN1457786A	治疗高血脂症的组合物	有效

第十章　重点创新主体创新情况分析

第一节　生物药重点创新主体

一、全国生物药重点创新主体

（一）辉瑞公司

1. 公司介绍

辉瑞公司创建于1849年，总部位于美国纽约，是全球最大的以研发为基础的生物药公司。辉瑞公司生物药在华上市的创新药物已超过50个，治疗领域涵盖心脑血管及代谢、抗感染、中枢神经、抗炎镇痛、抗肿瘤、泌尿、血液健康等诸多领域。

2. 专利申请趋势

如图10－1所示，辉瑞公司在中国的布局大致可以分为三个阶段。第一阶段（1985—1995年）：稳定期。在10年内生物药相关专利数量较为稳定，年均申请量不到30件。第二阶段（1996—2006年）：迅速增长期。从1996年的82件开始逐年增长到最高峰值2002年的194件。第三阶段（2007年至今）：持续下降期。近10年来，从2007年115件开始明显下降，到2014年仅为19件。

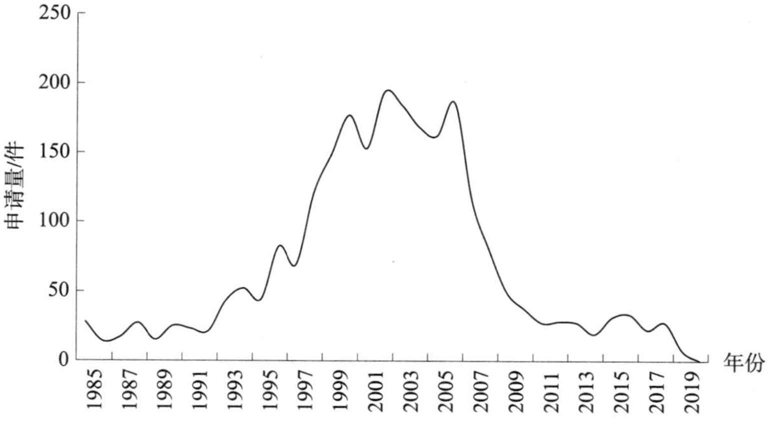

图10－1　辉瑞公司生物药领域专利申请趋势

3. 技术主题分布

如表 10－1 所示，辉瑞公司在生物药领域占绝对领先优势，布局数量最多的技术领域是 A61K31（含有机有效成分的医药配制品）。其次，在 A61P25（治疗神经系统疾病的药物）、A61P35（抗肿瘤药）、A61P31（抗感染药）、A61P9（治疗心血管系统疾病的药物）等重点领域布局数量较多。辉瑞公司非常重视治疗神经系统疾病、抗肿瘤、抗感染等疾病方面生物药的创新药研发。

表 10－1　辉瑞公司生物药领域技术主题分布

技术主题	IPC 分类	专利数量/件
含有机有效成分的医药配制品	A61K31	1782
治疗神经系统疾病的药物	A61P25	600
用于特殊目的的药物	A61P43	559
抗肿瘤药	A61P35	551
抗感染药	A61P31	484
治疗心血管系统疾病的药物	A61P9	451
含有抗原或抗体的医药配制品	A61K39	424
治疗代谢疾病的药物	A61P3	398
杂环化合物	C07D401	376
非中枢性止痛剂，退热药或抗炎剂	A61P29	351

（二）诺华公司

1. 公司介绍

诺华公司是世界三大医药企业之一，拥有多元化的产品组合，该公司旗下业务部门包括创新药品（诺华制药）、眼科保健（爱尔康）、非专利药（山德士）、疫苗以及动物保健产品，在以上领域诺华公司均处于世界领先位置。1997 年，诺华公司在北京成立中国总部。

2. 专利申请趋势

如图 10－2 所示，从申请趋势来看，诺华公司在中国生物药方面的专利申请大致可划分为三个阶段，第一阶段（1985—1992 年）：萌芽期。此阶段专利数量相对较少。第二阶段（1993—2005 年）：快速发展期。此阶段生物药相关专利数量实现多倍增长，2006 年申请量高达 229 件，该时期也是全球大型药企进行生物药大量布局阶段。第三阶段（2007 年至今），诺华公司生物药专利申请数量快速下降，这与该公司布局战略相关，虽然近年申请数量不多，但优势依然相对明显。

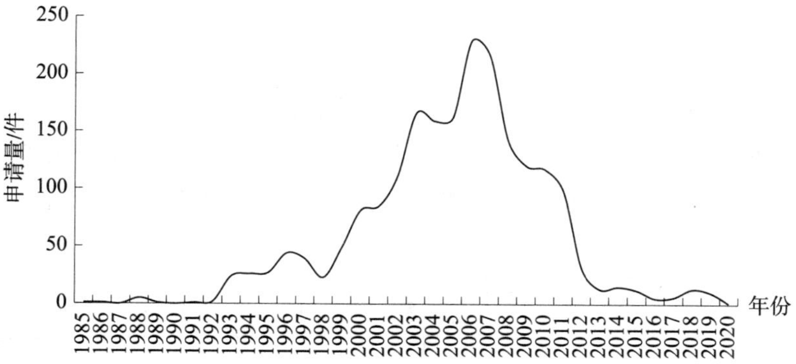

图 10－2　诺华公司生物药领域专利申请趋势

3. 技术主题分布

如表 10－2 所示，在技术主题分布方面，与辉瑞公司、默克公司类似，诺华公司重视在 A61P35（抗肿瘤药）、A61P31（抗感染药）、A61P9（治疗心血管系统疾病的药物）、A61P25（治疗神经系统疾病的药物）方面的研发和专利布局，仅 A61P35（抗肿瘤药）专利就在中国布局了 429 件。此外，在 A61P37（治疗免疫或过敏性疾病的药物）、A61P29（非中枢性止痛剂）等方面的专利也达到了 200 件以上，这表明该公司在生物药疾病领域专利布局较为全面，研发实力强。

表 10－2　诺华公司生物药领域技术主题分布

技术主题	IPC 分类	专利数量/件
含有机有效成分的医药配制品	A61K31	1340
抗肿瘤药	A61P35	429
含有抗原或抗体的医药配制品	A61K39	347
以特殊物理形状为特征的医药配制品	A61K9	329
含肽的医药配制品	A61K38	291
抗感染药	A61P31	283
以所用的非有效成分为特征的医用配制品	A61K47	261
治疗心血管系统疾病的药物	A61P9	245
其他含有效成分的医用配制品	A61K45	239
治疗神经系统疾病的药物	A61P25	230
用于特殊目的的药物	A61P43	228
治疗免疫或过敏性疾病的药物	A61P37	225
非中枢性止痛剂，退热药或抗炎剂	A61P29	213

（三）默克公司

1. 公司介绍

默克公司创建于1668年，总部位于德国达姆施塔特市，该公司主要致力于创新型制药、生命科学以及前沿功能材料技术。在中国，默克公司主要从事制药、生命科学和化工业务。默克雪兰诺是默克公司旗下的生物药业务分支，长期致力于发展专科治疗领域业务，包括生殖领域、肿瘤领域、心血管领域、外科及急重症领域、甲状腺领域、糖尿病领域、其他内分泌领域和变态反应性领域。2016年宣布在华开展生物药业务。该公司肿瘤靶向治疗——爱必妥、神经病变疾病——利比为其抗肿瘤药产品，在生殖领域有果纳芬、艾泽、乐芮、思则凯、雪诺酮等药，Serostim、Egrifta等为其内分泌产品等。

2. 专利申请趋势

如图10－3所示，从专利申请趋势来看，默克公司从1985年开始在中国进行生物药专利布局，1991年开始进入缓慢增长时期，2005年专利数量有激增，这与默克公司收购瑞士雪兰诺公司有关，成为全球第三大生物科技公司。2006年开始进入专利申请下降阶段，自2010年开始进入平稳阶段。

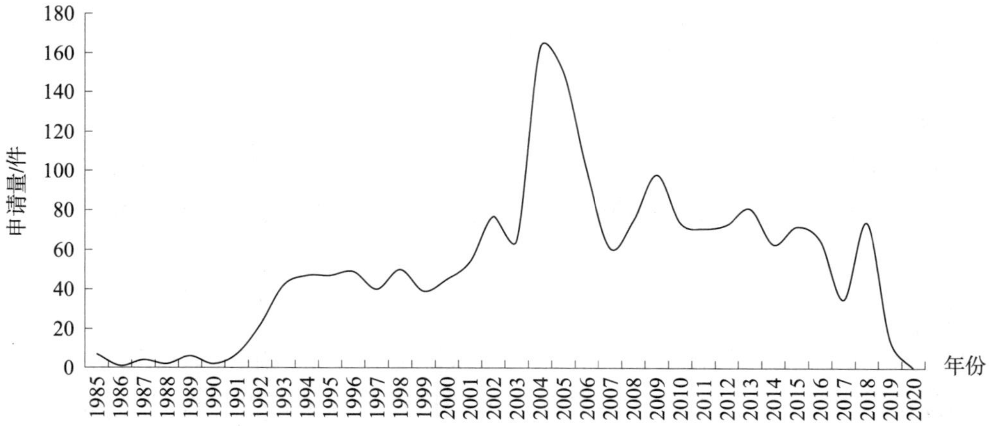

图10－3　默克公司生物药领域专利申请趋势

3. 技术主题分布

如表10－3所示，默克公司中国生物药相关专利，从技术主题分布来看，可以按照成分划分，如A61K31（含有机有效成分的医药配制品）相关专利有1286件，A61K39（含有抗原或抗体的医药配制品）相关专利有318件。按照疾病适应症划分，布局最多的为A61P35（抗肿瘤药）456件，A61P9（治疗心血管系统疾病的药物）327件，A61P25（治疗神经系统疾病的药物）259件，A61P31（抗感染药）248件。此外，该公司专利还涉及治疗代谢疾病药、非中枢止痛药等。

表 10－3　默克公司生物药领域技术主题分布

技术主题	IPC 分类	专利数量/件
含有机有效成分的医药配制品	A61K31	1286
抗肿瘤药	A61P35	456
治疗心血管系统疾病的药物	A61P9	327
含有抗原或抗体的医药配制品	A61K39	318
治疗神经系统疾病的药物	A61P25	259
抗感染药	A61P31	248
治疗代谢疾病的药物	A61P3	231
含肽的医药配制品	A61K38	222
非中枢性止痛剂，退热药或抗炎剂	A61P29	218
免疫球蛋白	C07K16	171

二、山东省生物药重点创新主体

（一）山东轩竹医药科技有限公司

1. 公司介绍

山东省生物药重点技术产业龙头企业为山东轩竹医药，该公司聚焦于肿瘤、代谢性疾病、感染等领域的创新型生物药研发，目前是四环医药的四大创新药研发平台之一。

2. 专利申请趋势

如图 10－4 所示，从专利申请趋势来看，山东轩竹医药自 2005 年以来开始申请专利，2008 年专利申请量远超其他年份，近年来，年申请量稳定在不超 20 件，究其原因，可能是因为四环医药在 2008 年收购了山东轩竹医药 60% 的股份，并将研发方向转为创新药研发。

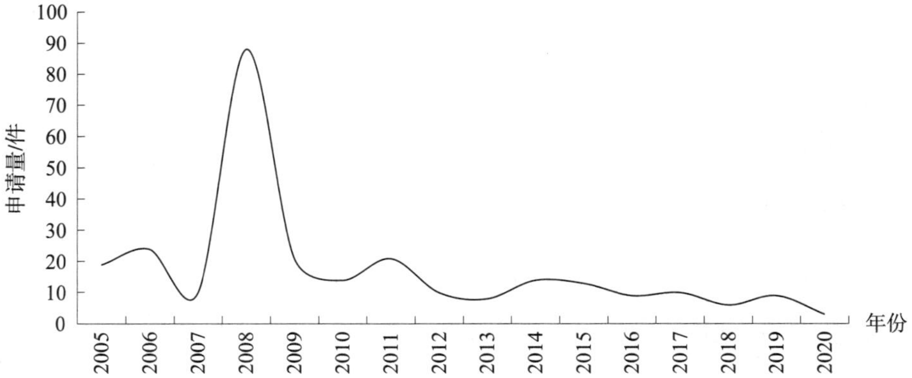

图 10－4　山东轩竹医药生物药领域专利申请趋势

3. 技术主题分布

如表 10－4 所示，从技术主题分布情况来看，该公司主要的药品涉及 A61P31（抗感染药）、A61P35（抗肿瘤药）、A61P3（治疗代谢疾病的药物）、A61P9（治疗心血管系统疾病的药物）等，特别是在抗感染药方面专利申请数量达到 150 件。

表 10－4　轩竹医药生物药领域技术主题分布

技术主题	IPC 分类	专利数量/件
含有机有效成分的医药配制品	A61K31	269
抗感染药	A61P31	150
抗肿瘤药	A61P35	63
治疗代谢疾病的药物	A61P3	50
治疗心血管系统疾病的药物	A61P9	36
治疗消化道或消化系统疾病的药物	A61P1	34
治疗泌尿系统的药物	A61P13	34
非中枢性止痛剂，退热药或抗炎剂	A61P29	27
治疗皮肤疾病的药物	A61P17	21
治疗神经系统疾病的药物	A61P25	21

（二）正大制药（青岛）有限公司

1. 公司介绍

正大制药（青岛）有限公司系正大集团全资控股，拥有中药提取、原料合成、口服液体制剂、片剂、硬胶囊剂、软胶囊剂、颗粒剂、小容量水针剂、冻干粉针剂等药品、食品 GMP 生产线，以及润众、天晴甘美、晴众、海德威等产品品牌。2013 年，正大制药集团通过控股天津正大珍吾堂食品股份有限公司进入保健食品市场。

2. 专利申请趋势

如图 10－5 所示，从专利申请趋势来看，该公司专利布局相对较晚，基本在 2013 年以后开始申请专利，仅 2013 年申请专利就达 74 件。

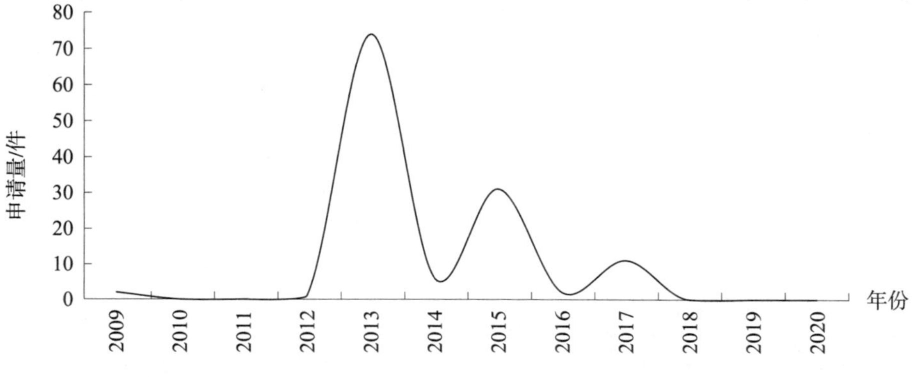

图 10－5　正大制药（青岛）有限公司生物药领域专利申请趋势

3. 技术主题分布

如表 10－5 所示，从技术主题分布方面来看，正大制药（青岛）有限公司在 A61P3（治疗代谢疾病的药物）、A61P11（治疗呼吸系统疾病的药物）、A61P19（治疗骨骼疾病的药物）、A61P17（治疗皮肤疾病的药物）等药品方面专利申请数量均在 20 件以上。

表 10－5　正大制药生物药领域技术主题分布

技术主题	IPC 分类	专利数量/件
以特殊物理形状为特征的医药配制品	A61K9	122
含有机有效成分的医药配制品	A61K31	121
以所用的非有效成分为特征的医用配制品	A61K47	104
治疗代谢疾病的药物	A61P3	48
治疗呼吸系统疾病的药物	A61P11	34
治疗骨骼疾病的药物	A61P19	34
治疗皮肤疾病的药物	A61P17	33
非中枢性止痛剂，退热药或抗炎剂	A61P29	23

（三）齐鲁制药有限公司

1. 公司介绍

齐鲁药业位于山东济南，前身为齐鲁制药厂，主要从事治疗肿瘤、心脑血管、感染、精神神经系统、呼吸系统、消化系统、眼科疾病的制剂及其原料药的研制、生产与销售，是国内最大的抗肿瘤原料药生产基地之一。该公司已研制成功了申捷、赛珍、瑞白、巨和粒、多帕菲、邦达、思考林、欧赛、悦文、苏立等近百个国家级新药，为治疗危害健康的重大疾病提供了广泛而有效的药物。2019 年，齐鲁制药有限公司研制的贝伐珠单抗注射液——安可达上市注册申请获批，主要用于非小细胞肺癌、结直肠癌的治疗，是国内首个获批的贝伐珠单抗生物类似药。

2. 专利申请趋势

如图 10－6 所示，从专利申请趋势来看，齐鲁药业从 2003 年开始在生物药方面进行专利布局，到 2012 年申请量达 12 件，经过 2 年调整后，2015 年后又加强相关专利布局。

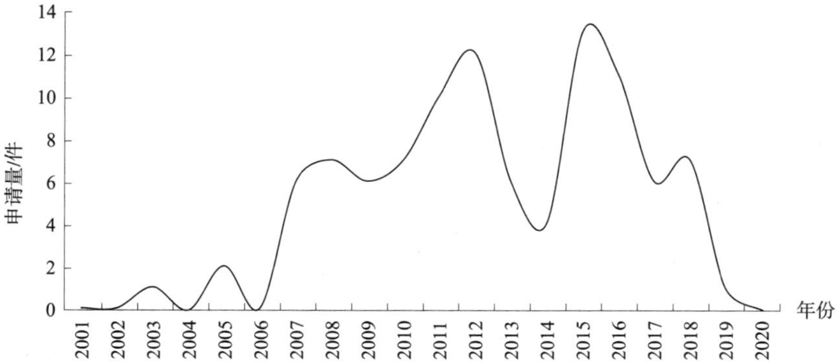

图 10－6　齐鲁药业生物药领域专利申请趋势

3. 技术主题分布

如表 10－6 所示，从技术主题分布情况来看，齐鲁药业重视 A61P35（抗肿瘤药）、A61P1（治疗消化系统疾病药物）、A61P25（治疗神经系统疾病药物）、A61P9（治疗心血管系统疾病药物）等药品的研发与专利布局。

表 10－6　齐鲁药业生物药领域技术主题分布

技术主题	IPC 分类	专利数量/件
含有机有效成分的医药配制品	A61K31	71
以特殊物理形状为特征的医药配制品	A61K9	50
抗肿瘤药	A61P35	46
治疗消化道或消化系统疾病的药物	A61P1	12
治疗神经系统疾病的药物	A61P25	11
含肽的医药配制品	A61K38	10
治疗心血管系统疾病的药物	A61P9	10
抗感染药	A61P31	9
治疗血液或细胞外液疾病的药物	A61P7	9
治疗代谢疾病的药物	A61P3	6

第二节　化学药重点创新主体

一、全国化学药重点创新主体

（一）辉瑞公司

1. 专利申请趋势

如图 10－7 所示，从 20 世纪 80 年代进入中国布局专利以来，辉瑞公司在中国布局大致可以分为三个阶段。第一阶段（1985—1992 年）：起步期。专利数量在每年 10 件以下。第二阶段（1993—2007 年）：迅速增长期。从 1993 年的 29 件开始逐年增长到最高峰值 2007 年的 240 件。第三阶段（2008 年至今）：持续下降期。尤其从 2012 年以来，辉瑞公司在化学药领域创新速度下降明显。

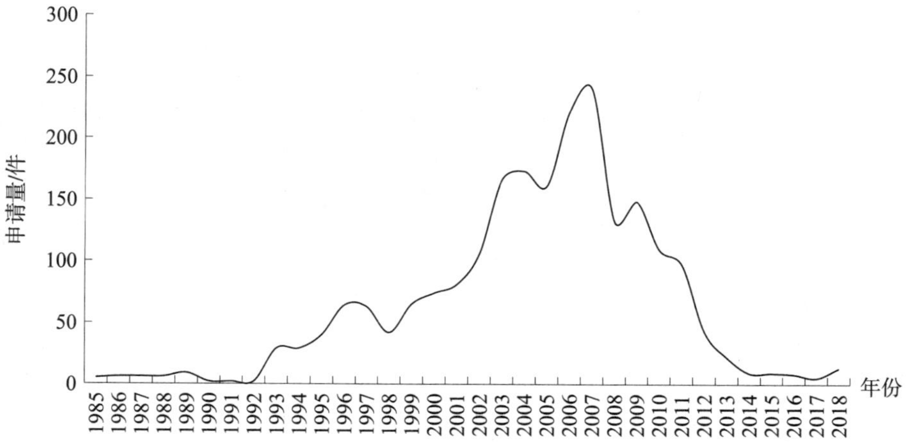

图 10－7　辉瑞公司化学药领域专利申请趋势

2. 技术主题分布

如表 10－7 所示，辉瑞公司在化学药领域占绝对领先优势，布局数量最多的技术领域是 A61K31（含有机有效成分的医药配制品）。另外，在 A61P25（治疗神经系统疾病的药物）、A61P43（用于特殊目的的药物）、A61P9（治疗心血管系统疾病的药物）等药品领域也有一定数量的专利布局。

表 10－7　辉瑞公司化学药领域技术主题分布

技术主题	IPC 分类	专利数量/件
含有机有效成分的医药配制品	A61K31	2022
治疗神经系统疾病的药物	A61P25	736
用于特殊目的的药物	A61P43	546
治疗心血管系统疾病的药物	A61P9	448
杂环化合物，含有两个或更多个杂环，以氮原子作为仅有的杂环原子，至少有 1 个环是仅含有 1 个氮原子的六元环	C07D401	438
抗肿瘤药	A61P35	425
治疗代谢疾病的药物	A61P3	386
抗感染药，即抗生素、抗菌剂、化疗剂	A61P31	376
非中枢性止痛剂，退热药或抗炎剂	A61P29	355
在稠环系中含有氮原子作为仅有的杂环原子，其中至少 1 个环是含有 1 个氮原子的六元环的杂环化合物	C07D471	303

（二）默克公司

1. 专利申请趋势

如图 10－8 所示，从 1985 年进入中国布局专利以来，至 2013 年，默克公司在中国的布局整体呈现上升态势，其中2003—2007年出现阶梯型震荡上升及回落，2005年达到专利申请量的峰值为221件，近年来专利申请量有所下降，每年的专利申请量在100件以下。

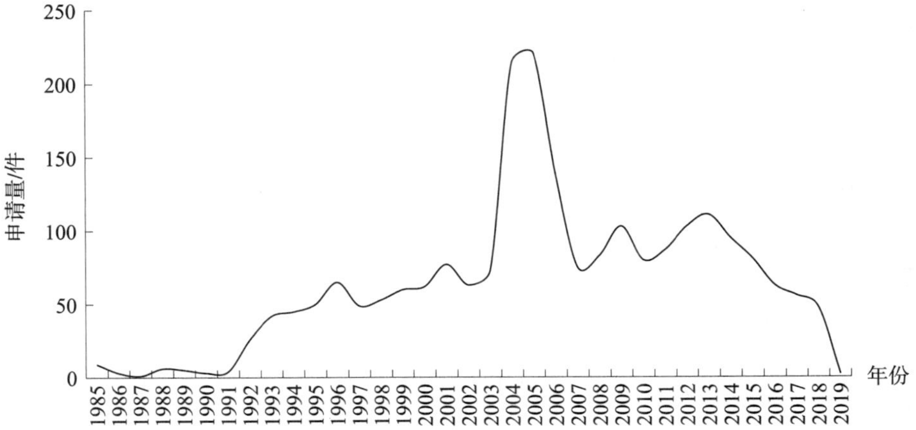

图10－8　默克公司化学药领域专利申请趋势

2. 技术主题分布

如表10－8所示，默克公司在化学药领域占绝对领先优势，布局数量最多的技术领域是A61K31（含有机有效成分的医药配制品）。其次，在A61P35（抗肿瘤药）、A61P9（治疗心血管系统疾病的药物）等药品领域布局数量较多，每一领域达到300～400件。

表10－8　默克公司化学药领域技术主题分布

技术主题	IPC分类	专利数量/件
含有机有效成分的医药配制品	A61K31	1354
抗肿瘤药	A61P35	385
杂环化合物，含有两个或更多个杂环，以氮原子作为仅有的杂环原子，至少有1个环是仅含有1个氮原子的六元环	C07D401	377
治疗心血管系统疾病的药物	A61P9	333
治疗神经系统疾病的药物	A61P25	287
杂环化合物，含两个或更多个杂环，至少有1个环有氮原子和氧原子作为仅有的杂环原子	C07D413	273
在稠环系中含有氮原子作为仅有的杂环原子，其中至少1个环是含有1个氮原子的六元环的杂环化合物	C07D471	261
用于特殊目的的药物	A61P43	255
非中枢性止痛剂，退热药或抗炎剂	A61P29	233

（三）诺华公司

1. 专利申请趋势

如图10－9所示，诺华公司在中国的专利布局大致可以分为三个阶段。第一阶段

（1985—1998 年）：稳定期。在十余年内化学药相关专利申请数量较为稳定，1996 年专利申请量为 63 件。第二阶段（1999—2007 年）：迅速增长期。从 1999 年的 70 件开始逐年增长到最高峰值 2007 年的 235 件。第三阶段（2008 年至今）：持续下降期。近 10 年来，从 2008 年 134 件开始明显下降，到 2016 年仅为 26 件。

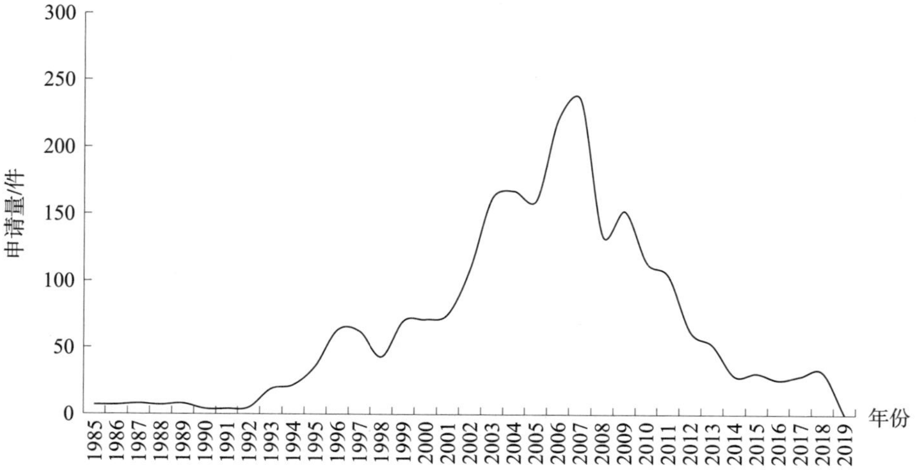

图 10－9　诺华公司化学药领域专利申请趋势

2. 技术主题分布

如表 10－9 所示，诺华公司在化学药领域占绝对领先优势，布局数量最多的技术领域是 A61K31（含有机有效成分的医药配制品）。另外，在以下重点领域布局数量较多：A61P35（抗肿瘤药）、A61K9（以特殊物理形状为特征的医药配制品）、A61P25（治疗神经系统疾病的药物）、A61P9（治疗心血管系统疾病的药物）等。尤其是治疗肿瘤、神经系统、心血管系统等疾病方面非常重视化学药的创新研发。

表 10－9　诺华公司化学药领域技术主题分布

技术主题	IPC 分类	专利数量/件
含有机有效成分的医药配制品	A61K31	1419
抗肿瘤药	A61P35	387
以特殊物理形状为特征的医药配制品	A61K9	304
杂环化合物，含有两个或更多个杂环，以氮原子作为仅有的杂环原子，至少有 1 个环是仅含有 1 个氮原子的六元环	C07D401	301
治疗神经系统疾病的药物	A61P25	216
治疗心血管系统疾病的药物	A61P9	211
用于特殊目的的药物	A61P43	208
非中枢性止痛剂，退热药或抗炎剂	A61P29	203
杂环化合物，含有 1 个或多个以氧原子作为仅有的杂环原子的环，且含有 1 个或多个以氮原子作为仅有的杂环原子的环	C07D405	201

二、山东省化学药重点创新主体

（一）鲁南制药集团股份有限公司

1. 专利申请趋势

如图 10－10 所示，鲁南制药的专利申请呈现震荡上升态势，在 2006 年、2011 年、2015 年出现暂时的专利申请量下降，并于 2018 年达到专利申请数量的峰值，达到 81 件，说明鲁南制药在化学药领域的研发仍然处在较为强劲的势头，预计未来仍有上升的趋势。

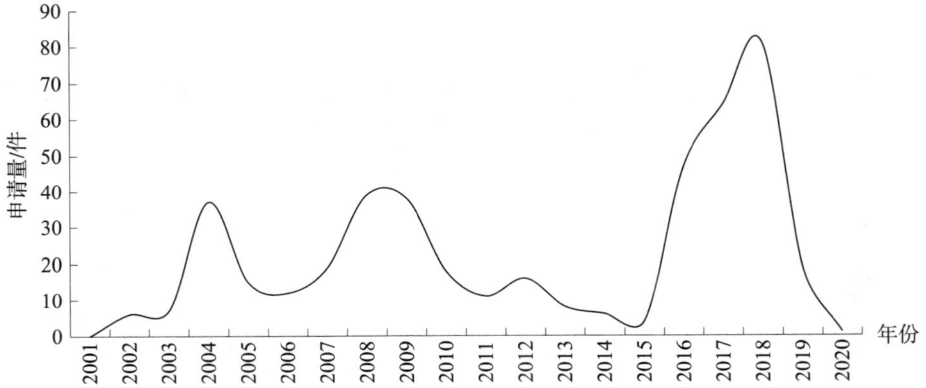

图 10－10　鲁南制药化学药领域专利申请趋势

2. 技术主题分布

如表 10－10 所示，从技术主题分布情况来看，该公司主要的化学药品涉及 A61P9（治疗心血管系统疾病的药物）、A61P3（治疗代谢疾病的药物）、A61P35（抗肿瘤药）、A61P7（治疗血液或细胞外液疾病的药物）等。

表 10－10　鲁南制药化学药领域技术主题分布

技术主题	IPC 分类	专利数量/件
含有机有效成分的医药配制品	A61K31	223
以特殊物理形状为特征的医药配制品	A61K9	111
治疗心血管系统疾病的药物	A61P9	73
以所用的非有效成分为特征的医用配制品，例如载体或惰性添加剂；化学键合到有效成分的靶向剂或改性剂	A61K47	54
治疗代谢疾病的药物	A61P3	40
抗肿瘤药	A61P35	31
治疗血液或细胞外液疾病的药物	A61P7	27
含有效成分的医用配制品	A61K45	21

续表

技术主题	IPC 分类	专利数量/件
治疗呼吸系统疾病的药物	A61P11	20
治疗消化道或消化系统疾病的药物	A61P1	18
抗感染药，即抗生素、抗菌剂、化疗剂	A61P31	18

（二）山东新华制药股份有限公司

1. 公司介绍

新华制药以化学合成原料药和医药制剂为主导产品，生产安乃近、布洛芬、阿司匹林、咖啡因、左旋多巴等药物，拥有乙氧苯柳胺等 10 个原料药独家品种。

2. 专利申请趋势

如图 10－11 所示，新华制药专利申请呈现震荡上升态势，在 2014 年出现暂时较为明显的专利申请量下降，并于 2019 年达到专利申请数量的峰值，达到 51 件，说明该公司在化学药领域的研发仍在蓄势待发，未来仍有上升趋势。

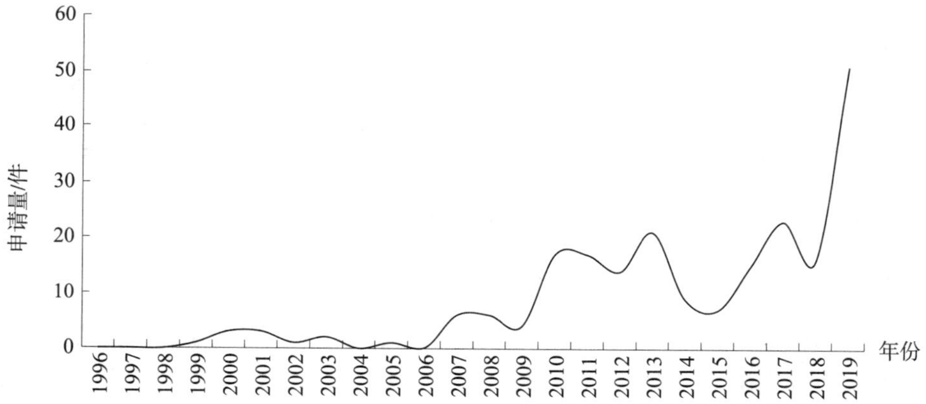

图 10－11　新华制药化学药领域专利申请趋势

3. 技术主题分布

如表 10－11 所示，新华制药在化学药方面专利技术布局数量最多的领域是 A61K31（含有机有效成分的医药配制品）。其次，在以下重点领域布局数量较多：C07C51（羧酸或他们的盐、卤化物或酐的制备），A61K9（以特殊物理形状为特征的医药配制品），C07C57（有羧酸连接在非环碳原子上的不饱和化合物）等。

表 10－11　新华制药化学药领域技术主题分布

技术主题	IPC 分类	专利数量/件
含有机有效成分的医药配制品	A61K31	28
羧酸或他们的盐、卤化物或酐的制备	C07C51	26

续表

技术主题	IPC 分类	专利数量/件
以特殊物理形状为特征的医药配制品	A61K9	23
有羧酸连接在非环碳原子上的不饱和化合物	C07C57	15
杂环化合物，含1，2－二唑或氢化1，2－二唑环	C07D231	14
以所用的非有效成分为特征的医用配制品	A61K47	13
杂环化合物，含1，3－二嗪或氢化1，3－二嗪环	C07D239	13
杂环化合物	C07D401	13
含嘌呤环系的杂环化合物	C07D473	13
治疗代谢疾病的药物	A61P3	12

（三）山东轩竹医药科技有限公司

1. 公司介绍

山东轩竹医药于2002年成立于山东济南，专业从事创新药物研究，在日本建立分支机构，主要进行新分子实体药物的研究和开发。

2. 专利申请趋势

如图10－12所示，山东轩竹医药的专利申请大致分为两个阶段，2008年之前处于上升期，2005年至2008年从3件迅速上升至100件。2009年之后，化学药相关专利数量开始逐渐下降，近年来，每年专利申请数量降至10件以下。

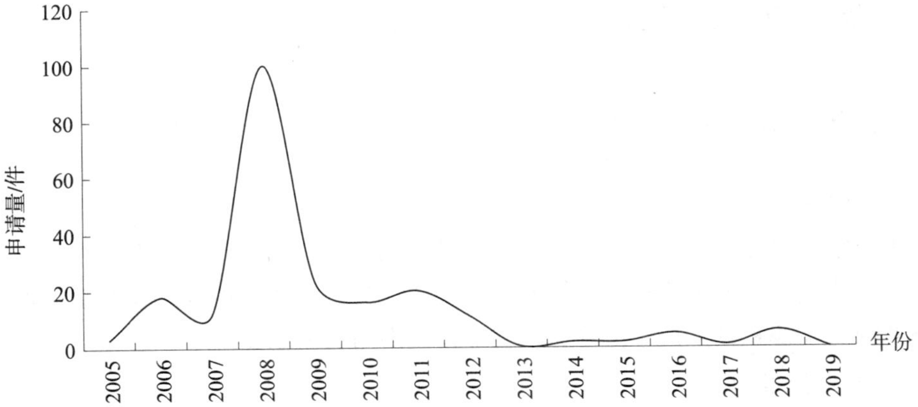

图10－12　山东轩竹医药化学药领域专利申请趋势

3. 技术主题分布

如表10－12所示，山东轩竹医药在A61P31（抗感染药）领域布局数量较多，达144件。其他药品相关专利包括A61P1（治疗消化道或消化系统疾病的药物）、A61P3（治疗代谢疾病的药物）、A61P9（治疗心血管系统疾病的药物）等。

表 10-12 山东轩竹医药化学药领域技术主题分布

技术主题	IPC 分类	专利数量/件
含有机有效成分的医药配制品	A61K31	214
抗感染药，即抗生素、抗菌剂、化疗剂	A61P31	144
杂环化合物，含有 1-氮杂二环	C07D477	68
治疗消化道或消化系统疾病的药物	A61P1	32
杂环化合物，含有 5-硫杂-1-氮杂双环	C07D501	32
杂环化合物，含有 1 个以上的由两个或更多个相关杂环组成的环系，杂环间彼此稠合，或与 1 个共同碳环系稠合	C07D519	24
在稠环系中含有氮原子作为仅有的杂环原子，其中至少 1 个环是含有 1 个氮原子的六元环的杂环化合物	C07D471	22
治疗代谢疾病的药物	A61P3	19
治疗心血管系统疾病的药物	A61P9	19
杂环化合物，含有两个或更多个杂环，以氮原子作为仅有的杂环原子，至少有 1 个环是仅含有 1 个氮原子的六元环	C07D401	19

第三节 中药重点创新主体

一、全国中药重点创新主体

（一）天士力控股集团有限公司

1. 公司介绍

天士力集团倡导“现代中药”新理念，以高新技术创新改造传统中药产业，推动传统中药产业进入新型工业化、智能制造新时代。首创现代化微滴丸新剂型，创造了高速微滴丸制药装备和自主技术体系，实现了现代中药智能制造。

2. 专利申请趋势

如图 10-13 所示，天士力集团自 2001 年以来，其在中国的专利布局大致可以分为四个阶段。第一阶段（2001—2005 年）：快速增长期。在这段时期，天士力集团的专利数量增长速度最快，2005 年达到年申请量的顶峰 200 件。第二阶段（2006—2012 年）：持续下降期。这段时期每年专利申请量都逐渐降低。第三阶段（2013—2014 年）：小幅上升期。第四阶段（2015 年至今）：衰退期。在这段时期，天士力集团申请专利量持续衰减。

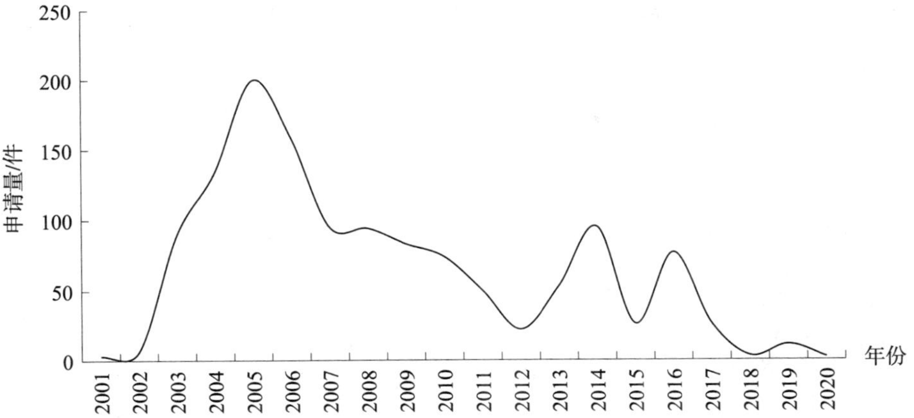

图 10－13　天士力集团中药领域专利申请趋势

3. 技术主题分布

如表 10－13 所示，天士力集团在中药领域占绝对领先优势，布局数量最多的技术领域是 A61K36（含有来自藻类、苔藓、真菌或植物或其派生物）。另外，该公司中药药品专利重点布局领域有 A61P9（治疗心血管系统疾病的药物）、A61P35（抗肿瘤药）、A61P25（治疗神经系统疾病的药物）等。

表 10－13　天士力集团中药领域技术主题分布

技术主题	IPC 分类	专利数量/件
含有来自藻类、苔藓、真菌或植物或其派生物	A61K36	753
治疗心血管系统疾病的药物	A61P9	511
以特殊物理形状为特征的医药配制品	A61K9	474
含有机有效成分的医药配制品	A61K31	340
含有其有不明结构的原材料或其反应产物的医用配制品	A61K35	125
以所用的非有效成分为特征的医用配制品	A61K47	112
抗肿瘤药	A61P35	110
治疗神经系统疾病的药物	A61P25	103
治疗消化道或消化系统疾病的药物	A61P1	97
治疗代谢疾病的药物	A61P3	76

（二）江苏康缘药业股份有限公司

1. 公司介绍

江苏康缘药业是集中药研发、生产、销售于一体的大型中药企业，桂枝茯苓胶囊已完成美国Ⅱ期临床试验，是我国中药国际化示范品种。

2. 专利申请趋势

如图 10－14 所示，自 2001 年以来，江苏康缘药业在国内开始申请医药相关专利，整体呈震荡式上升态势，其中 2014—2016 年专利申请量逐年增加最为显著，至 2016

年，专利年申请量达到最高80件。

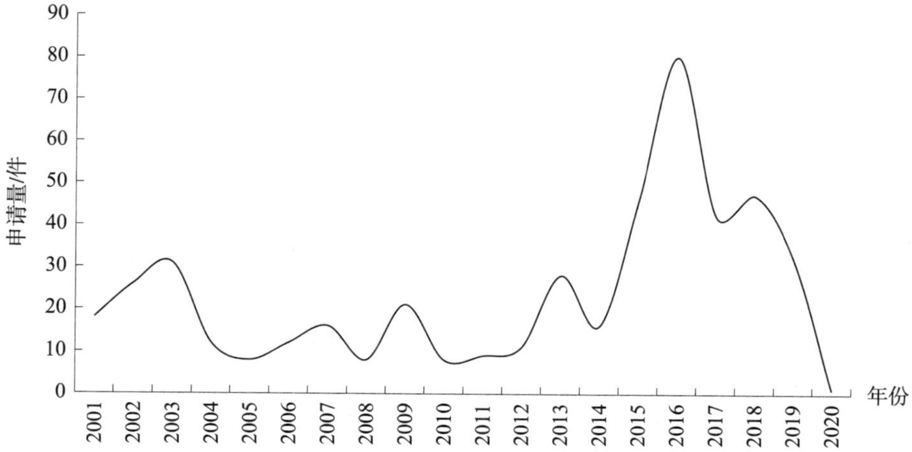

图10-14 江苏康缘药业中药领域专利申请趋势

3. 技术主题分布

如表10-14所示，从技术主题分布情况来看，该公司主要的中药药品涉及A61K36（含有来自藻类、苔藓、真菌或植物或其派生物）、A61K31（含有机有效成分的医药配制品）、A23L33（改变食品的营养性质；营养制品；其制备或处理）、A61P29（非中枢性止痛剂）等。

表10-14 江苏康缘药业中药领域技术主题分布

技术主题	IPC分类	专利数量/件
含有来自藻类、苔藓、真菌或植物或其派生物	A61K36	262
含有机有效成分的医药配制品	A61K31	154
改变食品的营养性质；营养制品；其制备或处理	A23L33	84
以特殊物理形状为特征的医药配制品	A61K9	75
非中枢性止痛剂，退热药或抗炎剂	A61P29	62
抗感染药，即抗生素、抗菌剂、化疗剂	A61P31	62
治疗心血管系统疾病的药物	A61P9	60
含有其有不明结构的原材料或其反应产物的医用配制品	A61K35	52
治疗消化道或消化系统疾病的药物	A61P1	49
治疗呼吸系统疾病的药物	A61P11	44

（三）石家庄以岭药业股份有限公司

1. 公司介绍

以岭药业研发国家专利中药10余个，临床批件13个，临床前20多个，院内制剂上百个，覆盖心脑血管疾病、感冒呼吸系统疾病、肿瘤、糖尿病等领域。

2. 专利申请趋势

如图10-15所示，以岭药业专利年申请量在2006年以前较少，年平均申请量不到

4 件，2007 年以后专利申请量增加，并且 2008 年申请量最多，达到 115 件，但 2016 年以后的专利年申请量有所减少。

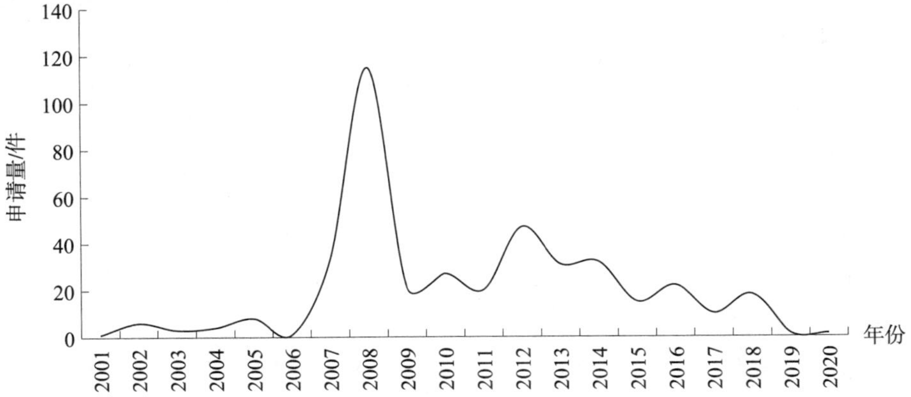

图 10-15 以岭药业中药领域专利申请趋势

3. 技术主题分布

如表 10-15 所示，从技术主题分布情况来看，该公司主要的中药药品涉及 A61K36（含有来自藻类、苔藓、真菌或植物或其派生物）、A61K35（含有其有不明结构的原材料或其反应产物的医用配制品）、A61K9（以特殊物理形状为特征的医药配制品）、A61P9（治疗心血管系统疾病的药物）等。

表 10-15 以岭药业中药领域技术主题分布

技术主题	IPC 分类	专利数量/件
含有来自藻类、苔藓、真菌或植物或其派生物	A61K36	335
含有其有不明结构的原材料或其反应产物的医用配制品	A61K35	204
以特殊物理形状为特征的医药配制品	A61K9	170
治疗心血管系统疾病的药物	A61P9	146
含有机有效成分的医药配制品	A61K31	113
含无机有效成分的医用配制品	A61K33	55
治疗神经系统疾病的药物	A61P25	50
治疗代谢疾病的药物	A61P3	47
治疗呼吸系统疾病的药物	A61P11	36
抗感染药，即抗生素、抗菌剂、化疗剂	A61P31	33

二、山东省中药重点创新主体

（一）鲁南制药集团股份有限公司

1. 专利申请趋势

如图 10-16 所示，自 2002 年鲁南制药提出中药领域第 1 件专利 CN02117236.6

"一种治疗前列腺增生肥大的中药及处方"以来，就开始稳步地布局该领域，在2005年达到第1个布局高峰，年申请量20件，随后直到2017年，年申请量保持在10件左右，2018年迎来第2次布局高峰，年申请量37件，近年来，鲁南制药非常重视在中药领域的技术布局和创新成果保护。

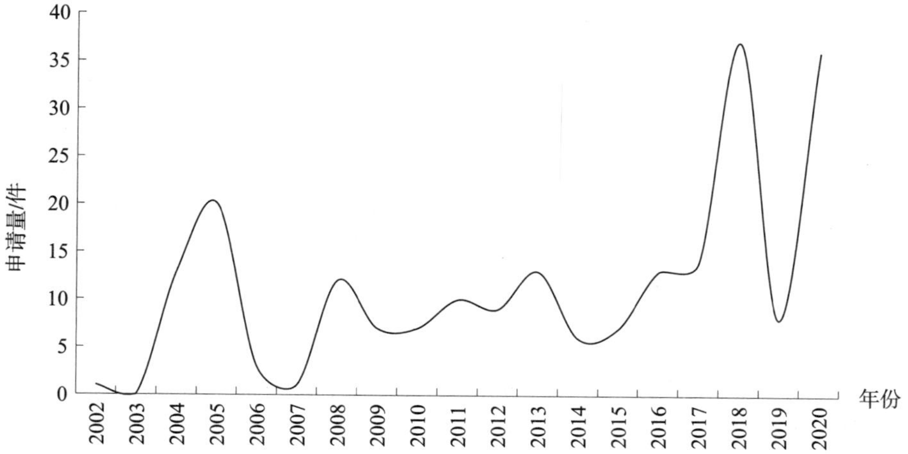

图10－16　鲁南制药中药领域专利申请趋势

2. 技术主题分布

如表10－16所示，从技术主题分布情况来看，该公司主要的中药药品涉及鲁南中药制剂的原料源头的A61K36（含有来自藻类、苔藓、真菌或植物或其派生物），以及A61K31（含有机有效成分的医药配制品）。另外，在A61P1（治疗消化道或消化系统疾病的药物）、A61P9（治疗心血管系统疾病的药物）等方面也有一定专利布局。

表10－16　鲁南制药中药领域技术主题分布

技术主题	IPC分类	专利数量/件
含有来自藻类、苔藓、真菌或植物或其派生物	A61K36	104
含有机有效成分的医药配制品	A61K31	101
以特殊物理形状为特征的医药配制品	A61K9	72
治疗消化道或消化系统疾病的药物	A61P1	48
治疗心血管系统疾病的药物	A61P9	40
含有其有不明结构的原材料或其反应产物的医用配制品	A61K35	38
抗感染药，即抗生素、抗菌剂、化疗剂	A61P31	28
以所用的非有效成分为特征的医用配制品	A61K47	27
治疗呼吸系统疾病的药物	A61P11	27
治疗血液或细胞外液疾病的药物	A61P7	26

（二）山东东阿阿胶股份有限公司

1. 公司介绍

东阿阿胶隶属于华润集团，前身为山东东阿阿胶厂，1996 年 7 月在深交所挂牌上市。东阿阿胶拥有国家胶类中药工程技术研究中心。主要产品东阿阿胶、复方阿胶浆、桃花姬和真颜阿胶糕，深受广大消费者喜爱。

2. 专利申请趋势

20 世纪 90 年代初期，东阿阿胶就开始相关专利布局。1993 年，东阿阿胶提出用于治疗失血性休克的中成药相关专利，即 CN1050047C“止血复脉中成药及其生产方法”的专利申请，作为公司的基础专利和核心专利，维持 20 年，直至权利终止。如图 10－17 所示，1993—2011 年是技术的探索期，专利布局数量起起伏伏，但基本保持在年专利申请量个位数，2012 年以来专利布局加快，在 2013 年，达到最高峰，年申请量 31 件，随后略有下降，2017 年以来又加快专利布局。

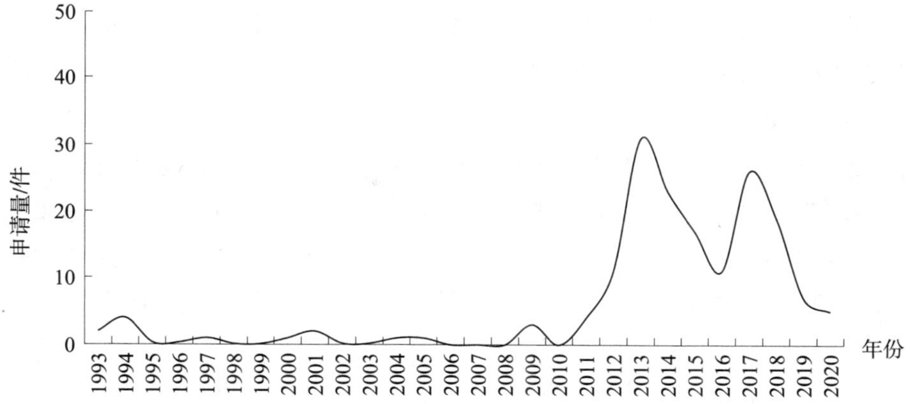

图 10－17　东阿阿胶中药领域专利申请趋势

3. 技术主题分布

如表 10－17 所示，从技术主题分布情况来看，该公司主要的中药药品涉及 A61K35（含有其有不明结构的原材料或其反应产物的医用配制品）的专利数量最多，其次是 A61K36（含有来自藻类、苔藓、真菌或植物或其派生物）、A23L33（改变食品的营养性质）、A61P1（治疗消化道或消化系统疾病的药物）等领域也有专利布局。

表 10－17　东阿阿胶中药领域技术主题分布

技术主题	IPC 分类	专利数量/件
含有其有不明结构的原材料或其反应产物的医用配制品	A61K35	88
含有来自藻类、苔藓、真菌或植物或其派生物	A61K36	59
改变食品的营养性质；营养制品；其制备或处理	A23L33	38
治疗消化道或消化系统疾病的药物	A61P1	25

续表

技术主题	IPC 分类	专利数量/件
以特殊物理形状为特征的医药配制品	A61K9	22
治疗血液或细胞外液疾病的药物	A61P7	20
治疗生殖或性疾病的药物；避孕药	A61P15	15
家畜和猎兽的饲喂装置	A01K5	12
全身保护或抗毒剂	A61P39	12
治疗神经系统疾病的药物	A61P25	11

（三）山东新时代药业有限公司

1. 公司介绍

新时代药业是中美合资企业，是鲁南制药集团旗下子公司。其主营产品有奥美拉唑、唑来膦酸、格列美脲、注射用盐酸索他洛尔、糊精、药用辅料、化工原料、西药原料、药用中间体、包衣粉、纤维素、硬脂酸镁、甘露醇、泊洛沙姆等。此外，鲁南制药集团的化滞柔肝颗粒就是由新时代药业生产的。

2. 专利申请趋势

如图 10－18 所示，新时代药业自 2001 年申请中药相关专利以来，整体专利布局强度低于鲁南制药，其技术布局发展历程可以分几个阶段：2009 年以前为技术探索期，基本每年 1～2 件专利。2009—2010 年为快速发展期。2010 年申请量达到 15 件。随后至 2015 年为调整期。小幅下降后基本处于稳定状态。2016 年至今为衰减期。近几年以来相关申请较少。

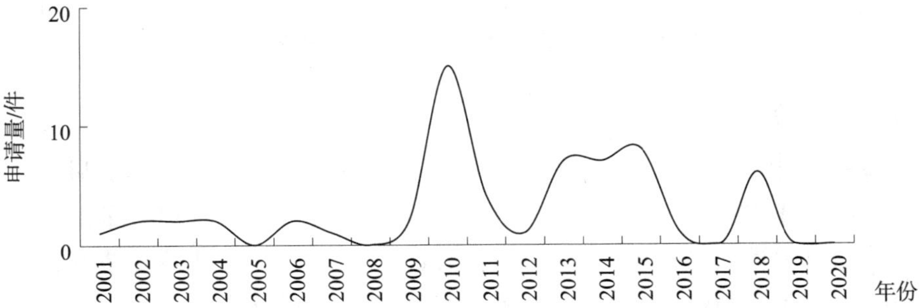

图 10－18　新时代药业中药领域专利申请趋势

3. 技术主题分布

如表 10－18 所示，从技术主题分布情况来看，该公司主要的中药药品涉及 A61K31（含有机有效成分的医药配制品）、A61K9（以特殊物理形状为特征的医药配制品），在 A61P35（抗肿瘤药）、A61P31（抗感染药）等领域也有布局。

表 10-18　新时代药业中药领域技术主题分布

技术主题	IPC 分类	专利数量/件
含有机有效成分的医药配制品	A61K31	51
以特殊物理形状为特征的医药配制品	A61K9	33
抗肿瘤药	A61P35	19
以所用的非有效成分为特征的医用配制品	A61K47	16
抗感染药，即抗生素、抗菌剂、化疗剂	A61P31	10
治疗血液或细胞外液疾病的药物	A61P7	7
治疗心血管系统疾病的药物	A61P9	7
含有来自藻类、苔藓、真菌或植物或其派生物	A61K36	6
治疗消化道或消化系统疾病的药物	A61P1	6
甾族化合物	C07J53	6

第四节　医疗器械重点创新主体

一、全国医疗器械重点创新主体

（一）强生公司

1. 公司介绍

强生公司是一家医疗保健产品、医疗器材及药物的制造商，成立于 1886 年，总部位于美国新泽西州。它由全球超过 250 家的子公司组成，其产品销售遍及 170 多个国家和地区。在医疗器械领域主要产品包括女性健康护理、糖尿病、微创手术、伤口缝合、心脑血管健康、骨骼健康、器械消毒、诊断类产品及服务。

2. 专利申请趋势

如图 10-19 所示，强生公司在中国的布局大致可以分为四个阶段。第一阶段（1987—1998 年）：初创期。相关专利数量较少，年平均值为 20 件。第二阶段（1999—2007 年）：迅速增长期。从 2000 年的 57 件开始逐年增长到最高峰值 2007 年的 384 件。第三阶段（2008—2014 年）：震荡期。该阶段年申请量均保持在 200 件以上。第四阶段（2015 年至今）：持续下降期。在此阶段仍有一定数量的专利布局。

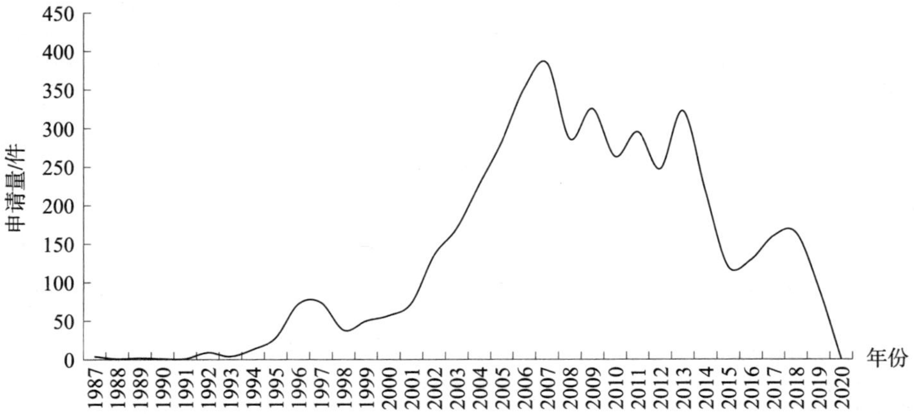

图 10－19　强生公司医疗器械领域专利申请趋势

3. 技术主题分布

如表 10－19 所示，从技术主题分布情况来看，该公司医疗器械专利主要涉及 A61B17（外科器械、装置或方法），另外，在以下领域布局数量较多：A61B5（用于诊断目的的测量），A61F2（可植入血管中的滤器），A61B18（向人体或从人体传递非机械形式的能量的外科器械）等。

表 10－19　强生公司医疗器械领域专利技术主题分布

技术主题	IPC 分类	专利数量/件
外科器械、装置或方法，例如止血带	A61B17	1877
用于诊断目的的测量	A61B5	640
可植入血管中的滤器；假体	A61F2	528
向人体或从人体传递非机械形式的能量的外科器械、装置或方法	A61B18	505
特殊方法来研究或分析材料	G01N33	368
包含酶、核酸或微生物的测定或检验方法	C12Q1	213
用目视或照相检查人体的腔或管的仪器，例如内窥镜	A61B1	189
导管；空心探针	A61M25	162
含有机有效成分的医药配制品	A61K31	159

（二）荷兰皇家飞利浦公司

1. 公司介绍

飞利浦在医疗领域产品涵盖咨询服务、医疗技术与临床信息系统解决方案，致力于改善放射医学、心脏病理学、神经学、肿瘤学、儿科学等各类护理医学。

2. 专利申请趋势

如图 10－20 所示，飞利浦公司在中国的布局大致可以分为三个阶段。第一阶段

（1985—2001 年）：初创期。该阶段医疗器械相关专利数量较少。第二阶段（2002—2007 年）：快速增长期。2007 年达到专利申请峰值 506 件。第三阶段（2008 年至今）：震荡期。虽有起伏，但年均保持在 370 件左右。

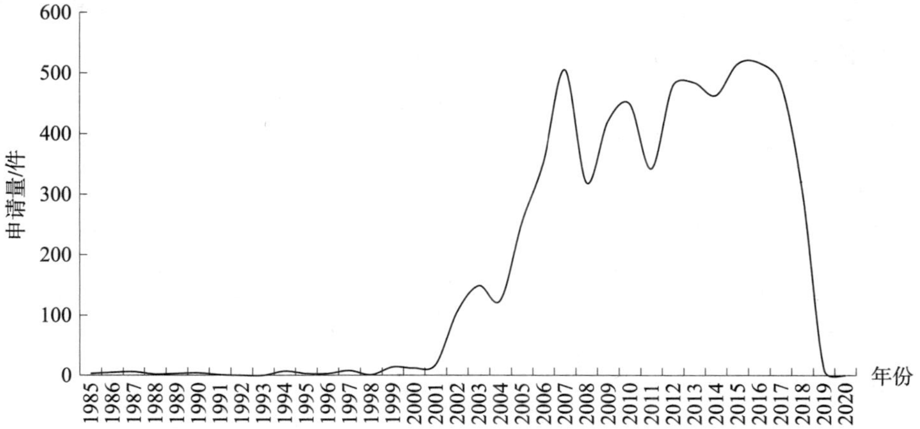

图 10－20　飞利浦医疗器械领域专利申请趋势

3. 技术主题分布

如表 10－20 所示，从技术主题分布情况来看，该公司主要的医疗器械专利涉及 A61B5（用于诊断目的的测量）和 A61B6（用于放射诊断的仪器），专利数量超过 1000 件。另外，A61B8（用超声波、声波或次声波的诊断），A61M16（以气体处理法影响病人呼吸系统的器械）等也有一定数量的专利布局。

表 10－20　飞利浦医疗器械领域专利技术主题分布

技术主题	IPC 分类	专利数量/件
用于诊断目的的测量	A61B5	1948
用于放射诊断的仪器	A61B6	1004
用超声波、声波或次声波的诊断	A61B8	770
以气体处理法影响病人呼吸系统的器械	A61M16	445
专门适用于特定应用的数字计算或数据处理的设备或方法	G06F19	430
图像分析	G06T7	349
测量磁变量的装置或仪器	G01R33	317
放射疗	A61N5	307
利用特殊方法来研究或分析材料	G01N33	266
电疗法；其所用的线路	A61N1	260

（三）上海联影医疗科技有限公司

1. 公司介绍

上海联影医疗专业从事高端医疗影像设备及其相关技术研发、生产、销售，总部位于上海嘉定，产品线覆盖全线高端医疗影像设备。

2. 专利申请趋势

如图 10－21 所示，上海联影医疗在中国的布局基本处于迅速增长期。从 2011 年的 16 件开始逐年增长到最高峰值 2018 年的 336 件。其中，2014 年和 2015 年的专利申请数量有所调整，略有下降，之后便一直处于快速增长期。

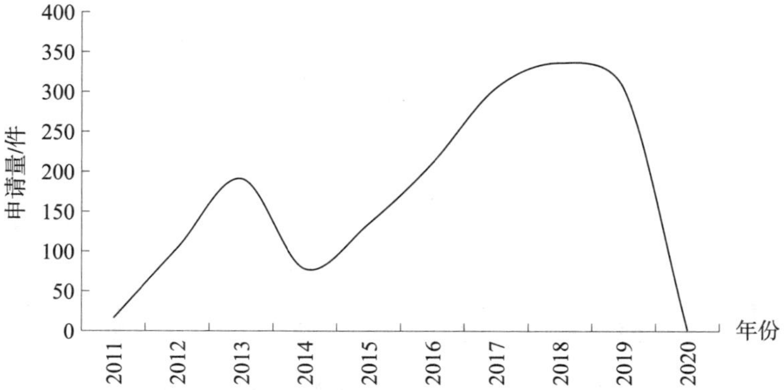

图 10－21　上海联影医疗器械领域专利申请趋势

3. 技术主题分布

如表 10－21 所示，从技术主题分布情况来看，该公司主要的医疗器械专利涉及 A61B6（用于放射诊断的仪器），专利布局数量达 781 件。其次，是 A61B5（用于诊断目的的测量及人的辨识）领域，专利布局数量达 436 件。

表 10－21　上海联影医疗器械领域专利技术主题分布

技术主题	IPC 分类	专利数量/件
用于放射诊断的仪器	A61B6	781
用于诊断目的的测量；人的辨识	A61B5	436
放射疗	A61N5	184
图像分析	G06T7	154
测量磁变量的装置或仪器	G01R33	126
2D［二维］图像的生成	G06T11	78
图像的增强或复原	G06T5	57
专门用于处理或加工医学图像的 ICT	G16H30	45
专用于外科或诊断的器械、工具或附件	A61B90	34
数据转变的输入/输出装置	G06F3	31

二、山东省医疗器械重点创新主体

（一）山东新华医疗器械股份有限公司

1. 公司介绍

新华医疗成立于 1943 年，2002 年 9 月在上海证券交易所上市（600587），集医疗器械、制药装备的科研、生产、销售、医疗服务、商贸物流各领域于一体。该公司感染控制设备、放疗设备研发生产在国内规模大、品种全，技术水平较高。

2. 专利申请趋势

如图 10－22 所示，新华医疗在中国的布局大致可以分为三个阶段。第一阶段（1999—2004 年）：研发探索期。该阶段专利申请数量较少。第二阶段（2005—2009 年）：缓慢增长期。在 5 年内医疗器械相关专利数量缓慢增长，年均申请量为 35 件。第三阶段（2010—2013 年）：迅速增长期。从 2010 年的 42 件开始逐年增长到最高峰值 2013 年的 143 件。第四阶段（2014 年至今）：衰减期。该阶段专利申请量明显下降。

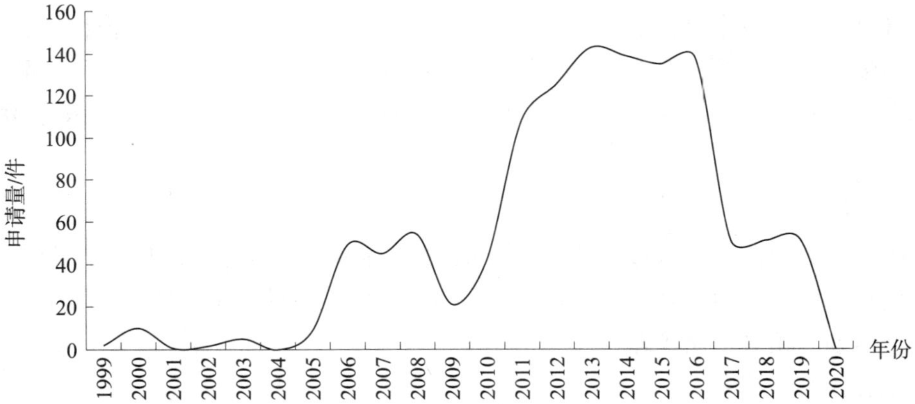

图 10－22　新华医疗在医疗器械领域专利申请趋势

3. 技术主题分布

如表 10－22 所示，从技术主题分布情况来看，该公司主要的医疗器械专利涉及 A61L2（食品或接触透镜以外的材料或物体的灭菌或消毒的方法或装置），及 A61N5（放射疗）领域，专利布局数量分别为 157 件和 145 件。

表 10－22　新华医疗在器械领域专利技术主题分布

技术主题	IPC 分类	专利数量/件
食品或接触透镜以外的材料或物体的灭菌或消毒的方法或装置	A61L2	157
放射疗	A61N5	145
用于放射诊断的仪器	A61B6	59

续表

技术主题	IPC 分类	专利数量/件
使用液体或蒸气的清洁方法	B08B3	58
与输送机有关的物件或物料搬运装置；使用这些装置的方法	B65G47	58
用单个容器或贮器	B65B3	40
包装有关的容器或贮器的成型、供料、开启或装配	B65B43	38
利用光学手段，即利用红外光、可见光；或紫外光来测试或分析材料	G01N21	26
用专门的方法或设备清洁空心物品	B08B9	24
干燥固体材料或制品用的空气或气体的供应或控制装置	F26B21	24

（二）山东威高集团医用高分子制品股份有限公司

1. 公司介绍

威高集团始建于1988年，下辖医用制品、血液净化、骨科、医疗装备、药业、心内耗材、医疗商业7个产业集团。拥有输注耗材及设备、输血器材、心内耗材、留置针及各种异型针、血液净化设备及耗材、骨科材料、手术设备及附件、创伤护理、手术机器人、微创器械及设备、ICU产品及附件、大容量注射液及其他药品、肾科产品、生物诊断试剂、手术缝合线、牙种植体、感控设备及耗材、PVC及非PVC原料等1000多个品种。

2. 专利申请趋势

如图10－23所示，威高集团从2001年开始专利申请，2001—2012年专利申请趋势较为缓慢；2013年威高集团的专利申请量呈井喷式增长，达到157件，近年来申请趋势上下波动但处于相对平稳状态。

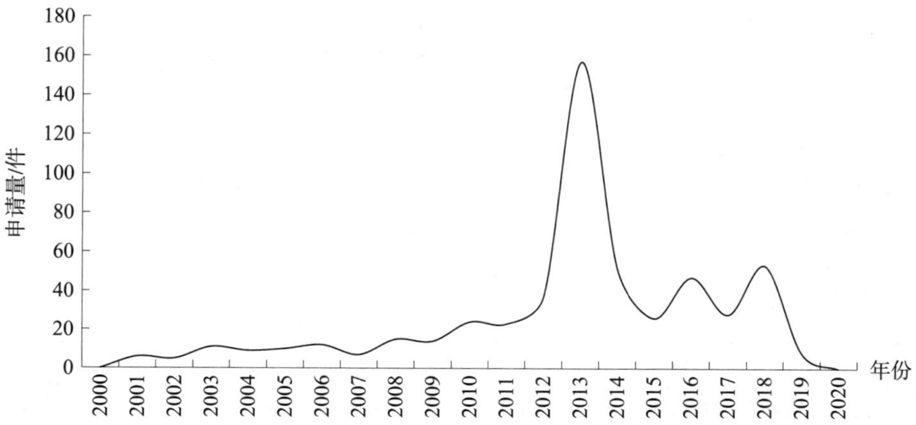

图10－23　威高集团医疗器械领域专利申请趋势

3. 技术主题分布

如表 10－23 所示，从技术主题分布来看，威高集团以 A61M5（以皮下注射、静脉注射或肌内注射的方式将介质引入体内的器械）为主要研发及专利布局方向，专利申请数量达 276 件。另外，在 A61M25（管；空心探针）和 A61B5（用于诊断目的的测量）及其他医疗器械方面均有涉及。

表 10－23　威高集团医疗器械领域专利技术主题分布

技术主题	IPC 分类	专利数量/件
以皮下注射、静脉注射或肌内注射的方式将介质引入体内的器械	A61M5	276
管；空心探针	A61M25	57
用于诊断目的的测量；人的辨识	A61B5	51
专用于医学或医药目的的容器	A61J1	44
医用吸引或汲送器械；抽取、处理或转移体液的器械；引流系统	A61M1	44
食品或接触透镜以外的材料或物体的灭菌或消毒的方法或装置	A61L2	22
外科器械、装置或方法	A61B17	21
带或不带引入介质	A61M29	15
用于诊断的其他方法或仪器	A61B10	12
专门适用于医用的管、联接管、耦合管、阀、分流接管或类似物	A61M39	11

第十一章　临沂市生物医药产业创新发展路径

第一节　临沂市生物药、化学药、中药发展定位及发展路径建议

一、临沂市生物药、化学药、中药产业发展定位

根据前述产业定位分析，利用 SWOT（优劣势分析法）对临沂市生物药、化学药、中药等重点技术产业内部环境的优势和劣势、外部环境中的机会和威胁进行分析，以期为产业发展路径导航提供参考。

（一）临沂市生物药、化学药、中药重点技术产业内部优势

1. 在各重点技术产业均具有一批龙头企业

（1）在生物药领域

临沂市生物药重点技术产业龙头企业为鲁南制药集团，鲁南制药集团是以鲁南制药集团股份有限公司为核心的企业集团，从整体上看，鲁南制药集团的专利申请量比较稳定。旗下山东新时代药业有限公司近几年的研发重点在化学药上，其申请的生物药领域的专利质量较高，驳回率低。罗欣药业是集药品研发、生产、贸易及医疗健康服务于一体的大型医药企业集团，近些年逐渐重视生物药的研发与专利布局。其生物药主要对应的疾病种类为抗感染药、抗肿瘤药、治疗心血管系统疾病药物、治疗血液或细胞外液疾病药物、治疗消化系统疾病药物等，特别是抗感染药专利数量达 37 件。山东隆科特酶制剂有限公司自 2008 年开始申请生物药领域相关的专利，其在保健食品方向的专利申请和布局较多。到目前已公开的发明专利申请 94 件（已授权 60 件）、实用新型专利已授权 7 项，从整体来看专利申请量呈上升趋势，其在酶、基因工程菌、信号肽、突变体以及微生物等领域均有较强的研发能力。

（2）在化学药领域

临沂市化学药重点技术产业龙头企业为鲁南制药集团、罗欣药业。鲁南集团在化学药、中药、生物药领域均有较强的研发实力，且市场份额相对稳定，连续多年被评为中国医药企业百强企业，且排名逐渐上升。

具体到化学药方面，新时代药业在米内网中国城市公立医院化学药销售数据库中，2020 年度销售额为 16.0391 亿元，其相比 2019 年销售额 30.1600 亿元降低了 46.82%。新时代药业的化学药品覆盖抗肿瘤药、抗感染药、治疗免疫或过敏性疾病药、治疗神经系统药、治疗呼吸疾病药、治疗心血管疾病药物等多个领域和适应症。产品格局具体涉及：抗炎药和抗风湿药（占 44.97%）、抗肿瘤药（占 22.15%）、抗血栓形成药（占 7.28%）、糖尿病用药（占 5.81%）、全身用抗细菌药（占 4.53%）、心脏病治疗用药（占 4.47%）等，拥有多款化学仿制药核心产品如酮咯酸氨丁三醇、替吉奥、表柔比星、奥美拉唑、替罗非班等。如表 11－1 所示为该公司 2020 年度排名前 10 位的药物在 2016—2020 年度的销售额。

表 11－1　新时代药业 2020 年度排名前 10 位的药物在 2016—2020 年度的销售额

排名	通用名	销售额/万元				
		2016 年	2017 年	2018 年	2019 年	2020 年
1	酮咯酸氨丁三醇	18311	26096	43322	56323	50800
2	替吉奥	126837	139444	176882	178964	46568
3	表柔比星	5520	7243	11715	13897	14603
4	奥美拉唑	10769	11764	15717	17356	14493
5	替罗非班	4839	5923	8094	8492	6071
6	米格列醇	1068	1703	2591	3883	5820
7	单硝酸异山梨酯	3222	5848	6700	7017	5137
8	生长抑素	2597	3597	4310	5017	4045
9	亚胺培南西司他丁钠	1568	1301	1975	2213	2908
10	左氨氯地平（左旋氨氯地平）	1182	1255	1093	1564	2507

鲁南贝特制药在米内网中国城市公立医院化学药销售数据库中，2020 年度销售额为 27.6276 亿元，其相比 2019 年销售额 36.3770 亿元降低了 24.05%。鲁南贝特制药的化学药品的产品格局具体涉及：心脏病治疗用药（占 42.46%）、血脂调节药（占 16.43%）、麻醉剂（占 11.19%）、全身用抗细菌药（占 10.98%）、抗血栓形成药（占 7.03%）、解痉药，抗胆碱药和胃动力药（占 4.18%）、阻塞性气管疾病用药（占 2.34%）、全身用抗组胺药（占 1.19%）等，拥有多款化学仿制药核心产品如单硝酸异山梨酯、米力农、阿昔莫司、阿莫西林克拉维酸钾、七氟烷、瑞舒伐他汀、莫沙必利、缬沙坦、替罗非班等在 2020 年度销售额均突破亿元。如表 11－2 所示为该公司 2020 年度排名前 10 位的药物在 2016—2020 年度的销售额。

表 11－2　鲁南贝特制药 2020 年度排名前 10 位的药物在 2016—2020 年度的销售额

排名	通用名	销售额/万元				
		2016 年	2017 年	2018 年	2019 年	2020 年
1	单硝酸异山梨酯	91899	88663	87191	84239	75300
2	米力农	41722	47472	52416	55670	44765

续表

排名	通用名	销售额/万元				
		2016 年	2017 年	2018 年	2019 年	2020 年
3	阿昔莫司	11387	10529	11759	15053	26690
4	阿莫西林克拉维酸钾	19831	21579	27644	31332	24018
5	七氟烷	6573	13011	14386	19766	19330
6	瑞舒伐他汀	52537	65627	77300	59397	18842
7	莫沙必利	13086	12570	14713	13678	11782
8	缬沙坦	9980	8936	11249	11171	10922
9	替罗非班	2500	3267	7259	10133	10314
10	孟鲁司特	24436	26363	35327	33420	9633

罗欣药业在米内网中国城市公立医院化学药销售数据库中，2020 年度销售额为 24.0860 亿元，其相比 2019 年销售额 33.2468 亿元降低了 27.55%。罗欣药业的化学药品的产品格局具体涉及：治疗与胃酸分泌相关疾病的药物（占 42.92%）、全身用抗细菌药（占 34.89%）、咳嗽和感冒用药（占 8.42%）、专用于抗高血压药（占 6.14%）、止吐药和止恶心药（占 4.81%）、止痛药（占 1.77%）、全身用抗病毒药（占 1.16%）等，拥有多款化学仿制药核心产品如兰索拉唑、雷贝拉唑在 2020 年度销售额均突破了 4.5 亿元，乌拉地尔和头孢丙烯在 2020 年度销售额均突破了 1 亿元。如表 11－3 所示为该公司 2020 年度排名前 10 位的药物在 2016—2020 年度的销售额。

表 11－3　罗欣药业 2020 年度排名前 10 位的药物在 2016—2020 年度的销售额

排名	通用名	销售额/万元				
		2016 年	2017 年	2018 年	2019 年	2020 年
1	兰索拉唑	109100	95502	95155	83409	48438
2	雷贝拉唑	6094	15396	35994	46143	46862
3	乌拉地尔	8286	9196	12347	15068	14586
4	头孢丙烯	3422	6233	6288	13874	12521
5	托烷司琼	17328	16298	17130	14697	8805
6	罗红霉素氨溴索	145	3713	7921	10467	8771
7	头孢替安	5032	6923	9781	13383	8178
8	头孢孟多	19227	15047	14073	12134	7928
9	头孢哌酮他唑巴坦	0	1653	6495	6960	7485
10	美罗培南	0	3595	7066	6672	7204

（3）在中药领域

临沂市中药重点技术产业龙头企业为鲁南制药，此外，翔宇药业、临沂草之美医药科技、中健康桥制药等也有专利布局。鲁南制药在近 20 年的中药专利申请数量不够均衡，在 2005 年、2018 年、2020 年有大幅增加，其他年份申请量较低，这可能与中药研发的周期长，失败风险高有关。鲁南制药在中药研发的技术主题主要集中在医疗活性和药物剂型方面，产品形式涵盖了药物组合物、中药制剂（如口服液体制剂、片剂、丸剂、栓剂、颗粒剂、胶囊剂、注射剂等）、中药提取或制备方法、药物制剂工艺、分析检测方法、新用途等。鲁南制药的中药研发技术比较领先，且在近三年中，研发更为活跃，大部分专利年限在10年以上，表明这些专利与鲁南的上市产品关联较为密切，价值较高。

2. 在生物药、化学药及中药领域均具备一定的专利技术储备

临沂市在生物药领域目前专利申请数量共有4690件，其中在人用治疗性生物药领域专利申请数量有4204件，占全市的生物药领域专利申请量的95%。进一步地，人用治疗性生物药分支中的多肽蛋白药在临沂市专利申请占据份额最多，达到了92%。在企业创新主体方面，以鲁南制药、新时代药业、临沂大学和罗欣药业为专利申请排名的前4位，专利申请量超过了100件。在人用治疗性生物药主要申请人中，鲁南制药以绝对优势领先，专利申请数量为297件，其次是新时代药业和临沂大学，上述3家均集中于多肽蛋白药研发。

临沂市化学药整体专利有效率要高于全国、山东省平均，甚至高于上海、南京等城市，且撤回率较低，这表明临沂在药物类和农用药物领域的专利质量较高。另外，药物类中重点专利21896件（占比高达26%），重要专利6339件（占比8%），一般价值专利件30352件（占比36%），低价值专利24983件（占比30%）。

从中药领域来看，植物源中药中重点专利7595件（占比高达37%），重要专利84件，一般价值专利4818件（占比24%），低价值专利7823件（占比39%）。动物源中药中重点专利3898件（占比36%），重要专利55件（占比5%），一般价值专利1906件（占比18%），低价值专利4943件（占比46%）。保健食品或用品中重点专利5026件（占比30%），重要专利174件（占比1%），一般价值专利4630件（占比28%），低价值专利6907件（占比41%）。

笔者通过问卷调研得知，临沂的医药企业中未真正实施或者未真正运用的专利较多，其主要原因主要集中在技术尚未成熟，将专利作为技术储备，等待时机再行实施。

3. 龙头企业在创新药和仿制药的重点产品上均具有较高的专利布局能力

在创新药方面，例如新时代药业的首款获批上市的生物药（聚乙二醇化人粒细胞刺激因子注射液，批准文号：国药准字S20210011，批准时间：2021－04－30，商品名：申力达），其在涉及聚乙二醇单修饰的重组人粒细胞集落刺激因子药物的制备及分离纯化（CN201010569604.X）、重组人粒细胞集落刺激因子重组工程菌的发酵培养方法（ZL201010618757.9）、聚乙二醇化重组人粒细胞集落刺激因子冻干粉针剂及其制备方法（ZL201010618740.3）、重组人粒细胞刺激因子多肽的纯化方法（ZL201510306601.X）、重组G－CSF（15－75）多肽毕赤酵母菌的发酵方法（ZL201510309230.0）、重组G－CSF（15－75）多肽载体的构建及表达方法（ZL201510309290.2）、筛选G－CSF（15－75）多肽的巴斯德毕赤酵母培养基（ZL201510306237.7）等方面有很好的专利布局。另外，

新时代药业目前处于2期临床试验阶段的国家1类生物制品新药“重组人源化抗PD－1单克隆抗体注射液”PD－1抑制剂F520，其核心专利为ZL201611198440.8（发明名称：抗PD－1抗体及其用途，其PCT国际申请为WO2018113258A1，目前也已进入美国、欧洲等国家阶段），之后又提交了多项技术主题分别为抗PD－1单克隆抗体（CN202010160919.2）、无糖基化抗PD1单克隆抗体的纯化方法（CN201810135757.X）、单克隆抗体的液体制剂（CN201810312128.X、CN202010235536.7）、单克隆抗体的冻干制剂（CN202010044092.9）、药物组合物（CN201980026022.6）的新专利申请，进一步完善了该1类生物创新药的专利布局。

在化学药领域，化学药专利质量较高。从重点专利来看，无论是围绕核心产品已授权的专利，还是近些年围绕在研药品提出的专利申请质量较高，且临沂市医药企业在专利布局方面规划较全面，能够针对产品形成包围式专利组合。具体从专利情况来看，罗欣药业近些年虽逐渐重视生物药的研发，但整体上以化学药研发为主，主要对应的疾病种类为抗感染药、抗肿瘤药、治疗心血管系统疾病药物、治疗血液或细胞外液疾病药物、治疗消化系统疾病药物等，特别是抗感染药专利数量达37件。在抗肿瘤药方面主要围绕其核心产品如奥沙利铂、盐酸吉西他滨、斑蝥酸钠等进行专利布局，此外在喹唑啉酮类化合物、雌激素受体抑制剂、嘧啶类药物方面进行了核心专利的布局。

鲁南制药集团（包括子公司）的专利申请量呈现震荡上升态势，专利质量相对较高，且围绕已上市的核心产品、重点产品或者在研的品种，从化合物、药物多晶型、药物的盐型、药物制剂、新的处方工艺、药物组合物、制备方法、药物的新用途、药品杂质、检测方法等多个不同的技术主题进行了全方位的专利保护与布局。在仿制药的专利布局方面，例如：鲁南贝特制药获批的瑞舒伐他汀剂型有片剂、胶囊、分散片。其中，鲁南贝特制药的瑞舒伐他汀片5mg和瑞舒伐他汀片10mg均通过仿制药一致性评价。该公司的瑞舒伐他汀在2020年度的销售额为1.8842亿元。鲁南制药围绕该仿制药的产品，在晶型、制剂、组合物、制备工艺、新用途等方面开展了全面的专利布局。例如涉及药物制剂如片剂、胶囊剂、渗透泵、固体分散片、渗透泵控释制剂及其制备方法，其在改善药物溶出度、稳定性、光敏感性等技术效果方面申请了多项专利；制备方法专利中主要涉及瑞舒伐他汀关键中间体母核或者对侧链的工艺改进，解决母核环合及甲磺酰化反应收率低、侧链中间体光学纯度低的技术难点，降低产品单杂和总杂；涉及新晶型及其制备方法；涉及药物组合物及其用途，组合物中除瑞舒伐他汀外，其他成分有烟酸、褪黑素、硝酸酯类药物、阿昔莫司、胰岛素增敏剂、氨氯地平、吡咯列酮、氯沙坦、奥利司他或赛利司他、肝素、卡维地洛、阿利吉仑、非马沙坦、普拉格雷等，这些物质均是对心血管有良好治疗效果的物质，所述组合物通过一定比例的药物联用，产生了协同作用，效果优于单一药物。

4. 龙头企业在重点产品上具有高技术含量，高价值专利培育工作成绩显著

从最能体现高价值培育的专利来说，临沂市重点企业鲁南制药集团、罗欣药业在国家科学技术进步奖以及中国专利奖上均有所收获，高价值专利培育工作成绩显著。

其中，国家科学技术进步奖主要授予在技术研究、技术开发、技术创新、推广应用先进科学技术成果、促进高新技术产业化，以及完成重大科学技术工程、计划等过程中作出创造性贡献的中国公民和组织。如鲁南制药集团枸橼酸莫沙必利的研究与开发获得2004年度国家科技进步奖二等奖、米力农的研究与开发项目获得2005年度国家科技进步奖二等奖、（+）-5-单硝酸异山梨酯原料及其制剂（鲁南欣康）研究开发项目荣获2007年度国家科技进步奖二等奖。罗欣药业的“头孢西酮钠等系列头孢类药物共性关键技术及产业化”项目荣获2019年度国家科学技术进步奖二等奖等。

中国专利奖由国家知识产权局和世界知识产权组织联合授予，是中国知识产权界至高荣誉。截至2021年9月，罗欣药业已荣获中国专利奖6项，鲁南制药集团共荣获中国专利金奖1项［新时代药业的ZL201110370659.2“一种含奥利司他的制剂及其制备方法”（舒尔佳奥利司他胶囊）］，中国专利银奖1项［新时代药业的ZL201210594744.1“一种盐酸表柔比星冻干粉针及其制备方法”（力创注射用盐酸表柔比星）］，中国专利优秀奖7项：涉及的产品为鲁南力康、君迪、瑞旨、顺益舒、平奇（获奖两次）、通力达，如“ZL201510408147.9蜈蚣药材的质量检测方法”（通力达脉络舒通颗粒/丸、枢达通金藤清痹颗粒）。

5. 相关企业具有一定的专利运营意识

鲁南制药集团专利申请中有多件集团内部专利转让或许可，可见鲁南制药集团专利运营意识较强。罗欣药业除内部转让外，有3件专利转让给广州博济医药生物技术股份有限公司，主要涉及银杏内酯B组合物及制备方法。山东隆科特酶制剂有限公司专利申请中有两件专利是和济南正隆生物科技有限公司共同申请，同时还与天津科技大学共同申请了一件专利，公司与天津科技大学长期存在着良好的技术合作，2013年两者联合承担的重大淀粉酶品的创制、绿色制造及应用被评为国家技术发明二等奖。

鲁南制药集团化学药专利申请中有多件集团内部专利转让或许可，可见鲁南制药集团的专利运营意识较强，但由于多为集团内部转让，此种运营方式并未真正体现出专利运营的价值。由于鲁南制药集团在化学药领域研发实力较为雄厚，一些专利存在真正运营的价值，未来可考虑对其他企业的转让或许可。与鲁南制药相似，罗欣药业专利运营也基本发生在集团内部。

目前，临沂市中药重点技术产业运营情况良好。由中药重点技术产业运营情况分析可知，临沂市植物源中药领域的专利转让数量为454件，专利许可数量为21件，专利质押数量为1件。临沂市动物源中药领域的专利转让数量为209件，专利许可数量为27件，专利质押数量为0件。保健食品或用品领域的专利转让数量为43件，专利许可数量为0件，专利质押数量为0件。可见，临沂市植物源中药产业较动物源中药和保健食品或用品中药的专利运营情况较好。

6. 在重点技术产业拥有重要的研发创新团队及相关研发人员

临沂市生物药重点技术产业重要的研发创新团队包括疫苗领域的孙培明副教授，多肽蛋白药领域的张贵民、杨献美，农用药领域的王培磊、王怀欣，保健食品或用品领域的王兴吉等。上述人员既有高校科研人员，也包括企业研究人员，均在各自领域拥有较强的研发实力和丰富的科研及专利成果。

临沂市化学药重点技术产业重要的研发创新团队主要集中在几个大的龙头企业。鲁南制药非常重视研发人才队伍建设，且研究人员均在各自领域拥有较强的研发实力和丰富的科研及专利成果。罗欣药业在上海等地建立药物研发中心，在人才引进方面可以利用上海等地优势吸纳药物研发方面的高精尖人才。

在中药重点技术产业也有重要的研发创新团队。临沂市中药重点技术产业重要的研发创新团队分析中，植物源中药细分领域以鲁南制药、翔宇药业的研究团队为主，专利申请集中在治疗目的的中药组合物、中药剂型、制备工艺方面的申请。动物源中药细分领域以鲁南制药、山东鲁健检测技术服务有限公司的研究团队为主，专利申请集中在治疗消化系统及心血管系统疾病的中药组合物申请，以及辅助治疗目的的营养保健品领域。保健食品或用品细分领域中，以山东卫康生物医药科技有限公司，临沂大学的研究团队为主，专利申请集中在保健食品、饮料等领域。

（二）临沂市生物药、化学药、中药重点技术产业内部劣势

1. 临沂医药企业发展不均衡

（1）整体上临沂医药企业发展不均衡，其中生物药研发起步较晚。鲁南制药近些年投入大量精力进行生物药创新药的基础研发，目前仅有 1 款生物药（聚乙二醇化人粒细胞刺激因子注射液）产品上市，另外，PD-1 抑制剂 F520 等仍还处于临床研究阶段。相对于国内其他大型药企，临沂市在生物药研发方面起步较晚。并且临沂市其他医药企业目前主要集中于化学药和中药，在生物药方面基础相对薄弱，特别是疫苗研发实力较弱，临沂在疫苗领域的专利申请量占山东和全国的比重远小于其他技术领域的申请量占山东和全国的比重。

（2）龙头企业对于其他中小医药企业带动作用不明显。虽然在化学药方面，临沂有鲁南制药、罗欣药业两大龙头企业，但对于其他中小医药企业带动作用不明显，且企业之间合作较少。为提升临沂在化学药领域的整体发展水平，大小企业联动是有效的解决方式。

（3）中药重点技术产业创新能力仍有上升空间。临沂市在中药方面整体上专利申请量与济南、青岛、北京、天津等城市存在差距，其中植物源中药申请量最高，其次是动物源中药，保健食品或用品领域的申请量低。植物源中药、动物源中药及保健食品或用品在临沂市的占比均低于青岛、济南市，但由于临沂市在中药方面有一定基础，特别是鲁南制药拥有多款较为核心产品，因此，临沂市在中药研发创新能力方面仍有较大的上升空间。

2. 企业、高校及科研机构等创新主体创新能力不足，新药研发创新能力有待提升

其中，在生物药专利创新主体方面，仍以个人为主，占比超过 70%，在人用治疗性生物药领域专利申请创新主体类型绝大多数均为个人申请人，占比超过了 77%。其他生物药领域专利申请创新主体类型中，个人申请人所占比重低于人用治疗性生物药领

域，但该领域创新主体类型仍然以个人申请人为最多，占比58.11%。临沂市疫苗领域个人申请比例最高，占比超过60%，多肽蛋白药领域的专利申请以企业和个人为主，保健食品或用品领域的专利申请以企业为主，农用药领域个人申请占比较多，同时，疫苗领域科研单位的申请量为0，反映了临沂的创新主体主要为个人和企业，其中个人申请较多可能是由地方鼓励政策导致，大专院校和科研单位的创新能力及科技成果转化能力不足。

虽然鲁南制药、罗欣药业在化学药方面基础较好，但近些年创新药物的开发较弱，从近几年专利申请方面可以看出企业进行创新药研发的创新能力仍需提升，这也与国内整个市场大环境相关。

临沂市植物源中药领域的申请中，其企业（9.93%）申请比例远低于全国和山东平均水平，临沂市植物源中药领域个人申请比例相当高（87.99%），临沂在该领域的专利申请基本都是个人申请。临沂市植物源中药领域大专院校和科研单位植物源中药的申请量均非常少，这反映出了临沂和山东的创新主体不明显，个人申请较多可能由于地方鼓励政策导致，大专院校和科研单位申请量过少，说明临沂市的创新研发能力较弱。

3. 不同类型主体之间协同创新能力不足

根据前期调研，企业专利研发模式以自行提出创意进行研发立项、融资投资、产品开发、进行销售为主，还有将近一半的企业由研发部门提出创意，委托专门研发机构（高校、科研机构等）进行产品设计，较少企业会选择随机寻找和购买技术或者外包。参与调研的企业虽较多地与高校或科研机构进行业务往来或合作，以及选择与其他企业建立合作进行研发交流情况，但是参与调研的企业大多没有参与省内/市内生物医药产业共性技术创新联盟，只有两家中型企业参与了产业共性技术创新联盟。但是从专利分析的整体来看，相较于山东省和全国的数据可以看出，临沂的生物医药重点技术产业协同创新程度不高，企业与大专院校，企业与科研单位，以及大专院校与科研单位的协同创新情况均较少。临沂大学虽然在生物药、化学药、中药等方面有所涉猎和有所成果，但相较于省内外其他高校院所，在医药方面创新能力均不占优势，这也进一步反映出临沂市医药企业在协同创新方面存在一定劣势。

4. 人才培养与引进方面存在一定困难

尽管鲁南制药和罗欣药业拥有较多的药物研发人才，但整体上临沂市医药企业对于人才的需求依然旺盛，企业均表示人才引进存在困难。另外，结合《临沂市“十优”产业规划（2019—2025年）》，也需要进一步在本市加强对生物医药专业人才的培养力度。

5. 专利法律状态不佳，专利质量有待提高

针对生物药领域，特别是较多个人专利已失效，个人专利申请中失效专利占比为69.36%。此外，在技术分支上，除多肽蛋白药领域外，临沂在疫苗、农用药、保健食品或用品领域3个细分领域的专利有效率均低于山东及全国水平，且相对于省内济南、青岛也并未体现出优势。

另外，在中药领域，临沂市中药重点技术产业专利的驳回率较高，在20%～30%之间，撤回率也较高，均大于20%，有效率均在15%左右，说明临沂市中药领域专利的可授权性低，专利质量有待提高。失效比例也较高，说明临沂市中药领域专利的有效性较低，专利的许可、应用、转化能力较低。

（三）临沂市生物药、化学药、中药重点技术产业外部机会

目前，国家层面出台了《国务院办公厅关于促进医药产业健康发展的指导意见》，临沂市也相继出台了《临沂市“十优”产业规划（2019—2025年）》《临沂市医养健康产业发展规划（2018—2022年）》等政策文件，对生物药的技术发展给予了支持。

同时随着全国在生物药、化学药、中药等创新研发方面的快速发展和实力的持续提升，虽然临沂市医药企业在生物药研发方面面临更多竞争和挑战，但未来几年遇到的机会也会更多，涉及生物药、化学药、中药的人才，以及医药企业的实力也会快速分层，这为临沂市医药企业在人才和技术引进、当地企业与外地企业的合作方面提供了优选的基础。特别是对于鲁南制药来看，在咪唑衍生物抗肿瘤药研究方面，阿斯利康、辉瑞公司、赛诺菲公司、阿文蒂斯、默沙东、先灵公司等跨国药企均有研究并进行了专利布局，国内南京大学、中国药科大学、鲁南制药、解放军南京总医院均进行了研究，鲁南制药可以深度分析以上跨国企业相关产品研发情况和专利布局情况，同时还可以与上述国内高校、医院等进行合作，加速相应药物的研发。在喹唑啉酮类抗肿瘤药研究方面，细胞基因公司、默克公司、葛兰素公司、美国生物技术公司、阿斯利康等跨国公司专利布局较多，国内的山东蓝金生物、康普生物医药等有相关专利，罗欣药业可在国内与相关企业进行研发合作。这些信息也为临沂市医药招商引资、招才引智等方面指引了方向。

（四）临沂市生物药、化学药、中药重点技术产业外部风险

目前我国专利申请总量虽然位于世界前列，但全球的化学创新药、生物创新药等关键技术仍然被国外垄断，尤其是最前沿的技术。例如辉瑞公司、罗氏公司、诺华公司、基因泰克、默克公司、拜耳公司、孟山都等老牌生物药及生物技术研制生产企业，涉及生物药多个领域，积累了大量的技术和人才储备，在全球生物技术领域的作用举足轻重。且随着国内医药企业越来越重视生物药创新药和仿制药的研发，快速占领国内市场，随着近年来新的生物创新药如单克隆抗体、双抗、融合蛋白、疫苗、血液制品等的上市，国内外医药市场竞争尤为激烈。例如今年关注度比较高的赛道：新冠疫苗。整个疫苗行业政策高度敏感，比较典型的是2018年的长生生物事件以及2020年及现在的新冠疫苗，给疫苗板块带来了很大的市场。新冠疫苗这个市场相对而言是一个寡头竞争的格局，壁垒比较高，头部公司（比如国外的辉瑞、莫德纳，国内的国药、科兴、武汉生物、康希诺、智飞、康泰等）都是非常优质的公司。如2021年1—9月，辉瑞公司的新冠疫苗销售额首次超过修美乐（阿达木单抗注射液）排名全球第1名，达到242亿美元。但是此领域目前无临沂企业的参与。

在单克隆抗体 PD－1 抑制剂方面，Merck 的帕博利珠单抗（简称 K 药）首次于 2014 年 9 月在美国被 FDA 批准上市，其是全球首个获批上市的 PD－1 抑制剂，目前已在全球多个国家和地区上市，已获批上市的适应症共 22 个，涉及多种实体瘤如黑色素瘤、膀胱癌、肺癌、胃癌、肝癌等的免疫治疗。但是在这个 PD－1/PD－L1 抑制剂方面的靶点竞争激烈，美国 FDA 及中国 NMPA 已批准上市的 PD－1/PD－L1 抑制剂共 13 个，分别为 Merck 的 K 药、BMS 的 O 药、Sanofi 的 L 药、Roche 的 T 药、Pfizer 的 B 药、AZ 的 I 药、GSK 的 dostarlimab、君实生物的特瑞普利、信达生物的信迪利单抗、恒瑞医药的卡瑞利珠单抗、百济神州的替雷利珠单抗、康方 & 正大天晴的派安普利单抗、誉衡 & 药明生物的赛帕利单抗。新时代药业的 PD－1 抑制剂 F520 目前仍处于 2 期临床研究阶段，若其上市后，也会直接面临着国内已获批上市的多种单克隆抗体 PD－1 抑制剂的直接竞争。

国内化学药企业如上海医药、恒瑞医药、豪森药业、正大天晴、扬子江、人福医药等技术研发实力及产品市场占有率均排在国内医药企业前列。特别是抗肿瘤药方面随着近年来新的国产创新药的不断上市，国内市场竞争也会变得更加激烈。对于临沂市医药企业而言，生物药、化学药领域面临的挑战和竞争也会愈演愈烈，无论是在药物研发还是在专利布局方面也会存在更多的风险和威胁。

二、临沂市生物药、化学药、中药产业发展路径建议

（一）优化各领域产业结构配置

1. 生物药

生物医药产业“高投入、高风险、高回报、长周期”特征明显，目前生物药领域发展不平衡，产业链条各环节协同创新不足，发展质量有待提高，必须培育产业集群。我国生物药技术起步晚，一些应用价值较高的科研成果承接不足，实现产业化转化的生物药品种少，产业结构调整优化势在必行，从政策层面制定发展规划有助产业稳步发展。

如图 11－1 所示，临沂除疫苗专利技术明显较少之外，其他重点产业技术分布的比例在山东省内或全国境内也偏少，即重点产业技术发展主要集中在多肽蛋白药产业，而“农用药”“保健食品和用品”居次要地位。

（1）优化布局，形成国内产业链集群。临沂市目前已具备以企业为主导的多肽蛋白药、“农用药”、“保健食品和用品”研发结构，且多肽蛋白药的专利有效率最高，约 40%。但是，疫苗领域的专利仍以个人申请居多，专利有效率也最低，不足 20%。因此，临沂疫苗技术的研发有待提高。可以结合临沂企业整合培育，先形成一定的企业集群基础，然后按照企业生产产品的类别和产品链，对企业进行重组，形成数量有限的几个生物药领域集团，提高产业集中度，实现产业布局优化。由于疫苗在生物药领域中属于附加值较高的产业，在生物药全产业布局过程中，当地应该积极引导疫苗领域的相关

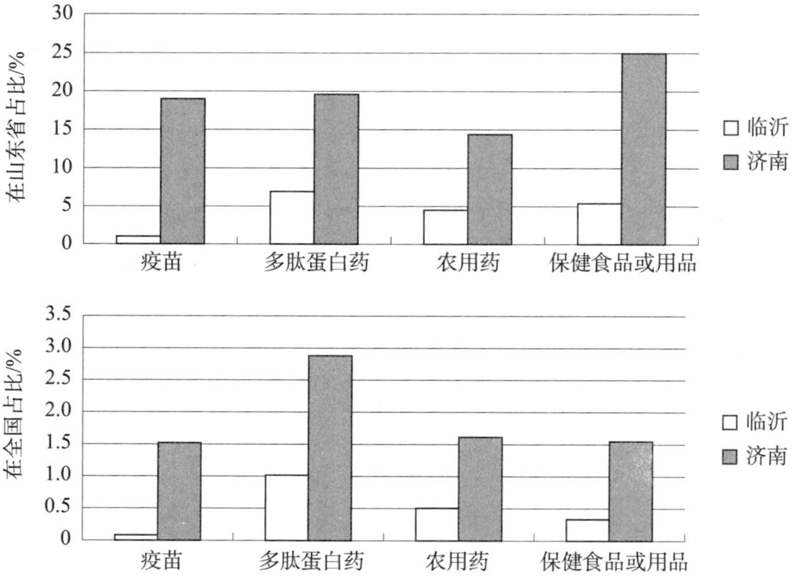

图 11－1　临沂、济南专利申请量与山东、全国的占比图

主体加强基础研究，优化产业配置，或者积极引进外地优质的疫苗研发和（或）生产企业落户临沂。另外，还应兼顾多肽蛋白药产业的核心技术的专利布局，适当拓展“农用药”“保健食品和用品”领域技术研发和专利布局，通过技术创新提升生物药的质量，扩大消费市场，提高产业的利润，推动地方经济的全面发展。

（2）参与合作，国际产业链融合。目前，我国专利申请总量虽然位于前列，但全球的生物药关键技术仍然被国外掌握，尤其是最前沿的技术，通过国际合作提升我国生物药领域技术水平，仍应是我国生物药领域发展的重要战略途径。例如，美国的基因泰克和孟山都等老牌生物药及生物技术研制生产企业，涉及生物药多个领域，积累了大量的技术和人才储备，在全球生物技术领域的作用举足轻重。中国企业可以积极姿态参与国际合作，在坚持自主创新研发原则基础上，吸收美国、日本、德国的先进技术加以改造，逐步融入国际产业链，有利于我国生物药领域结构优化。

（3）加强指导，形成生物药领域规划。目前，国家、临沂市已出台《国务院办公厅关于促进医药产业健康发展的指导意见》《临沂市“十优”产业规划（2019—2025年）》《临沂市医养健康产业发展规划（2018—2022 年）》等政策文件，对生物药的技术发展给予了支持。鉴于目前国内对比较热点及技术难度高的领域相关技术的掌握还不够成熟，产业规划应当紧密围绕技术创新突破路径，以 5 年作为时间节点，结合人才、企业发展路径，形成生物药领域规划。

2. 化学药

如表 11－4 所示，从全国化学药领域专利申请趋势来看，我国化学药领域虽然起步较晚，但发展速度快，近几年相关领域专利申请数量增长速度很快。与济南或其他山东省市相比，临沂市化学药重点产业技术发展主要集中在药物类，其次是农用药物产业，而医用材料明显偏少。

表 11 -4　临沂市及相关地市化学药领域专利申请量及与省内占比

地域	药物类		医用材料		农用药物	
	专利数量/件	省内占比/%	专利数量/件	省内占比/%	专利数量/件	省内占比/%
临沂	1876	6.48	187	3.01	1260	4.91
济南	5246	18.11	958	15.44	2941	11.46
青岛	7974	27.53	1648	26.57	12609	49.13
烟台	1881	6.49	355	5.72	1575	6.14
淄博	2170	7.49	400	6.45	559	2.18
北京	17865	61.68	4443	71.63	10603	41.31
上海	15510	53.55	4951	79.82	5560	21.66
南京	12184	42.06	1769	28.52	6356	24.76

临沂市目前已具备以企业为主导的药物类、农用药物研发结构，且药物类的专利有效率最高，接近40%。但是，医用材料领域的专利仍以个人申请居多，专利有效率也最低，刚超过20%。因此，当地的医用材料技术的研发有待提高。当地应该积极引导医用材料领域的企业、大专院校和科研单位加强基础研究，优化产业配置。另外，还应兼顾药物类产业的核心技术的专利布局，适当拓展农用药物领域技术研发和专利布局，通过技术创新提升化学药的质量，提高产业的利润，推动地方经济的全面发展。

3. 中药

如表 11 -5 所示，临沂市植物源和动物源的中药在山东省内占比不及济南，尤其是中药保健食品和用品占比较少，建议通过研发创新、专利布局、技术合作等手段提高区域产业优势，强化产业链。

表 11 -5　临沂和相关各地中药重点技术专利申请量及分别占山东的比重

地域	植物源中药		动物源中药		保健食品或用品	
	专利数量/件	省内占比/%	专利数量/件	省内占比/%	专利数量/件	省内占比/%
临沂	2500	7.95	1166	5.16	418	3.53
济南	6036	19.20	4191	18.55	1744	14.73
青岛	8778	27.92	5749	25.44	4788	40.45
烟台	2863	9.11	1875	8.30	923	7.80
淄博	1657	5.27	736	3.26	367	3.10

（1）加强基础研究。在全国范围内，中药的专利以个人申请居多，有效率很低，平均在10%左右。山东和临沂市的情况与全国大体相似。因此，当地的中药技术研发有待提高，应该积极引导中药领域的企业和科研院所加强基础研究，优化产业配置。

（2）加强技术合作。临沂的中药重点技术产业协同创新程度不高，企业与大专院校，企业与科研单位，以及大专院校与科研单位的协同创新情况均较少。政府应采取措施鼓励相关企业与高校、科研单位，甚至部分掌握高质量中药专利的个人进行技术合作，共同提升中药技术水平。

（二）企业培育整合

生物医药产业的企业整合培育引进路径规划以资源整合为主线，首先发挥科研院校辐射效应整合相关企业，形成相互支撑，其次根据地域的资源特点，以政策为导向在国内形成多个生物药领域集群，突出集群效应，最后从专利分析中找到潜在的合作企业。

1. 整合全国优势资源，加速临沂重点企业和创新药发展

临沂市多肽蛋白药产业是本地区的重点产业，相关研发企业近年来逐步发展壮大，不少企业将技术研发重点集中在生物创新药、改变药物剂型等方面。因此，将全国的优势资源与本地区生物创新药研发的优势企业进行整合，进一步提升临沂本地生物药企业的临床前研究及临床试验进度，加速更多生物创新药尽快获批上市，惠及更多患者。

临沂市化学药物类产业也是本地区的重点产业，相关研发企业近年来逐步发展壮大，不少企业将技术研发重点集中在药物联用等方面。鲁南制药集团股份有限公司是山东省内化学药研发实力最强的企业，在有机成分药物、药物剂型、化学原料药等方面的研究比较深入。山东罗欣药业集团股份有限公司主要从事化学原料药的研制和开发。但近些年创新药物的开发较弱，从近几年专利申请方面可以看出企业进行创新药研发的创新能力仍然不足。

临沂市植物源中药产业也是本地区的重点产业，相关研发企业近年来逐步发展壮大，不少企业将技术研发重点集中在药物配方，但中药提取技术或分离鉴定技术的深入研发较弱，从整体来看，企业进行中药技术研发的创新能力仍然不足。由于我国地大物博，物种丰富，有很多植物或动物的部分药用价值还未被发现或证实，依靠本地区企业的独自研发能力，就会显得势单力薄，因此将本地区企业进行整合，进行协同创新是临沂市中药领域专利培育的有效举措。整合模式可以是重点企业间的强强联合，进行优势互补，技术共享；也可以是专利研发历史较久、具有品牌优势的大型企业引导规模较小具有活力的新企业进行技术创新。

2. 组建技术平台，加强国内外创新资源的产学研合作

目前，临沂医药企业的项目研发经费主要用于技术改造、研发人员劳务费、购买研发仪器和设备、购买材料、产品研发、专利申请、保护，较少企业将研发经费用于引进国外技术。国内具有众多研发基础良好、科研背景雄厚的科研机构和龙头企业，这些科研机构和龙头企业掌握本行业的核心技术，引领热点技术的研发方向，知识产权的重视程度较高，具有一定的专利布局经验。图 11－2 示出在中国提交专利的生物药企业排名，可以看出跨国药企的技术及专利优势非常明显，可以对以上跨国药企的重点专利进行分析，特别是近 10 年生物药专利布局情况等判断今后生物药的重点研发方向。这些世界 500 强的企业可作为临沂生物医药产业引进与合作的目标单位。临沂市通过组建技术平台，加强国内外创新资源的产学研合作，并充分利用外部的产业资源，快速掌握本

行业核心技术，合作进行高效技术创新。

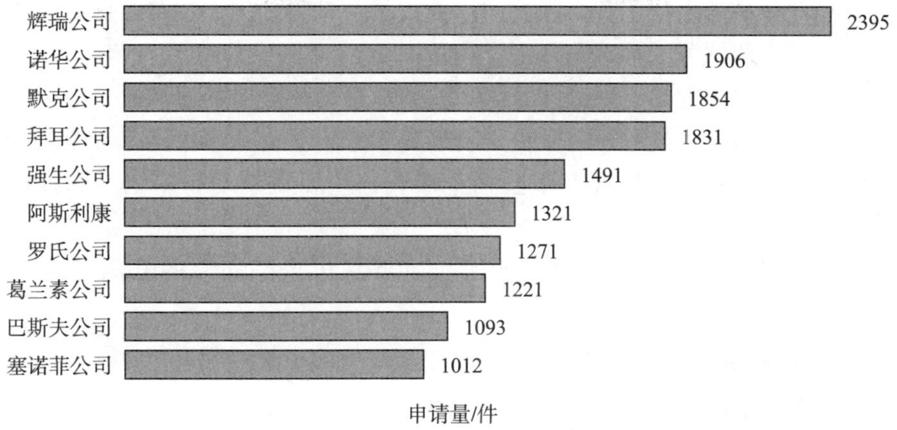

图 11－2 中国生物药主要专利申请人

例如，中科院所是国内多肽蛋白药方面研发实力最强的单位。鲁南制药是山东省内生物药研发实力最强的企业，在有机成分药物和药物剂型方面的研究比较深入。其中，张贵民主要研究抗肿瘤药以及药物制剂的多肽蛋白药。新时代药业在多肽蛋白药研究方面也具有较强的优势，尤其是改良药物剂型的研发比较多。临沂大学是临沂市生物药研发实力最强的高校，开设有生化制药技术专业，不仅在生物药的研发上实力较强，而且在生物药方面培养了很多人才。

临沂大学在化学药领域有较强的研发基础，建议临沂市企业与临沂大学及省内外其他科研院所共同投入资源组建药物研发平台，以平台创新主体进行产学研合作。建设平台合作模式可以采用共建科研技术合作模式，由企业与科研机构、大学分别投入一定比例的资金、人力或设备共同建立联合研发机构、联合实验室和工程技术中心等科研基地。此外，产业内相关企业也可与院校科研院所在平等、自愿互利基础上缔结战略技术联盟，在契约的规范下合作进行研究和开发；或者由产业联盟中的多家企业、大学、科研院所共担风险、共享收益建立独立的团体法人或建立新的公司，联合各方优势资源投入法人实体中。

（三）创新人才引进培养

生物医药产业创新人才路径规划以国内科研院校人才为主线，同时关注国内相关企业的重要研究团队，做好人才培养和整合，形成山东省及临沂市的生物药领域专家人才库。尽管临沂大学是临沂市生物药研发实力最强的高校，但本地企业的协同创新较少，与大专院校和科研单位合作较少。政府应当引导和支持相关企业与大专院校、科研单位等进一步加强技术交流、合作创新，加强政产学研四位一体。相关企业可以考虑依托本地的临沂大学，与外地知名院校或研究机构进行学术合作，共同提高生物药相关领域的技术水平。

1. 山东省疫苗研究领域的优秀人才

范根成，青岛易邦生物工程有限公司研究人员，动物基因工程疫苗国家重点实验室主任，主要从事疫苗抗原的筛选与基因学构建。

王蕾，齐鲁动物保健品有限公司董事，主要从事兽用疫苗的研究。

李明义，山东信得科技股份有限公司首席科学家，主要从事灭活病毒疫苗的研究。

李殿明，青岛明勤生物科技有限公司董事长，主要从事动物基因工程疫苗药物的研究。

刁有祥，山东农业大学禽病研究所所长主要从事禽病病原的分离鉴定与防治的研究。

2. 山东省多肽蛋白药研究领域的优秀人才

魏琴，济南大学教授，博士生导师，主要从事化学传感和生物分析。

孙黎，中科院海洋研究所研究员，国家杰出青年，主要从事海洋微生物、海水鱼类免疫与疫病防控。

方浩，山东大学药学院副院长，主要从事基于靶标结构的药物设计的研究。

战文斌，中国海洋大学教授，主要从事水生生物免疫与病害学的研究。

韩金祥，山东省医学科学院党委书记，主要从事基因工程与医学分子生物学的研究。

3. 山东省农用药研究领域的优秀人才

牛赡光，山东省林业科学研究院研究员，主要从事林业病虫害防治。

杨合同，山东省科学院生态研究所研究员，主要从事应用微生物与耐盐植物的研究。

单宝龙，山东宝来利来生物工程股份有限公司董事长，主要从事动物生物制剂的研究。

葛尧伦，海利尔药业集团股份有限公司总裁，主要从事农药及肥料的研究。

杜秉海，山东农业大学教授，主要从事植物根际促生细菌防病促生分子机制的研究。

4. 山东省保健食品或用品研究领域的优秀人才

孙谧，中国水产科学研究院研究员，从事海洋活性化合物的结构、功能研究。

王兴吉，山东隆科特酶制剂有限公司副总经理，主要从事酶制剂的研究。

王华明，青岛蔚蓝生物集团有限公司首席科学家，主要从事动物保健的研究。

尤升波，济南康多宝生物技术有限公司总经理，主要从事乳酸菌饮品的研究。

孙敏，山东出入境检验检疫局检验检疫技术中心工作人员，主要从事食品检测的研究。

5. 山东省药物类研究领域的优秀人才

王明刚，正大制药（青岛）有限公司总裁，山东省医药行业协会副会长，主要从事软胶囊剂、片剂与颗粒剂药物的生产研发。

刘新泳，山东大学药学院院长，主要研究方向是基于靶点的抗病毒药物的设计与合成。

李明华，山东罗欣药业股份有限公司总经理兼研发部主管，主要从事肿瘤、呼吸道、胃肠疾病等的研究。

张贵民，鲁南制药集团股份有限公司董事长，主要从事各种医药配制品的研究。

娄红祥，山东大学天然药物化学研究所所长，主要从事重要活性天然产物的化学全合成和结构修饰研究。

6. 山东省农用药物研究领域的优秀人才

黄河，山东新希望六和集团有限公司研究人员，主要从事饲料及农用添加剂的研究。

张民，山东农业大学教授，主要从事新型肥料的研发与应用。

周庆福，青岛绿曼生物工程有限公司董事长，主要从事兽药和饲料的研究。

孙国庆，山东潍坊润丰化工股份有限公司董事，主要从事除草剂、杀虫剂的研究。

许良忠，青岛科技大学教授，主要从事绿色农用精细化学品的研究。

7. 山东省植物源中药领域的优秀人才

秦志华，青岛农业大学教授，主要从事抗菌抗病毒药的研究。

王桐，烟台新时代健康产业有限公司核心科研人员，主要从事治疗肝病药的研究。

侯文燕，青岛嘉瑞生物技术有限公司监事，主要从事发酵领域制药研究。

8. 山东动物源中药领域的优秀人才

周祥山，东阿阿胶股份有限公司副总经理，主要从事补血制剂的研究。

单宝龙，山东神农医院管理有限公司，主要从事益生菌研究领域。

王红，山东宝来利来生物工程股份有限公司，主要从事益生菌制剂的研究。

孙丽，辽宁中医药大学，主要从事治疗乳腺疾病的研究。

9. 山东保健食品与用品领域的优秀人才

董书阁，青岛嘉瑞生物技术有限公司核心科研人员，主要从事复合发酵领域的保健制品研究。

侯文燕，青岛嘉瑞生物技术有限公司监事，主要从事发酵领域制药研究。

张崇禧，山东大学（威海）教师，主要从事保健酒领域研究。

杜方岭，山东省农业科学院农产品研究所研究员，主要从事保健营养食品领域研究。

刘昌衡，山东省科学院生物研究所研究员，主要从事保健饮料领域研究。

（四）构建生物医药知识产权公共服务平台和生物医药产业知识产权保护中心

生物医药产业发展需要知识产权协同运用的同步发展。应当以生物医药专利导航信息为指引，以专利资源为纽带，构建以政府为主导的生物医药知识产权公共服务平台和生物医药领域知识产权保护中心，构建企业主导，高校、科研院所、金融机构、知识产权服务机构等多方参与的专利运用协同体，实现资源共享、利益共享、风险共担和协同运行，营造良好的创新驱动发展基础环境。

1. 构建生物医药知识产权公共服务平台，提供多种形式的知识产权服务

生物医药产业投入大、风险高，需要政府长期持续的扶持，建立生物医药知识产权公共服务平台，能够有效发挥知识产权指引作用，推动产业发展。平台具备信息数据在线查询和推送等基本功能，能够及时更新生物医药及其相关技术的专利信息；可以具备产业专利分析、风险预警、国际重要创新主体专利技术动向白皮书定期发布等升级功能，为集聚区各创新主体开展技术创新、实现共性技术和资源共享提供服务。

公共服务平台还可以入驻国知局及其下属单位的知识产权服务团队，提供针对性的知识产权服务。结合技术创新、人才引进、企业整合及产业结构调整路径，在生物医药领域集群或生物医药产业园区中也可引入高水平知识产权服务代理机构和（或）知识产权律师事务所，与知识产权公共服务平台一道，给临沂生物医药企业、大专院校、科研院所等提供专利挖掘、专利布局、专利申请代理、专利复审与无效、专利诉讼、专利咨询、科创企业 IPO 全过程的知识产权服务、知识产权法务、知识产权价值评估、知识产权质押融资、知识产权证券化、专利导航等多种形式的知识产权服务，形成较为完善的知识产权保护运用及知识产权管理体系，实现技术专利化、专利成果转化为科技成果。例如开展专利导航项目，通过专利信息分析为技术创新、人才引进、企业整合及产业结构调整等提供发展路径指引；开展专利价值评估，从专利技术市场风险度、专利技术市场竞争力和专利市场控制力 3 方面为金融机构提供专业评估结果，有利于企业开展专利运营；开展公益性知识产权咨询，可与生物药相关企业直接对接，开展专利申请挖掘、国内外布局、分析等咨询服务，帮助企业提升专利保护和运用水平；从业人员能力培训，面向企业负责人和管理层重点培养其知识产权意识，了解知识产权价值，面向企业技术研发人员和知识产权专员重点培养其专利实务操作能力，面向大学和科研院所重点培养专利保护意识，提升成果转化能力等。

2. 构建生物医药产业知识产权保护中心

在产业结构调整优化基础上，选择合适区域如高新区，建立生物医药领域相关的知识产权保护中心，或者利用现有的山东省及国内其他知识产权保护中心，聚集创新要素发展资源，提供产业升级发展所需的快速授权、确权、维权一体化服务，包括建立专利快速审查“绿色通道”，缩短相关领域授权周期；畅通投诉渠道，建立多元化纠纷解决机制，优化产业线上维权机制，实现快速维权；协助查处专利违法行为，开展专项执法行动，协助实施重点领域、重点区域和重点市场的知识产权侵权查处快速反应，实现协作保护。

3. 积极打造创新的专利运营模式，提升生物医药产业的专利运营能力

针对生物医药产业的特点，积极打造多种适合的运营模式，如融资投资型、市场占有型、风险防御型等。对于科研院校辐射效应形成的企业聚集区，可以实施技术推广型

专利运营，形成校企联合产业化模式或校企联合研发模式等。通过联合研发，既有利于前沿性、基础性的关键技术长时间系统研究，也便于针对市场进行应用性研究，科研成果能够得到最大的转化。通过上述专利布局和运营，倡导生物医药产业的创新文化，进一步强化知识产权创造、运用、保护与管理，全面提升临沂生物医药知识产权综合实力。

专利运用的市场化使得专利演变成具有商品属性的权利，可收储与布局、许可和交易、转让与流通、资本化和商业化，专利运营由此应运而生，成为关键核心技术资源收集和市场竞争的手段，是实现技术创新价值和效益的一种途径和方式。临沂市化学药物类和农用药物的专利运营较为活跃，但大部分均为关联公司之间发生的转让、许可，与其他企业、高校院所转让情况很少。为使专利真正地、有效地进行转化的能力，可采用以下方式。

（1）政策导向，建立扶持机制

临沂市可采取政府项目支持的方式，开展专利密集型产业的专利战略布局，在政府、行业、产学研用多方协力下，形成促进各类创新要素和提升各类创新主体协同运营专利能力的相关措施和机制，促进企业、大学、研究机构发挥各自的能力优势整合互补性资源，加速技术推广应用和产业化。

（2）多措并举促进专利运营

政府可以建立化学药领域专利运营机构，行业内的相关公司可以设立专门的专利运营机构或委托第三方代理机构，对产业内的核心专利进行集中运营。也可以组建行业内的专利资源池，行业内部可以通过专利交叉许可、共同研发等方式，降低研发成本，逐步扩大企业在核心领域的技术优势，最终在该技术领域取得控制地位。

4. 发挥政府主导作用，实施多方位政策扶持

（1）鼓励创新，提高专利申请量

临沂市中药重点技术产业中的专利申请量在山东和全国的占比均较低，与省内的济南相比也处于明显劣势，这可能会导致该地区中药技术产业的技术研发和产品制造受到其他竞争对手的限制和制约，长期来看，临沂市中药产业将难以实现较大发展。因此，建议采取相关鼓励措施，提高山东省临沂市中药重点技术领域的专利申请量，鼓励发明创造，带动产业创新发展。

（2）扶持龙头企业，带动产业发展

一个地区的龙头企业对于该地区的产业发展具有较为深远的影响，个人申请专利难以实现持续研发和技术示范的产业发展格局。临沂市中药产业的申请以个人申请为主，企业的申请量占比较低，而这些企业中，绝大部分是中小微企业，这些企业规模较小，难以带动该地区产业的发展。例如针对临沂市中药产业的申请中，绝大部分申请均为个人申请，其中植物源中药和动物源中药的个人申请占比分别在87.99%和88.3%，相比之下，企业、大专院校和科研单位申请量占比均较少。可见，临沂市中药产业的专利申请缺乏明显的龙头企业带动。因此，建议大力推动山东省临沂市中药重点技术产业中的龙头企业发展，只有龙头企业良性发展，不断投入资本和人力资源进行持续研发，才能

形成规模和示范效应，从而带动整个行业的发展。

第二节　临沂市医疗器械发展定位及发展路径建议

一、临沂市医疗器械产业发展定位

（一）临沂市医疗器械重点技术产业创新能力较弱

临沂市在医疗器械重点技术产业创新发展不均衡，整体在山东省占比不足3%，与济南、青岛等山东城市差距较大。

（二）临沂市医疗器械重点技术产业创新主体较为单一

临沂市医疗器械在诊断治疗类领域创新主体单一，企业创新能力不强。临沂在体外诊断试剂类领域的创新主体申请占比与山东相似，都是以大专院校为主，这表明临沂在该领域创新主体结构良好，有较强的创新能力。

（三）临沂市医疗器械重点技术产业协同创新情况较少

相较于山东省和全国的数据可以看出，临沂的医疗器械重点技术产业协同创新程度不高，企业与大专院校，企业与科研单位，以及大专院校与科研单位的协同创新情况均较少。

（四）临沂市医疗器械重点技术产业专利质量较低

临沂市医疗器械重点技术产业中专利失效率高，说明这些领域的专利市场价值低。

（五）临沂市医疗器械重点技术产业龙头企业为诺为制药

临沂市医疗器械重点技术产业龙头企业为山东诺为制药，与山东或全国的龙头企业相比，山东诺为制药是2017年以后才开始重视专利申请，且主要技术领域为化工制药设备和反应设备或系统，缺乏治疗用设备的研究。

（六）临沂市医疗器械重点技术产业缺乏先进研发人才

相比山东和全国的创新团队，临沂市医疗器械重点技术产业发明人申请专利数量相对较少，反映了该市缺乏医疗器械研究的领军人才。

二、临沂市医疗器械产业发展路径建议

(一) 优化产业结构配置

如表 11 –6 所示，临沂医疗器械重点技术产业技术分布的比例在山东省内或全国境内偏少，尤其是“体外诊断试剂”的专利申请非常少。但是，“诊断治疗类”和“基础类”的专利绝大部分是个人申请的，有效率很低，略高于 10%。因此，临沂市的医疗器械研究整体有待提高。

表 11 –6　临沂和相关各市医疗器械重点技术产业专利申请量及省内占比

地域	诊断治疗类		基础类		体外诊断试剂类	
	专利数量	省内占比/%	专利数量	省内占比/%	专利数量	省内占比/%
临沂	1093287	3. 71	82464	4. 37	156071	2. 15
济南	162636	10. 69	13788	9. 35	7384	30. 35
青岛	6038	11. 97	603	12. 30	159	32. 20
烟台	17384	4. 98	1289	4. 17	2241	5. 23
淄博	19468	6. 58	1696	8. 56	2378	2. 02

(二) 企业培育整合

《临沂市人民政府关于促进生物医药产业转型升级的意见》提及要鼓励创新型医疗器械研发。《临沂市医养健康产业发展规划（2018—2022 年）》提及要加快发展医疗器械和制药装备制造业。在高新区、经开区、临沭县引进优质医疗器械企业，逐步形成产业集群，推动医疗器械产业快速发展。研发智能化体外诊断、康复、SPD 传送带等医疗器械特色产品，支持新型生物医用材料及高端耗材、新型血管支架、组织工程瓣膜、组织功能修复材料、神经修复材料、骨科材料、血液净化材料及设备等重大新产品研发及产业化。围绕家庭和个人医疗、保健、养老需求，发展数字化诊疗设备、健康监测装备、可穿戴医疗装备、医用机器人等新型医疗器械设备。临沂市医疗器械产业整体比较薄弱，依靠本地区企业的独自研发能力，就会显得势单力薄，因此将本地区企业进行整合、进行协同创新是临沂市专利培育的有效举措。整合模式可以是重点企业间的强强联合，进行优势互补，技术共享；也可以是专利研发历史较久、具有品牌优势的大型企业引导规模较小具有活力的新企业进行技术创新。

国内具有众多研发基础良好、科研背景雄厚的科研机构、龙头企业和外资企业，他们掌握本行业的核心技术，引领热点技术的研发方向，知识产权的重视程度较高，具有一定的专利布局经验。表 11 –7 示出了医疗器械重点技术产业各细分领域申请人排名靠前的科研机构/企业和发明人，并展示了该单位在相关领域的专利申请项数，对科研机构和企业重点研发领域作出了标示。这些科研单位和企业可作为临沂医疗器械产业引进

与合作的目标单位，充分利用产业资源，快速掌握本行业核心技术，合作进行高效技术创新。

表 11－7　全国医疗器械重点技术产业重要的研发创新团队

细分领域	发明人	发明人介绍	专利数量/件	具体研究方向
诊断治疗类	罗七一	微创医疗科学有限公司首席技术官，GMC、CEC 和 ICC 委员	253	支架、磁液悬浮式血泵
	李学军	北京博辉瑞进生物科技有限公司研究人员，国家科技进步奖二等奖获得者之一、天津市科技发明一等奖	167	医用外科器械
基础类	柏轲	成都杰仕德科技有限公司研究人员	115	配药装置
体外诊断试剂类	何方洋	北京勤邦生物技术有限公司研究人员，全国优秀科技工作者，获国家科技进步奖二等奖	291	单克隆抗体的制备和应用
	胥传来	江南大学教授，博士生导师，国务院政府特殊津贴专家，“万人计划”科技创新领军人才	281	生物界面与生物检测

微创医疗在医疗器械领域具有很强的科研实力，尤其是在诊断治疗类仪器/设备/器具方面专利申请较多。杰仕德科技在基础类方面研究实力较强。

另外，临沂市的医用材料产业基础薄弱，缺乏研发实力强的企业和单位。临沂大学的郑秀文教授研究无机功能纳米材料的制备与应用。在医用材料产业发展过程中，可以依托临沂大学的技术指导进行企业研发和生产。

（三）创新人才引进培养

尽管临沂大学是临沂市医疗器械研发实力最强的高校，但本地企业的协同创新较少，与大专院校和科研单位鲜有合作。政府应当引导和支持相关企业与大专院校、科研单位等进行技术交流、合作创新，加强政产学研四位一体。相关企业可以考虑依托本地的临沂大学，与外地知名院校或研究机构进行学术合作，共同提高医疗器械相关领域的技术水平。

1. 山东省诊断治疗类研究领域的优秀人才

马才，山东威高集团医用高分子制品股份有限公司研究人员，主要从事注射器与导尿管的研发。

成希革，山东新华医疗器械股份有限公司技术中心主任，主要从事放射治疗设备的研究。

孙德修，山东航维骨科医疗器械股份有限公司董事长，主要从事骨科医疗器械的研究。

王宝斌，山东科亿宏智能科技有限公司董事长，主要从事电动护理床的研究。

康正，山东康泰实业有限公司董事长，主要从事按摩保健器材的研究。

2. 山东省基础类研究领域的优秀人才

王涛，青岛海尔智慧厨房电器有限公司研究人员，主要从事消毒柜的研发。

何茂群，瑞阳制药有限公司董事长，主要从事冻干粉针剂的研发和生产。

扈永刚，山东省药用玻璃股份有限公司董事长，主要从事药用包装的研究。

丁小锋，山东新华医疗器械股份有限公司研发工程师，主要从事医用灭菌设备的研究。

卢秀莲，辰欣药业股份有限公司总工程师，主要从事医用注射液的研究。

3. 山东省体外诊断试剂类研究领域的优秀人才

魏琴，济南大学教授，泰山学者，主要从事生物传感分析、免疫传感器的研究。

甘宜梧，山东博科生物产业有限公司董事长，主要从事蛋白质检测试剂盒的研究。

杨承刚，青岛泱深生物医药有限公司董事长，主要从事肿瘤分子诊断的研究。

李月云，山东理工大学教授，主要从事生物传感分析的研究。

陈松林，中国水产科学研究院黄海水产研究所水产基因组与细胞工程研究室主任，主要从事鱼类基因资源发掘和基因打靶的研究。

4. 山东省医用材料研究领域的优秀人才

张海军，山东百多安医疗器械有限公司董事长，泰山学者，主要从事医用导管、医用假体材料的研发。

刘万顺，青岛博益特生物材料股份有限公司董事长，主要从事二、三类医用材料的研究。

楼涛，青岛大学教授，主要从事可降解生物高分子组织工程材料的研究。

陈传忠，山东大学材料科学与工程学院金属材料研究所所长，主要从事骨修复材料的研究。

李朝阳，山东明德生物医学工程有限公司董事，主要从事骨粘结剂的研究。

（四）发挥政府主导作用，实施多方位政策扶持

临沂市医疗器械的专利运营整体较少，其中一个原因可能是缺乏高水平的核心专利，导致专利运营需求乏力。具体而言，临沂市医疗器械重点技术产业的创新主体以企业和个人为主，其中个人申请的专利技术含量相对较低，而且以失效专利居多；企业申请人以小微企业为主，如山东诺为制药、中拓生物有限公司等。这些公司虽然拥有一定的创新能力，但他们成立时间短，规模较小，缺乏对整个行业的影响力和带动作用。

临沂应当出台创新扶持政策，鼓励企业进行技术创新，着力加强对企业的创新能力和知识产权保护、运营等方面的相关培训，培育其知识产权优势。同时要引入技术创新考核机制，避免出现一些低质量的、没有实用价值的专利，打造健康的创新环境。政府还可以结合国家知识产权局或山东省内有关促进创新能力建设和知识产权质押融资等方

面的政策，出台本地的相关财税金融政策，一方面针对有一定创新能力的小微企业进行税收减免，减轻企业的经济负担，让企业有更多的资金投入技术研发当中；另一方面撬动银行、引进外资或调动民间资本进入医疗器械产业当中，促进相关产业的资金流动和循环，打造良好的营商环境。

参考文献

［1］刘际宁，等. 当前山东省医药产业发展面临的问题与对策［J］. 企业界，2019（10）：356.

［2］周志宽. 国际植物药市场的现状及中药开拓国际市场的前景［C］. 中国中医药信息研究会第二届理事大会暨学术交流会议论文汇编，2003：201－203.

［3］张谦，等. 临沂市中药材产业化现状及可持续发展对策［J］. 农业科技通讯，2015（12）：17－18.

［4］《2020 中国生物药研发实力排行榜 TOP50》隆重揭晓！［EB/OL］.（2020－09－10）［2021－03－22］. https：//xueqiu. com/5964803315/158957231.

［5］2020 年生物药领域发展回顾［EB/OL］.（2021－01－13）［2021－03－17］. https：//www. cn－healthcare. com/articlewm/20210113/content－1180182. html.

［6］山东省：医药工业长期处于全国先列［EB/OL］.（2018－03－08）［2021－03－17］. https：//med. sina. com/article_detail_103_2_42356. html.

［7］一文带你解读 2018 年全球化学原料药市场［EB/OL］.（2019－11－24）［2021－08－07］. https：//www. qianzhan. com/analyst/detail/220/191122－bd71f57b. html.

［8］2020 年全球及美国、中国制药行业市场规模情况［EB/OL］.（2020－11－09）［2021－08－07］. http：//data. chinabaogao. com/yiyao/2020/119520JH020. html.

［9］2019 年全球化学原料药行业市场现状及发展趋势 未来仿制原料药市场需求快速增长［EB/OL］.（2019－12－10）［2021－03－17］. https：//www. sohu. com/a/359447758_114835.

［10］2020 年中国化学药品市场规模有望达 8354 亿元［EB/OL］.（2020－09－25）［2021－08－07］. https：//baijiahao. baidu. com/s？id＝1678793921274445596&wfr＝spider&for＝pc.

［11］2019—2025 年中国化学制药行业市场深度调研及前景趋势预测报告［EB/OL］.（2019－04－18）［2021－03－17］. https：//doc. mbalib. com/view/8c3fcf98c7777f1b202b10cf735e179d. html.

［12］山东省医药行业发展现状及政策改革［EB/OL］.（2018－06－21）［2021－03－17］. https：//www. xianjichina. com/news/details_75724. html.

［13］国内外中药（天然植物药）产业发展与趋势［EB/OL］.（2010－03－26）［2021－03－17］. ht-tps：//www. docin. com/p－47255679. html.

［14］2018 年一季度中国中医药行业发展现状及中药行业市场运行现状分析［EB/OL］.（2018－07－06）［2021－03－17］. https：//www. chyxx. com/industry/201807/656436. html？from＝groupmess-age & isappinstalled＝0.

［15］中医药产业 2017 现状数据报告：产业规模近 2 万亿，中医馆年均增速近 80%［EB/OL］.（2018－02－07）［2021－03－17］. https：//36kr. com/p/1722258931713.

［16］我国医疗器械产业发展现状及思考［EB/OL］.（2019－04－23）［2021－03－17］. https：//www. chyxx. com/industry/201904/732503. html.

［17］全球及中国医疗器械行业对比、市场特点及发展趋势预测［EB/OL］.（2019－04－23）［2021－03－17］. https：//www. chyxx. com/industry/201904/732503. html.

[18] 医疗器械行业 2030 年前景展望 [EB/OL]. (2018 - 05 - 04) [2021 - 03 - 17]. https://www.doc88.com/p - 3488472266859.html.

[19] 全球 15 国医疗器械产业发展综述 [EB/OL]. (2016 - 03 - 08) [2021 - 03 - 17]. https://www.docin.com/p - 1479826960.html.

[20] 美国和德国政府如何推动医疗器械创新发展 [EB/OL]. (2014 - 06 - 05) [2020 - 05 - 30]. http://www.fredamd.com/bjfda/1775.html.

[21] 2020 年医疗器械领域发展回顾 [EB/OL]. (2021 - 01 - 14) [2021 - 03 - 17]. https://med.sina.com/article_detail_103_2_94887.html.